彩图 11 湘云鲫

彩图 12 芙蓉鲤鲫

彩图 13 尼罗罗非鱼

彩图 14 奥利亚罗非鱼

彩图 15 奥利亚罗非鱼“夏奥 1 号”

彩图 16 奥尼鱼

彩图 17 吉富品系尼罗罗非鱼

彩图 18 团头鲂“浦江 1 号”

彩图 19 大口黑鲈“优鲈 1 号”

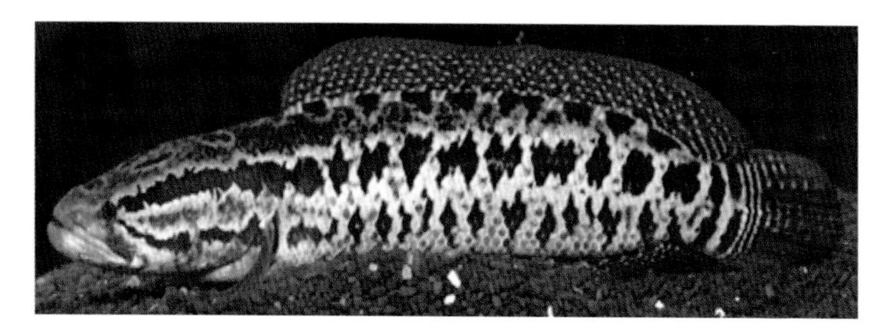

彩图 20 杂交鳢“杭鳢 1 号”

彩图 21 甘肃金鳟

彩图 22 浮床植物生长示意图

彩图 23 池塘固定化微生物生物刷的固定方法

彩图 24 养殖池塘中种植的水生植物

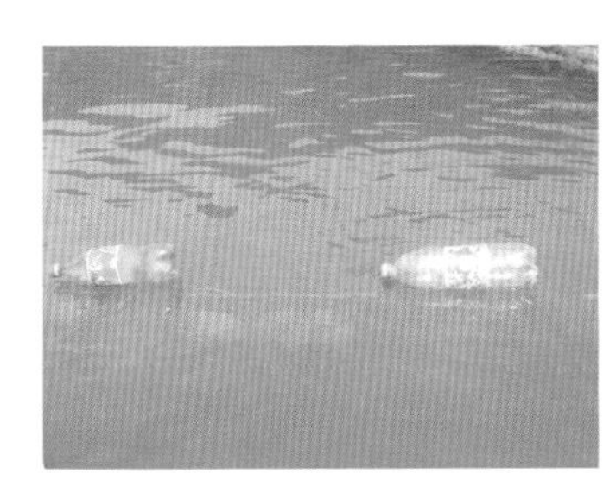

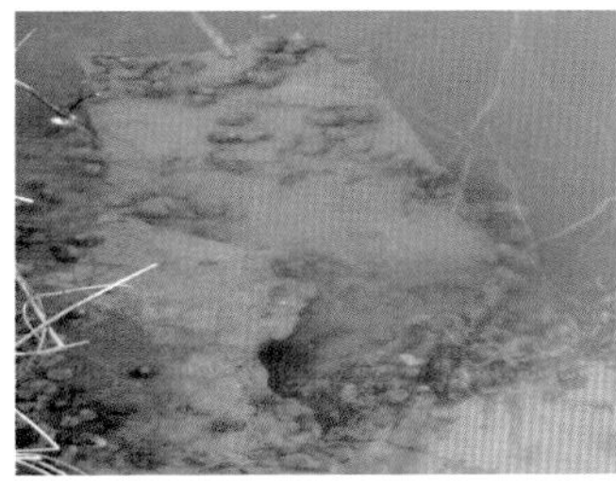

彩图 25 养殖池塘中的底栖生物

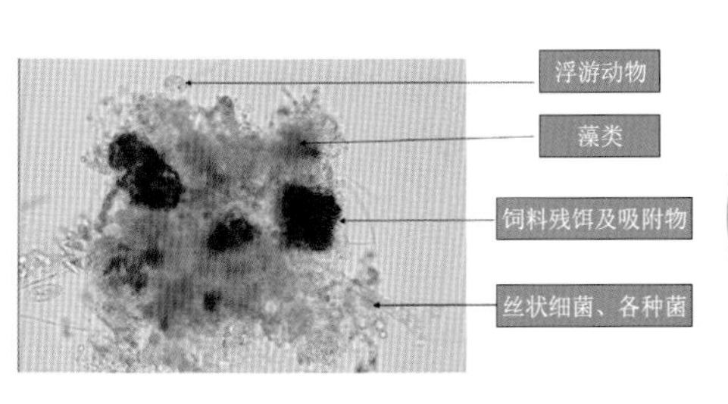

彩图 26 生物絮团的组成示意图

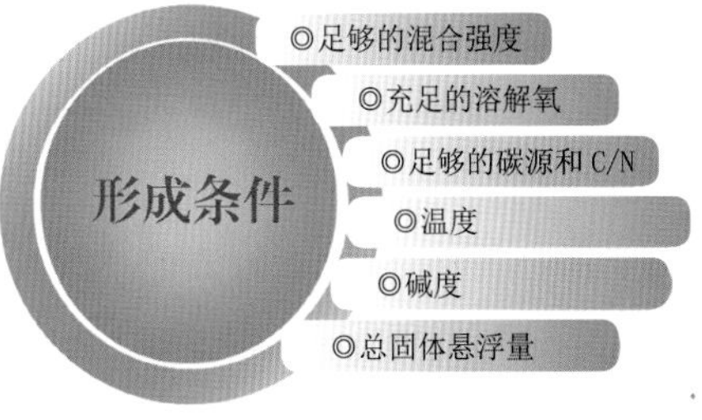

彩图 27 生物絮团的形成条件

彩图 28 构建的高效生态滤池

彩图 29 草鱼出血病（仿 汪开毓）

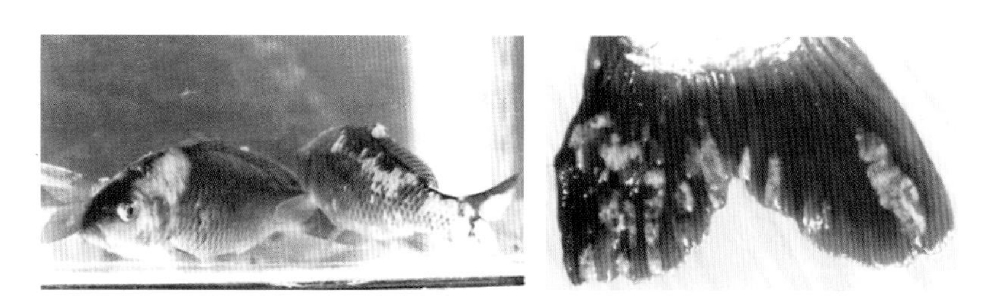

彩图 30 鲤痘疮病石蜡样增生物（仿 江育林）

彩图 31 患鳃部出血病的鲫鱼

彩图 32 患出血性败血症的鲫鱼、鳊鱼

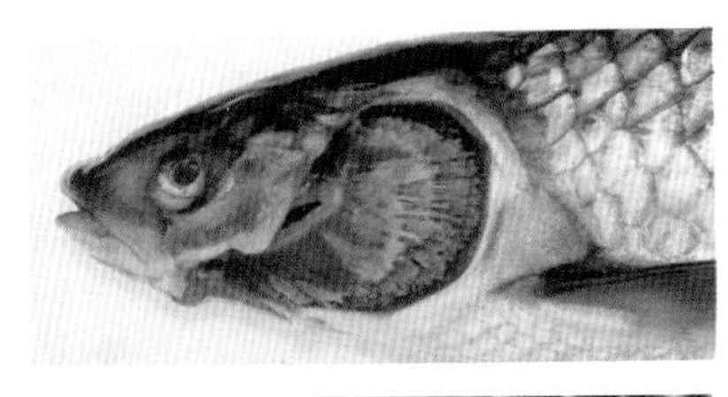
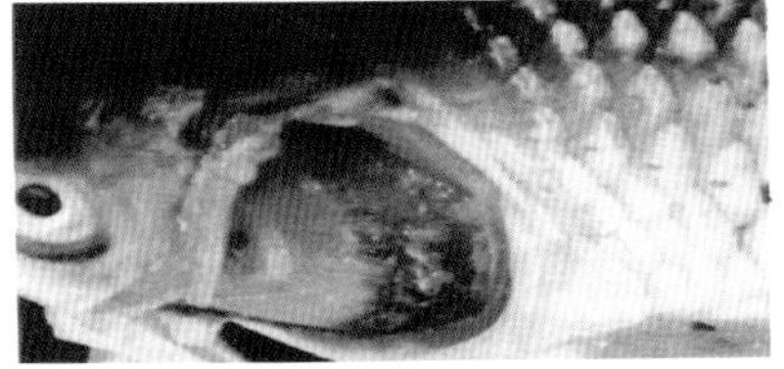

彩图 33 患烂鳃病的草鱼鳃部
（仿 汪开毓）

彩图 34 患竖鳞病的鲤鱼鳞片竖起
（仿 汪开毓）

彩图 35 患赤皮病的草鱼
（仿 汪开毓）

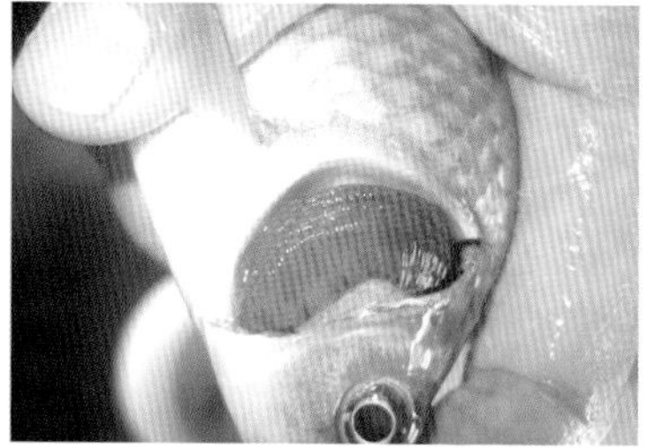

彩图 36 患“大红鳃”病的鲫鱼

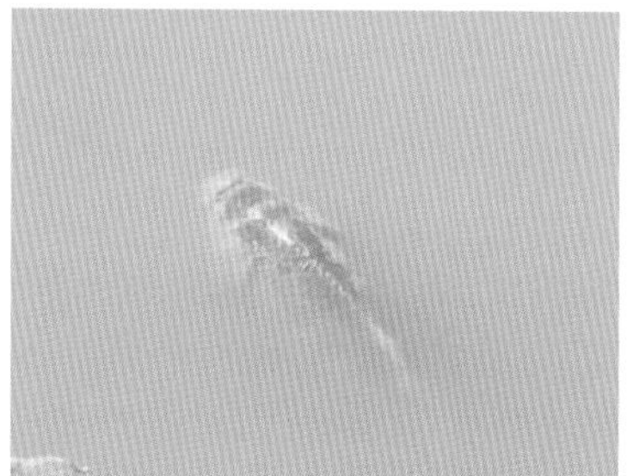

彩图 37 患水霉病的鲫鱼

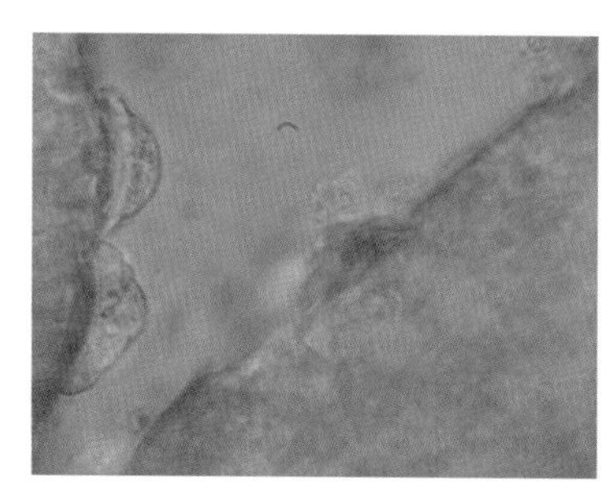
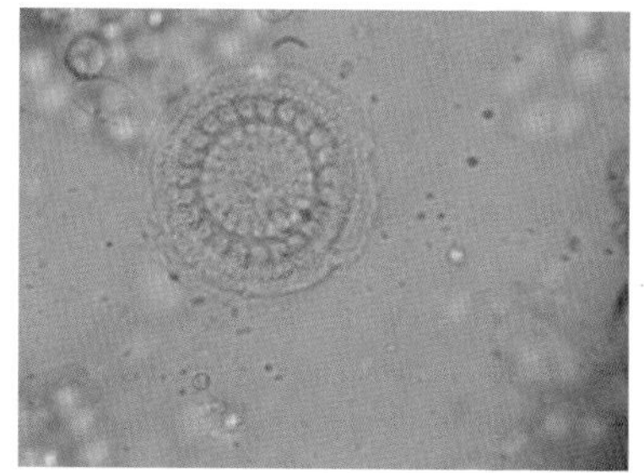

彩图 38 显微镜下车轮虫形态

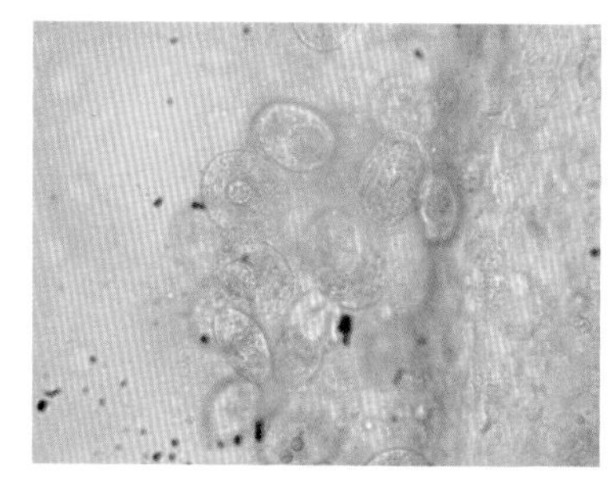

彩图 39 显微镜下斜管虫形态

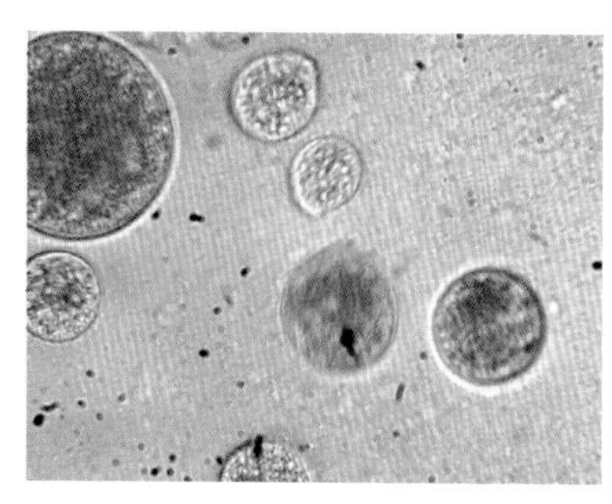

彩图 40 显微镜下小瓜虫形态

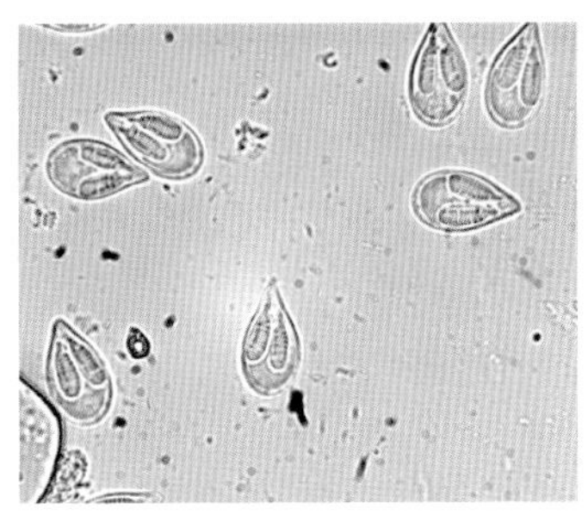

彩图 41 患碘泡虫病的病鱼及显微镜下碘泡虫形态

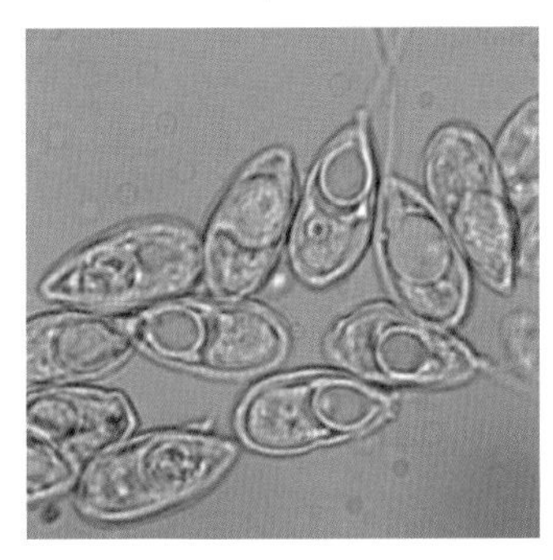

彩图 42 患单极虫病的鲫鱼及显微镜下单极虫形态

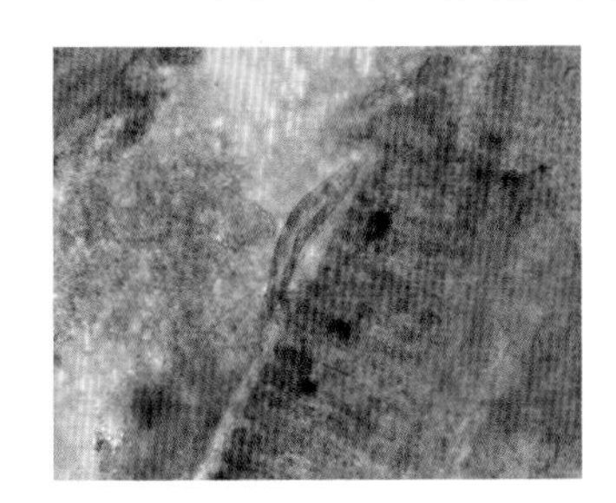
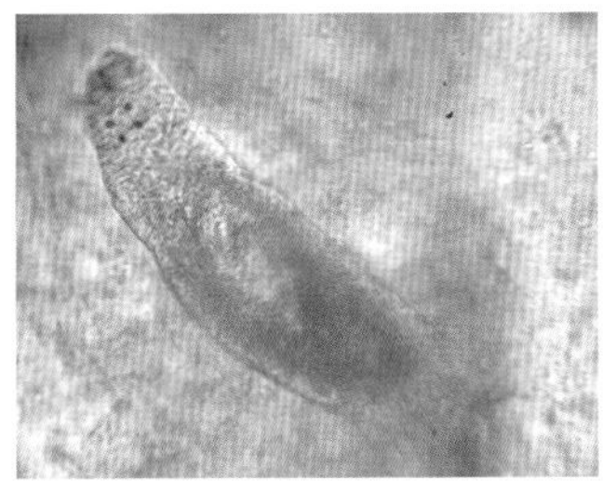

彩图 43 寄生于鳃上显微镜下指环虫形态

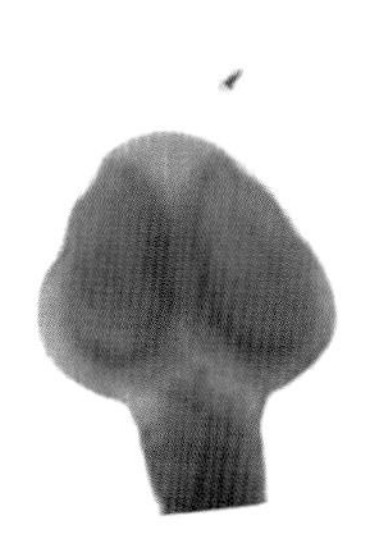
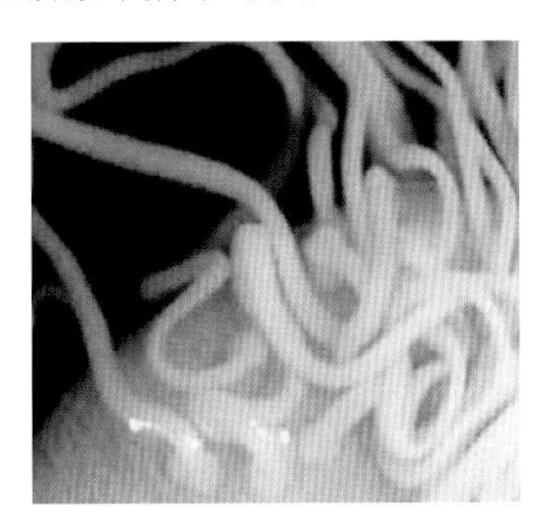

彩图 44 头槽绦虫头节及吸附在宿主鱼肠壁上的头槽绦虫

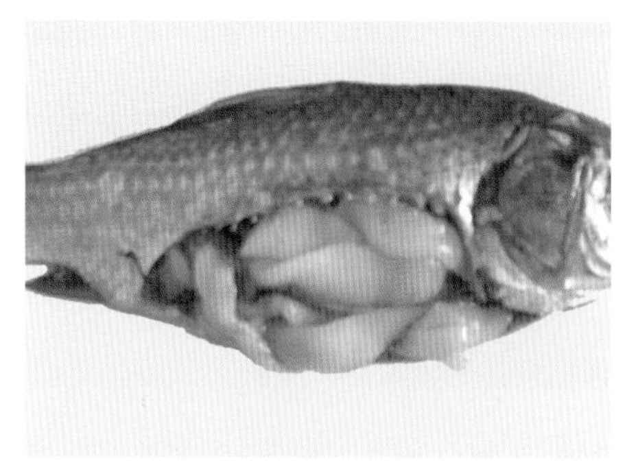

彩图 45 患舌形绦虫病的鲫鱼

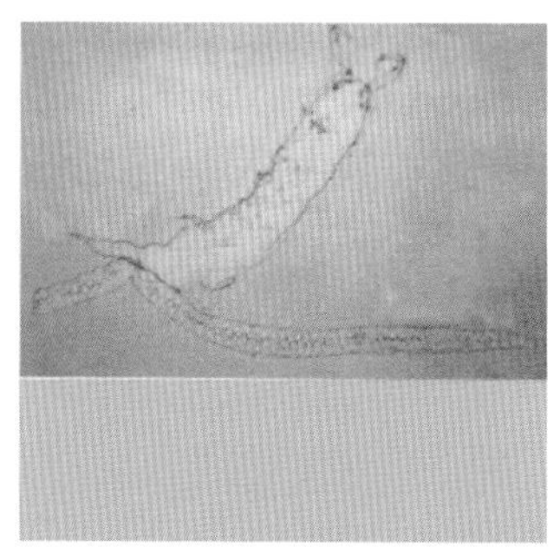

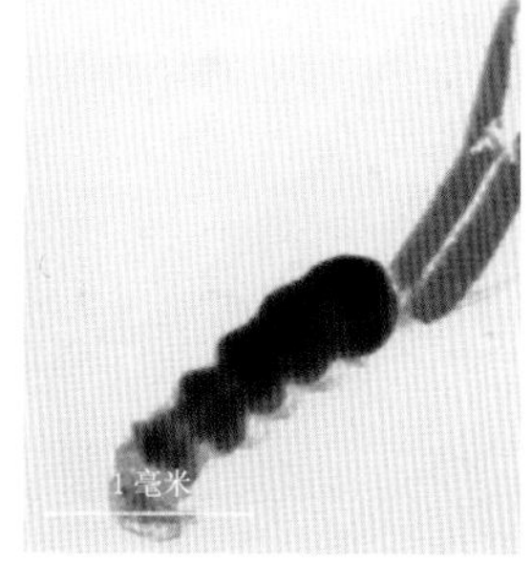

彩图 46 中华鳋形态（仿 黄琪琰）

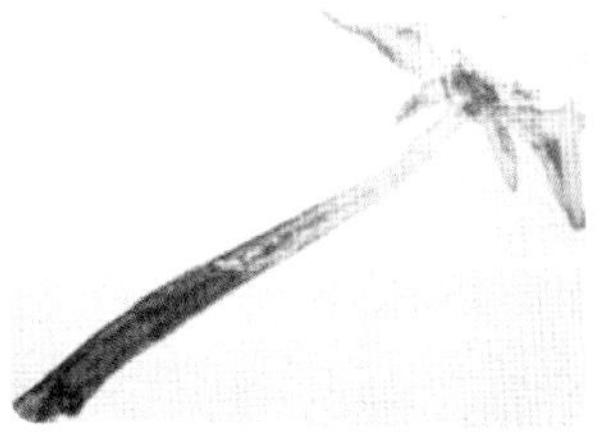

彩图 47 患锚头鳋病的鲫鱼及锚头鳋形态

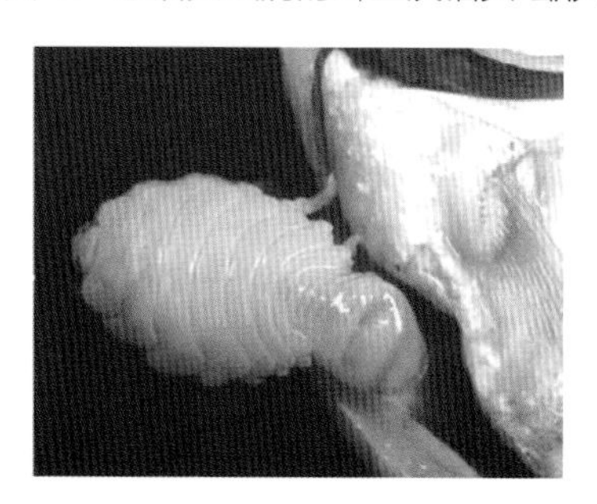

彩图48 鱼怪形态(仿 汪开毓)

淡水鱼 无公害安全生产技术

朱 健 主编 赵永锋 缪凌鸿 副主编

化学工业出版社

·北京·

本书重点介绍了淡水鱼类无公害养殖的全过程，包括养殖场建造、饲料的选择与投喂技术、淡水鱼品种及最近几年重点推广且养殖范围较广泛的淡水鱼养殖新品种、主要养殖淡水鱼苗种的繁殖、培育与无公害养殖技术、病害防治技术和淡水鱼加工技术等。语言通俗易懂，内容和生产实际结合比较紧密，实用性强，特别对一些养殖欠发达地区的品种更新、采用新的养殖技术、提高养殖产量和效益会有较大帮助。本书可供广大养殖专业户（场）参照应用，也可供大中专学生、水产技术推广人员和相关管理人员在学习、指导及研究时作为参考资料。

图书在版编目（CIP）数据

淡水鱼无公害安全生产技术/朱健主编．—北京：化学工业出版社，2017.7
（无公害水产品安全生产技术丛书）
ISBN 978-7-122-29631-3

Ⅰ．①淡…　Ⅱ．①朱…　Ⅲ．①淡水鱼类-鱼类养殖-无污染技术　Ⅳ．①S965.1

中国版本图书馆CIP数据核字（2017）第099840号

责任编辑：漆艳萍　　装帧设计：韩　飞
责任校对：王　静

出版发行：化学工业出版社（北京市东城区青年湖南街13号　邮政编码100011）
印　　刷：北京云浩印刷有限责任公司
装　　订：三河市畈发装订厂
850mm×1168mm　1/32　印张9½　彩插4　字数249千字
2017年8月北京第1版第1次印刷

购书咨询：010-64518888（传真：010-64519686）
售后服务：010-64518899
网　　址：http://www.cip.com.cn
凡购买本书，如有缺损质量问题，本社销售中心负责调换。

定　　价：39.80元

编写人员名单

主　　编　朱　健

副 主 编　赵永锋　缪凌鸿

编写人员　（以编写内容先后为序）

朱　健　胡庚东　缪凌鸿

赵永锋　何义进　张成锋

前言
FOREWORD

近年来，我国渔业生产快速发展，养殖品种结构进一步优化，养殖技术与设施水平不断提高，水产品质量和产业化水平明显提高，养殖效益稳步增长，渔业已发展成为农业经济的重要产业。淡水养殖作为渔业的主要组成部分，在我国渔业和国民经济中占有重要地位。2015 年全国淡水养殖产量 3062.27 万吨，占淡水产品产量的 93.1%；淡水养殖面积 9220.5 万亩，占水产养殖总面积的 72.6%。淡水养殖在保障国家粮食安全、促进农业产业结构调整、提高农产品竞争力、增加农民收入、优化国民膳食结构和维护生态环境等方面发挥了重要作用。

鱼类是我国淡水养殖生产的主体，主要的淡水养殖鱼类有 100 多种，2015 年全国淡水鱼类养殖产量 2715.01 万吨，占淡水养殖产量的 88.7%。淡水鱼类是我国国民消费的大宗品种，食物构成中主要的动物蛋白质来源之一，在国民食物结构中占有重要的位置。保证淡水鱼类的稳定和安全生产，就是对国家粮食保障体系的重要贡献。

淡水鱼类养殖方式分为池塘养殖、水库养殖、湖泊养殖、河沟养殖等，以池塘养殖为主。池塘养殖作为淡水养殖最主要的生产方式，以占淡水养殖 43.9% 的面积生产了 71.7% 的淡水养殖产品。池塘养殖产量和养殖面积逐年增长，池塘养殖成为水产品产量增长的主要来源。

但是，我国现有的淡水养殖仍然采用传统生产方式，普遍存在资源环境利用方式粗放、良种覆盖率低、病害问题突出、养殖基础设施落后、养殖水平偏低、养殖效益下降等问题，制约了水产养殖业的快速稳定发展。迫切需要通过对传统养殖模式的提升和改造，选择优良养殖品种，应用养殖安全管理技术、饲料优化配制和安全投喂技术、病害生态防控与质量安全控制技术，建立应对突发性公共灾害的应急响应技术措施，建立规范的高产、优质、高效、环保的生态健康养殖模式，为实现技术集成示范以及与产业化各环节的有效衔接提供核心技术，不断增强产业的市场竞争力，实现淡水鱼类无公害安全生产和产业的可持续发展。

为了促进淡水鱼类安全生产技术的发展，满足水产养殖业可持续发展、国内外水产品消费市场、水生生物资源利用与环境保护和促进农村经济发展的需求，我们组织有关专家编写了《淡水鱼无公害安全生产技术》一书。本书以我国淡水鱼类养殖为主体，全面系统地介绍了池塘养殖设施建设与改造、饲料安全生产与投喂、养殖安全管理、病害防治与质量安全控制和突发事件应对方面的技术措施，可供广大水产养殖技术人员、推广人员、养殖户和相关管理人员参考。

本书的编写分工如下：第一章“淡水鱼养殖种类介绍”由朱健编写；第二章“淡水鱼池塘养殖设施建设与改造”由胡庚东编写；第三章“淡水鱼饲料安全与投喂”由缪凌鸿编写；第四章“淡水鱼养殖安全管理技术”由赵永锋编写；第五章“淡水鱼病害防治与质量安全”由何义进编写；第六章“淡水鱼加工技术”由张成锋编写。此外，中国水产科学研究院方辉研究员对编写工作给予了指导，赵永锋还参与了资料的收集和整理工作，在此一并表示感谢。

由于时间匆忙，加上笔者水平有限，书中难免有不当之处，敬请广大读者批评指正。

编　者

目录

CONTENTS

淡水鱼
无公害安全生产技术

第二章 淡水鱼池塘养殖设施建设与改造

第三章 淡水鱼饲料安全与投喂

第五章 淡水鱼病害防治与质量安全

第六章 淡水鱼加工技术

参考文献

CHAPTER 1

第一章

淡水鱼养殖种类介绍

第一节 池塘养殖鱼类概述

一、淡水鱼类养殖现状

我国主要的淡水养殖种类有120多种，其中鱼类有100多种，是淡水养殖的主体，约占淡水养殖产量的88.7%，其中养殖年产量超过100万吨的包括草鱼、鲢、鲤、鳙、鲫、罗非鱼等。青鱼、草鱼、鲢、鳙是我国的特产鱼类，俗称“四大家鱼”，和鲤、鲫、鲂一起成为我国淡水养殖产量的主体。

随着我国人们生活水平的提高和国际市场的开拓，名优水产品越来越受到市场的青睐，成为水产养殖新的增长点，特种水产养殖业蓬勃发展的趋势，给养殖者带来了可观的经济效益。在青鱼、草鱼、鲢、鳙、鲤、鲫等传统鱼类养殖稳定发展的基础上，名特优新品种养殖异军突起，乌鳢、鲇鱼、黄鳝、鳜鱼、鮰鱼、鳗鱼、泥鳅、鲈鱼、黄颡鱼、鲟鱼、长吻鮠、河鲀及翘嘴红鲌等一大批水产名优品种的育苗和养殖技术相继取得成功，并形成了较大的养殖规模。养殖品种结构多样化，形成了以鱼为主，虾、蟹、贝、鳖、蛙等多样化发展格局，促进了渔业生产结构的调整和效益的提高，对发展优质高效渔业起了重要的促进作用，推动了水产养殖业的繁荣。

二、主要的淡水养殖鱼类

1. 常规淡水养殖鱼类

青鱼、草鱼、鲢、鳙、鲤、荷包红鲤、兴国红鲤、建鲤、松浦鲤、黄河鲤、湘云鲤、松浦镜鲤、福瑞鲤、鲫、彭泽鲫、异育银鲫、异育银鲫“中科3号”、湘云鲫、松浦银鲫、长春鳊、团头鲂、三角鲂、团头鲂“浦江1号”等。

2. 优质淡水养殖鱼类

鳗鲡、鳜鱼、大口鲇、长吻鮠、黄鳝、泥鳅、黄颡鱼、胡子鲇、乌鳢、月鳢、史氏鲟、暗纹东方鲀、翘嘴红鲌、细鳞斜颌鲴、银鲴、花䱻、胭脂鱼、中华倒刺鲃、鲮鱼、金鱼（观赏鱼）等。

3. 国外引进的养殖鱼类

尼罗罗非鱼、奥利亚罗非鱼、奥利亚罗非鱼“夏奥1号”、莫桑比克罗非鱼、吉富罗非鱼、新吉富罗非鱼、奥尼罗非鱼、福寿鱼、彩虹鲷（红罗非鱼）、斑点叉尾鮰、革胡子鲇、淡水白鲳（短盖巨脂鲤）、美国大口胭脂鱼、加州鲈（大口黑鲈）、虹鳟、欧洲鳗、日本鳗、俄罗斯鲟、匙吻鲟、巴西鲷、美洲鲥、锦鲤等。

第二节 常规淡水养殖鱼类

一、青鱼

青鱼也称螺蛳青、乌青和青鲩，为底层鱼类。主要生活在江河深水段，喜活动于水的下层以及水流较急的区域，喜食黄蚬、湖沼腹蛤和螺类等软体动物。10厘米以下的幼鱼以枝角类、轮虫和水生昆虫为食物；15厘米以上的个体开始摄食幼小而壳薄的蚬螺等。冬季在深潭越冬，春天游至急流处产卵。

二、草鱼

草鱼也称草鲩、混子、草混和草青，为典型的草食性鱼类。肉厚刺少味鲜美，出肉率高。草鱼一般喜栖居于江河、湖泊等水域的中层、下层和近岸多水草区域。具河湖洄游习性，性成熟个体在江河流水中产卵，产卵后的亲鱼和幼鱼进入支流及通江湖泊中育肥。草鱼性情活泼，游泳迅速，常成群觅食，性贪食。

三、鲢

鲢也称白鲢、鲢子。鲢体银白色，栖息于大型河流或湖泊的上层水域，性活泼，善跳跃，稍受惊动即四处逃窜，终生以浮游生物为食。幼体主食轮虫、枝角类和桡足类等浮游动物，成体则滤食硅藻类、绿藻等浮游植物兼食浮游动物等，可用于降低湖泊水库富营养化。最大可达 100 厘米，通常为 50～70 厘米。

四、鳙

鳙也称花鲢、黑鲢、胖头鱼。鳙体背侧部灰黑色，生活于水域的中上层，性温和，行动缓慢，不善跳跃。在天然水域中，数量少于鲢。平时生活于湖内敞水区和有流水的港湾内，冬季在深水区越冬。终生摄食浮游动物，兼食部分浮游植物。

五、鲤

鲤也称鲤拐子、鲤鱼。杂食性，成鱼喜食螺、蚌、蚬等软体动物，仔鲤摄食轮虫、枝角类等浮游生物，体长 15 毫米以上个体改食寡毛类和水生昆虫等。鲤是我国育成新品种最多的鱼类，如丰鲤、荷元鲤、建鲤、松浦镜鲤、湘云鲤、豫选黄河鲤鱼、乌克兰鳞鲤、松荷鲤、福瑞鲤等。

六、鲫

鲫也称鲫瓜子、鲫拐子、鲫壳子、河鲫鱼和鲫鱼，为我国重要食用鱼类之一，属底层鱼类，适应性很强。鲫鱼属杂食性鱼，主食植物性食物，鱼苗期食浮游生物及底栖动物。鲫鱼一般 2 冬龄成熟，是中小型鱼类。生长较慢，一般在 250 克以下。经过人工选育并在生产上广泛推广应用的有异育银鲫、彭泽鲫、湘云鲫等品种。

七、团头鲂

团头鲂也称武昌鱼。喜生活在湖泊有沉水植物敞水区区域的中

下层，性温和，草食性，因此有“草鳊”之称。幼鱼以浮游动物为主食，成鱼则以水生植物为主食。团头鲂生长较快，100～135毫米的幼鱼经过1年饲养，可长到0.5千克左右，最大可达3.5～4.0千克。人工选育的新品种有团头鲂“浦江1号”，已推广到全国20多个省市。

第三节 优质淡水养殖鱼类

一、乌鳢

乌鳢，俗名黑鱼、乌鱼、才鱼等。属鲈形目，鳢科，鳢属。我国鳢属鱼类有8种，已开发人工养殖的有乌鳢、斑鳢和月鳢。乌鳢在我国普遍分布，除了西部高原地区外，从南到北均有分布，主要分布在长江流域的河川、湖泊和池塘中。在广东、湖北、湖南、江西、浙江、安徽、河南、辽宁、台湾等地，乌鳢人工养殖很普遍。

乌鳢为营底栖生活的鱼类，栖息环境极其广泛，常生活在软泥底质、水草丛生、水流缓慢或静止的湖泊、河流、池塘、沼泽洼地及渠沟等水域，但在江河水流湍急的区域中几乎没有栖息。乌鳢对水质、溶解氧、酸碱度、盐度等外界环境适应性特别强，能忍耐的pH值范围是3.1～9.6，超出忍耐范围会很快死亡。乌鳢属广盐性鱼类，在淡水、盐水中都能生存。乌鳢耐低氧能力很强，它在浑浊缺氧的水体中也能生存，并且在少水甚至无水的条件下，只要保持鳃部和体表湿润，就能存活较长的时间，根据这一特征，乌鳢可采取保湿运输。

乌鳢的生长速度很快。自然条件下，1冬龄鱼的体长19～39厘米，体重100～750克；2冬龄鱼的体长38～45厘米，体重600～1400克；3冬龄鱼的体长45～59厘米，体重1450～2000克；

最大个体可达5千克以上。由于水体生态条件的差异，如水质、饲料的种类及鱼体的内在因素等原因，乌鳢个体生长的差异很大。总的来说，乌鳢在2龄前，生长旺盛；2龄后，出现随着年龄增长而个体增长率逐渐降低的趋势。

鳢属中的月鳢，俗称七星鱼、山花鱼、点称鱼。分布于长江以南各水系，常栖息于山涧溪流中，在广东、广西已普遍养殖，其他地区也引种试养，因其个体小，适合于农户庭院养殖。月鳢具有耐低氧及对不良环境适应能力强的特点，对养殖环境要求不高。月鳢养殖方式有多种，如池塘养殖、水泥池养殖、网箱养殖等，养殖户可根据自身的条件，因地制宜选择养殖方式。

二、鲇鱼

大口鲇原名南方大口鲇，俗称河鲇、大河鲇鱼、鲇巴朗（四川）、叉口鲇（湖北）、大鲇鲐（江苏、浙江）等。属鲇形目、鲇科、鲇属。是鱼类中长得最快、也长得最大的一种，主产于我国长江流域的大江河中，是一种以鱼为食的大型经济鱼类，常见个体重2～5千克，最大可达40千克以上。大口鲇肉质细嫩，味道鲜美，无肌间刺，腴而不腻，不仅是席上佳肴，而且有一定的药用价值。

大口鲇具有许多优良性状，如生长速度快，繁殖的鱼苗当年就能长到500克以上；养殖周期短，当年的鱼苗饲养4～6个月就能上市；适应低温的能力强，在我国北方能自然越冬；食性可以改变，即由原来吃活鱼虾转变为吃人工配合饲料，适合规模化、集约化饲养；消费市场广阔，大口鲇是中档鱼，不仅可鲜食，也可加工成风味食品，国内外畅销；经济效益高，单位养殖面积的利润是饲养常规家鱼的5～8倍，是饲养革胡子鲇的4～6倍。

大口鲇属温水性鱼类，生存适温为0～38℃。在池养条件下，生长适温是12～31℃，最佳生长水温是25～28℃。低于18℃和高于30℃时生长缓慢。水温降至8℃左右并不完全停食，而水温升至32℃则完全停食。对水中溶解氧含量要求略高于四大家鱼，当水中溶解氧含量在5毫克/升以上时，生长速度快，饲料转化率高；在

3毫克/升以上时，生长正常，低于2毫克/升可能出现浮头现象；低于1毫克/升时，导致泛池死亡。对水体pH值的适应范围较广，pH值6.0～9.0的水域都能生存，但最适范围为7.0～8.4。大口鲇是底层鱼，白天多集群潜伏于池底弱光处隐蔽，到了夜晚才分散到整个水域中活动觅食。在人工饲养条件下，不会像鲤鱼那样浮到水面上来抢食，只能凭借饲料台上方翻滚的波纹和水花，判断鱼群正在抢食。大口鲇性情温顺，不善跳跃，不会钻泥，容易捕捞。第一网的起捕率常在80%以上，三网过后基本上能把鲇鱼捕尽。大口鲇在鱼池里的分布也有特殊性，往往只占据池边、池角和深水处；又特别善于随水流逃跑，无论是顺水流还是逆水流。因此，池塘面积不宜太大，进、出水口的拦鱼设备一定要牢固可靠。

胡子鲇，广东称塘虱鱼，广西称塘角鱼，在南方养殖较普遍。属鲇形目，胡子鲇科，是江河池沼常见的野生鱼类。胡子鲇是杂食性，生长快，耐低氧、耐小水面，疾病少，离水不易死亡，便于运输。因此，适宜在家庭小池中饲养。胡子鲇是一种滋补保健的优质鱼，受到国内外市场的欢迎。

革胡子鲇，又称埃及塘虱、埃及胡子鲇。原产于非洲尼罗河流域，为热带、亚热带鱼类。1981年从国外引进广东省，人工繁殖取得成功后，已在我国大部分地区开展养殖。革胡子鲇柔嫩肥美，营养丰富，具有食性杂、生长快、产量高、耐低氧、抗病力强和养殖周期短等特点，既适合池塘单养、混养和稻田养殖，又适宜于家庭小水体密养。革胡子鲇适应性很强，苗种繁育简单，养殖技术容易掌握。

革胡子鲇生长适温13.5～35℃，水温低于7℃可引起死亡。革胡子鲇是以动物性为主的杂食性鱼类。人工饲养时，也食花生饼、豆饼、豆糟及人工配合饲料，喜食家禽和猪、牛的内脏。革胡子鲇贪食，且食量大，投饲过多会造成摄食过量而胀死，所以必须控制投饲量。同时革胡子鲇又有很强的耐饥力，越冬期间4～5个月不投喂也不会饿死。革胡子鲇在我国南方每年可养2～3茬。池养条件下，经4～5个月的养殖，当年投放的鱼苗一般能长到0.5千克，最大个体可达2千克以上，每666.7平方米产量可达5000千克。对于上年越冬的鱼种，第2年普遍能长到1千克，最大个体可达4千克以上。

三、黄鳝

黄鳝又称鳝鱼、长鱼、无鳞公主。属合鳃鱼目，合鳃鱼科，黄鳝属。黄鳝肉味鲜美，骨刺少，特别是小暑后的黄鳝最为肥美，是国民喜食的水产品。黄鳝除食用外，还有一定的药用价值。黄鳝适应能力强，除青藏高原外，全国均有分布。黄鳝体细长，耐饥饿，疾病少，市场价格高，养殖经济效益好。

四、鳜鱼

鳜鱼是指鳜属鱼类，在分类学上属鲈形目、鮨科。鳜鱼属种类较多，常见的是大眼鳜和翘嘴鳜，斑鳜目前人工养殖的主要是翘嘴鳜。鳜鱼又叫桂鱼、季花鱼等，是著名的席上珍肴，刺少，味美，营养丰富，驰名中外。鳜鱼以往没有专门饲养，主要是饲料问题，因鳜鱼和乌鳢一样，也是典型的肉食性鱼类，饵料来源较困难。由于鳜鱼深受群众欢迎，加之经济价值高，因此各地都开展了鳜鱼人工繁殖和人工养殖。

鳜鱼生长速度较快。当年鱼苗可长到50～100克，第2年即可达到500克，第3年达1～1.5千克。从第4年起，生长速度显著减慢。因此，人工饲养鳜鱼以2～3龄为好。采用早繁苗，当年养到500克左右上市。鳜鱼幼鱼刚孵出后不久，就能吞食其他鱼苗。因此，南方常用人工繁殖的家鱼苗喂鳜鱼苗，效果很好。鳜鱼长到4厘米时，即转为以小虾类为主要食料，体长10厘米以上时，则以食小型鱼类为主，有时同种鱼也相互蚕食。鳜鱼人工饲养时，可投喂野杂小鱼或家养鱼种，也可投放一些鲫鱼、罗非鱼等让其繁殖小鱼，供鳜鱼吞食。总之，选养鳜鱼，首先要考虑是否有饵料鱼，并根据饵料量来确定放养量。饲养鳜鱼，要因地制宜，只要饵料有来源，饲养鳜鱼有较高的经济价值，南方某些地区已将鳜鱼作为主要养殖品种。

五、鳗鲡

鳗鲡学名为日本鳗鲡，又称白鳝、青鳝、鳗鱼、河鳗、白秋、蛇鱼等，是降河性洄游鱼类。鳗鲡是人工养殖的名特优品种，但人工繁殖至今仍未完全成功，主要依靠天然捞苗。每年春季，有大批的幼苗（称鳗线），成群地自海进入江（河）口。一般雄鳗久居河口成长，而雌鳗和幼鳗逆水上游进入江河的干流和与河流相通的湖泊，有一部分甚至直达江河的上游，如长江的金沙江、岷江、嘉陵江地区，闽江的建瓯以上地区。鳗鲡在江河和湖泊中育肥，到了成熟的年龄，秋季又大批游到河口，会同常住在河口地带的雄鳗鱼一起游到海洋中繁殖。

养鳗可建造养鳗池单养，也可以在鱼塘中混养。单养池要求能防逃，有自流化的排灌系统，并有充足的饲料。一般每 666.7 平方米放养鳗种 0.5 万～1 万尾，年产量可达 1～2 吨；混养主要是以鱼塘中的野杂小鱼虾为食，每 666.7 平方米可放养 50～100 尾，1 年可收获成鳗 20～30 千克。

欧洲鳗俗称欧鳗，主要分布在葡萄牙、西班牙、法国、英国等国家和北海、挪威海、波罗地湾、地中海、黑海等区域，是除日本鳗外第二大人工养殖的鳗鲡种类。欧洲鳗与日本鳗相比，有以下不足之处。

① 不耐高温，生长最佳温度为 24～26℃。

② 易患寄生虫病，寄生虫是欧洲鳗的一大杀手，如指环虫、车轮虫、三代虫、白点虫等。

③ 生长大小差异大，出成率低。

④ 摄食活力弱且生长缓慢，一般从玻璃鳗长到 200 克的上市规格需要 18 个月。

⑤ 养殖池底淤泥必须彻底清除，水质要求高，溶解氧含量维持在 5～7 毫克/升，pH 值稳定在 6.9～7.5。

根据我国欧洲鳗养殖成功经验，主要采用三种类型：一是利用深井水养殖欧洲鳗；二是利用山涧溪水养殖欧洲鳗；三是利用海水养殖欧洲鳗。

六、泥鳅

泥鳅肉质肥美，营养丰富。泥鳅虽然个体不大，但鱼种来源方便，可自行到沟、塘、水田中捕捉幼鱼或亲鱼，又具有杂食性、抗病力强、生长快的特点，是家庭养鱼的主要对象，特别是其他鱼种来源缺乏的地方更适合，饲养效果也好。

七、黄颡鱼

黄颡鱼俗称嘎牙子、黄腊丁、黄鳍鱼等。属鲇形目，鲿科，黄颡鱼属。黄颡鱼为底栖鱼类，对生态环境适应性较强，广泛分布于我国淡水水域，是江河湖泊的重要经济鱼类。除西部高原外，各干、支流水系均有分布。在我国长江干流和支流附属水体分布 4 个种，黄河、黑龙江、珠江水系流域有 2～3 个种的分布，并形成自然群落。

黄颡鱼体形较小，肉质细嫩，少刺，味道鲜美，营养价值高，深受消费者青睐。在自然水域中，黄颡鱼生长速度较慢，上市规格小，在一定程度上影响了市场发展。随着市场需求的不断扩大，黄颡鱼价格逐年上升；黄颡鱼疾病少，饲料来源广，饲养管理简单，养殖效益较好，黄颡鱼人工养殖发展很快。

黄颡鱼属温水性鱼类。生存温度 0～38℃，最佳生长水温 25～28℃。适宜 pH 值为 6.0～9.0，最适 pH 值为 7.0～8.0，耐低氧能力一般。水中溶解氧含量在 3 毫克/升以上时生长正常，低于 2 毫克/升时出现浮头，低于 1 毫克/升时会窒息死亡。池塘人工饲养条件下，除摄食池塘中天然饵料生物外，一般必须投喂人工配制的软性配合饲料，尤其是在集约化网箱流水饲养的条件下，投喂的配合饲料中蛋白质含量必须达到 35％～40％。

八、鲟鱼

史氏鲟，又名黑龙江鲟，七粒浮子，为世界上尚存的26种鲟形目鱼类之一。属硬骨鱼纲，辐鳍亚纲，软骨硬鳞总目，鲟形目，鲟科，鲟属。鲟类是一群大中型的经济鱼类，广泛分布于北回归线以北的水域中。鲟鱼是一种相当古老的生物类群，有“活化石”之称。

史氏鲟为动物食性，在天然水域中以水生昆虫幼虫、底栖动物和小型鱼类为食，也有摄食两栖类的情况。幼鱼的食物以底栖生物及水生昆虫幼虫为主，繁殖期间摄食强度下降或停食。史氏鲟的最低成熟年龄，雌鱼9～10年，雄鱼7～8年。根据经验，史氏鲟养殖应在高溶解氧、低有机物、清新、流动的水中进行，总硬度略高些（100～150毫克/升），对孵化和育苗都有好处。

俄罗斯鲟，又称俄国鲟。属硬鳞总目，鲟形目，鲟科，鲟属。主要分布在里海、亚速海、黑海以及与这些水域相通的河流。俄罗斯鲟除部分是洄游性种类外，有部分是定栖种类，在伏尔加栖息的大多为定栖种类。这种鱼在俄罗斯具有较高的经济价值，有较高的捕捞产量，产量主要靠人工养殖和人工放流增殖维持。美国、日本和中国等国家已引进俄罗斯鲟开展人工养殖。

九、长吻鮠

长吻鮠，俗称江团、鮠鱼。属鲇形目、鮠科、鮠属。长吻鮠是我国名贵的淡水鱼类，分布于长江水系，向北达黄河，向南可至闽江水系。在长江上游及支流，长吻鮠是重要的经济鱼类，产量较高，而湖北的石首，四川的乐山、北碚、南充、蓬安等地为有名的产区。长吻鮠肉质细嫩，肉味鲜美，含脂量高，膘特别肥厚，新鲜时为银白色，干制后为名贵鱼肚，食者无不称赞，有“不食江团，不知鱼味”之说。特别是湖北石首的“笔架鱼肚”，素享盛名，常作为宴席上的佳肴。20世纪80年代，长吻鮠人工养殖试验获得成功，使长吻鮠成为池塘养殖的名贵水产品。

长吻鮠为江河底层的肉食性鱼类，平时在水流较缓的河口、深潭内活动，冬季在干流深水处或水下乱石的夹缝中越冬，喜夜间捕食。幼鱼主食水生昆虫，兼吃植物。成鱼食性广泛，除捕食鳑鲏、麦穗鱼等小型鱼类外，还摄食虾、蟹及其他甲壳类、螺类、水生昆虫和水丝蚓等。在上述饵料资源丰富的河段，长吻鮠产量较高。长吻鮠虽然是肉食性鱼类，但其食谱中多是经济价值较低的小型鱼类和底栖无脊椎动物。因此，可在野杂鱼和底栖动物较多的水库、池塘、河流中养殖。

十、河鲀

河鲀产于我国，为鲀科鱼类的通称，国内通常食用与养殖的有暗纹东方鲀、弓斑东方鲀、红鳍东方鲀、黄鳍东方鲀、菊黄东方鲀、假睛东方鲀等。目前淡水人工养殖多以暗纹东方鲀为主。暗纹东方鲀生长适宜温度为16～27℃，最适温度为20～26℃。溶解氧含量6毫克/升以上，pH值为7.4～8.6，透明度35厘米以上，就能健康生长。溶解氧含量低于3毫克/升会缺氧死亡。

十一、翘嘴红鲌

翘嘴红鲌又名大白鱼、翘嘴巴、白丝。属鲤形目，鲤科。翘嘴红鲌是一种生活在流水及大水体中的大型凶猛性鱼类，成鱼一般在敞水区水体中上层活动，游动迅速，善跳跃；幼鱼成群生活在水流较缓慢的浅水区域；冬季在河床、湖槽中越冬。

翘嘴红鲌主要以鱼类为食。人工饲养条件下，经过驯化，能摄食鱼糜、冰鲜鱼虾和人工配合饲料。

翘嘴红鲌生长迅速，体形较大，最大可长至15千克重，常见个体2～3千克，人工条件下，3～5厘米的鱼苗经过6～10个月的饲养，70%的鱼能长到400克以上。1～2冬龄鱼处于生长旺盛期，3冬龄以上进入生长缓慢期。雌鱼性成熟后，生长速度无明显下降，而且雌鱼比雄鱼生长快。

第四节 国外引进的淡水养殖鱼类

一、罗非鱼

罗非鱼指鲈形目、丽鱼科、罗非鱼属鱼类，这个属有100多个品种。罗非鱼原产于非洲，适应性强，为广盐性热带鱼类，广泛分布于非洲大陆的淡水和沿海咸淡水水域。由于罗非鱼生长快，产量高，对饵料要求低，耐低氧，适应性、抗病力强，繁殖快，苗种容易解决，已成为世界性的主要养殖鱼类，养殖地区遍布80多个国家和地区。我国先后从境外引进了多个罗非鱼品种进行养殖，国内罗非鱼养殖发展迅速，年产量超过130万吨，在淡水养殖中占有重要地位。

我国先后从境外引进了莫桑比克罗非鱼、齐氏罗非鱼、尼罗罗非鱼、加利亚罗非鱼、奥利亚罗非鱼、黄边罗非鱼、美丽罗非鱼7个种和红罗非鱼（尼罗罗非鱼与莫桑比克罗非鱼杂交变异种）、奥尼罗非鱼（奥利亚罗非鱼与尼罗罗非鱼杂交种）、福寿鱼（尼罗罗非鱼与莫桑比克罗非鱼杂交种）3个杂交种。尼罗罗非鱼是罗非鱼属体形最大的一种，养殖1年体重可达500克以上。尼罗罗非鱼又有苏丹、尼罗河下游、美国、吉富等品系。在引进的罗非鱼中，经过多年的推广养殖，莫桑比克罗非鱼因过度繁殖、个体小、生长慢、体色黑而逐渐被淘汰。我国主要养殖的罗非鱼种类有尼罗罗非鱼、吉富品系尼罗罗非鱼、奥利亚罗非鱼以及杂交种奥尼鱼和福寿鱼等。

二、斑点叉尾鮰

斑点叉尾鮰，亦称沟鲇。属鲇形目、鮰科鱼类。1984年自美国引进后在全国推广。斑点叉尾鮰对生态环境适应性较强，适温范围为0～38℃，在我国大部分地区可自然越冬，生长温度为5～36℃，最适生长温度为18～34℃。在溶解氧含量2.5毫克/升以上即能正常生活，溶解氧含量低于0.8毫克/升时开始浮头。正常生长pH值范围为6.5～8.9，适应盐度为0.2～8.5。

在人工饲养条件下，斑点叉尾鮰能摄食投喂的配合饲料，尤其喜食由鱼粉、豆饼、玉米、米糠、麦麸等商品饲料配制而成的颗粒饲料和全价浮性饲料，还摄食水体中的天然饵料，如底栖生物、水生昆虫、浮游动物、轮虫、有机碎屑及大型藻类等。斑点叉尾鮰性成熟年龄为4龄以上，人工饲养条件好的情况下，3龄鱼也可达性成熟，性成熟鱼体重1000克以上。在池塘养殖条件下，第1年体长可达18～20厘米，第2年26～35厘米，第3年35～45厘米，第4年45～60厘米，第5年可达60～70厘米。斑点叉尾鮰第1次性成熟后生长速度没有明显的下降迹象。

三、大口黑鲈

大口黑鲈又名美洲大口鲈、加州鲈鱼。属鲈形目，棘臀鲈科，黑鲈属。我国台湾省于20世纪70年代引进，攻克了这种鱼的人工繁殖技术；广东等地于1983年相继养殖成功。繁殖的鱼苗引种推广到江苏、浙江、山东、上海等地养殖，取得了较好的经济效益。大口黑鲈肉质坚实，味道鲜美，骨刺少，营养价值高。加上易暂养及运输，可活体上市，因此十分畅销，也受到游钓者的喜爱，这对发展钓渔业及旅游业很有帮助。大口黑鲈抗病力强，成长快，易起捕，适宜在网箱中高密度养殖，养殖经济效益显著。

大口黑鲈属温水性鱼类，在2～34℃均能生存，最适生长温度为12～30℃。10℃以上开始摄食，当水温低于15℃或高于28℃摄食量相对减少，生长也较慢，30℃时仍能摄食，20～25℃时食欲最佳。我国大部分地区可在室外自然越冬。大口黑鲈对水中溶解氧要求较高，含量最好在4毫克/升以上，当溶解氧含量在2毫克/升以下时，会出现浮头或死鱼现象，养殖期间应采用流水或其他方法增氧。大口黑鲈以视觉摄食为主，养殖水深维持在1米以上，以淡绿色水色较好，透明度在30厘米左右。

大口黑鲈是一种以肉食性为主的杂食性鱼类，人工饲养可投喂新鲜的切碎的小杂鱼，也可投喂家鱼等鱼种。大口黑鲈生长较快，当年繁殖的鱼苗，养至年底，能长到0.5～0.6千克达到上市规格。经1年饲养，体重达0.6～0.8千克。最大的养殖个体重可达9.7千克。食用鱼养殖周期以1～2年、体重0.5～1.25千克较为合适。

四、短盖巨脂鲤

淡水白鲳是短盖巨脂鲤的俗称，因体形似海水鲳鱼而得名。属脂鲤目，脂鲤科，巨脂鲤属。淡水白鲳原产于南美洲亚马孙河流域，属热带鱼类，具有食性杂、生长快、易养殖、骨刺少等优点，幼鱼阶段还可作为观赏鱼。淡水白鲳于1982年引入台湾省，1985年从台湾移植大陆，已在全国推广饲养。

淡水白鲳为杂食性鱼类，人工饲养条件下，可投喂生麸、豆饼和配合饲料。淡水白鲳不耐低温，适温范围为12～35℃，适宜的生长水温为22～30℃。淡水白鲳个体较大，生长迅速，最大个体可达20千克，饲养1年体重可达1000克以上。在珠江流域，当年孵化的鱼苗，饲养到年底可长到500克以上的上市规格，最大的可达1000克，第2年可长到2000克左右。在长江流域，当年4月下旬～5月上旬人工繁殖的淡水白鲳鱼苗育成夏花（鱼苗经18～22天培养，养成3厘米左右的稚鱼，此时正值夏季，故通称夏花）后，饲养4个月以上，尾重达250克，也达到了食用鱼规格。淡水白鲳的群体生长较均匀，个体差异小，在饲料充足的情况下一般不相互残杀，但鱼种在饥饿的情况下会相互咬伤，有的因尾鳍被吃掉而死亡。所以，一方面在饲养过程中要保证饲料充足，另一方面最好采用与其他鱼类混养的方式养成。

五、虹鳟

虹鳟属鲑科、鳟鱼属。原产于美国加利福尼亚的山麓溪流中，

1974年移养池塘，已遍布美洲、欧洲、大洋洲、亚洲东部和非洲南部等地区约20多个国家，成为世界性养殖品种。我国养殖的虹鳟最早是1959年4月自朝鲜引进的。

虹鳟是底层冷水性鱼类，生长的水温范围为2～25℃，最适温度10～18℃，在流量大、氧气充分的水中可忍受到30℃。虹鳟属肉食性鱼类，主食鱼类、底栖动物，亦食植物碎屑和种子。1龄鱼以浮游动物、底栖动物（如毛翅目、鞘翅目、蜻蜓目、枝角类、甲壳类等水生昆虫）及两栖类、小型杂鱼为食；2龄以上以摄食鱼类为主。虹鳟也食动物、植物混合饲料（如碎鱼肉、动物肝、蚕蛹、鱼粉、糠虾和米糠、麦麸、豆饼、青菜、榆树叶等），摄食量与水温有关，北方地区7～10月摄食最旺。溶解氧含量10毫克/升以上食欲最盛，5毫克/升以下则食欲缺乏。冬季亦能摄食生长。

第五节 人工培育的淡水养殖鱼类

一、鲢

1. 长丰鲢（彩图1）

亲本来源：野生长江鲢。

选育单位：中国水产科学研究院长江水产研究所。

1987年，从长江野生鲢性成熟个体中，选择个体大、体质健壮的雌性鱼为母本，用遗传灭活的鲤精子作激活源，采用极体雌核发育方法，经连续2代异源雌核发育和2代生长性状为主要指标的群体选育后获得这个品种。这个品种生长速度快、体形较大且整齐、遗传纯度高。2龄鱼体重增长平均比普通鲢快13.3%～17.9%，3龄鱼体重增长平均比普通鲢快20.5%。适宜在全国淡水水域中养殖。

2. 津鲢

亲本来源：野生长江鲢。

选育单位：天津市换新水产良种场。

这个品种是以长江鲢为基础群体，以形态特征、生长速度和繁殖力为指标，经6代群体选育获得的品种。这个品种与长江鲢相比生长速度快，体形较大。1龄鱼生长速度提高13.2%，2龄鱼生长速度提高10.2%，雌鱼绝对和相对繁殖能力分别提高74.0%和45.3%。适宜在我国北方地区淡水水域中养殖。

二、鲤

1. 建鲤（彩图2）

亲本来源：荷包红鲤和元江鲤。

选育单位：中国水产科学研究院淡水渔业研究中心。

选择荷包红鲤与元江鲤杂交组合的后代作为育种的基础群，选育出F_4长型品系鲤鱼。F_4长型品系与两个原始亲本相同、选择指标一致的雌核发育系相结合，并进行横交固定，其子代（F_5和F_6）的遗传性状稳定性和一致性达到95%以上，达到和超过了预定的品种选育指标，定名为建鲤。在同池饲养情况下，建鲤的生长速度较荷包红鲤、元江鲤和荷元鲤分别快49.75%、46.8%和28.9%。建鲤经过6代定向选育后，遗传性状稳定，食性广，抗逆性强，生长快，已经成为主要养殖对象，全国各地均可养殖。

2. 福瑞鲤（彩图3）

亲本来源：建鲤和野生黄河鲤。

选育单位：中国水产科学研究院淡水渔业研究中心。

这个品种是从1998年起，以生长速度为主要选育指标，经1代群体选育和连续4代BLUP家系选育获得的品种。这个品种生长速度快，比普通鲤鱼提高20%以上，比建鲤提高13.4%。体形较好，体长/体高约3.65。适宜在全国淡水水域中养殖。

3. 松浦镜鲤（彩图 4）

品种来源：德国镜鲤选育系 F_4。

培育单位：中国水产科学研究院黑龙江水产研究所。

松浦镜鲤是在德国镜鲤选育系 F_4 基础上，采用混合选择方法，从 1998 年开始连续选育 3 代后获得的体形完好，背部较高而厚，生长快，抗寒力强，繁殖力高，体表基本无鳞的新品种。这个品种头小背高，可食部分比例大，鳞片少；与德国镜鲤 F_4 相比，生长速度快 30％以上，1 龄鱼和 2 龄鱼平均越冬成活率提高 8.86％和 3.36％，3 龄鱼和 4 龄鱼平均相对怀卵量提高 56.17％和 88.17％。适宜在全国各地人工可控的淡水中养殖。

4. 豫选黄河鲤（彩图 5）

亲本来源：野生黄河鲤。

选育单位：河南省水产科学研究院。

这个品种是利用野生黄河鲤作亲本，经过近 20 年、连续 8 代选育而成，体形呈纺锤状，体色鲜艳、金鳞赤尾，子代的红体色、不规则鳞表现率已降至 1％以下，生长速度比选育前提高了 36％以上。这个品种性状稳定，生长速度快，成活率高，易捕捞。全国各地均可养殖。

5. 湘云鲤（彩图 6）

亲本来源：鲫鲤杂交四倍体鱼和丰鲤。

选育单位：湖南师范大学、湘阴县东湖渔场。

鲫鲤杂交四倍体亲鱼（4N＝200）是由湘江野鲤（♂）与红鲫（♀）杂交得 F_1，F_1 自交得 F_2，F_2 自交后获得染色体加倍的异源四倍体鱼，1988 年获得第 1 代，培育至第 9 代，能自然繁殖，遗传性状稳定。湘云鲤的体形美观，肉质细嫩，含肉率高出普通鲤 10％～15％；生长速度快，比普通鲤快 30％～40％；抗病力强，耐低温和低氧。养殖技术与其他鲤鱼相似，可进行套养、单养及网箱养殖，已在全国 25 个省市养殖，产生了很好的经济效益和社会效益。

6. 乌克兰鳞鲤（彩图 7）

亲本来源：1998 年从俄罗斯引进。

引进单位：全国水产技术推广总站。

培育单位：天津换新水产良种场。

乌克兰鳞鲤为鲤形目、鲤科、鲤属的一个经选育的养殖品种。体形为纺锤形，略长，体色青灰，头较小，出肉率高。这个品种 3～4 龄性成熟，怀卵量小，有利于生长。2 龄鱼在常规放养密度下，平均体重达 1.5～2 千克。适温性强，生存水温 0～30℃，鱼种越冬成活率 95%以上。在水温 16℃以上即可繁殖。食性为杂食性，生长快、耐低氧、易驯化、易起捕，适宜在池塘养殖。这个品种在天津、河北、辽宁、黑龙江等地进行了生产性对比试验，增产效果显著。适宜全国各地养殖。

三、鲫

1. 异育银鲫（彩图 8）

亲本来源：方正银鲫和兴国红鲤。

选育单位：中国科学院水生生物研究所。

异育银鲫是用方正银鲫作母本，兴国红鲤作父本，人工杂交而成的异精雌核发育子代。异育银鲫与亲本相比具有杂交优势，且具有食性杂、生长快等特点。生长速度比鲫快 1～2 倍，比母本方正银鲫快 34.7%。当年繁殖的苗种，养到年底，一般可长到 0.25 千克以上，全国各地均可养殖。

2. 异育银鲫“中科 3 号”（彩图 9）

亲本来源：高背银鲫和平背银鲫。

选育单位：中国科学院水生生物研究所。

异育银鲫“中科 3 号”是在鉴定出可区分银鲫不同克隆系的分子标记，证实银鲫同时存在雌核生殖和有性生殖双重生殖方式的基础上，利用银鲫双重生殖方式，从高体型（D 系）银鲫（♀）与平背型（A 系）银鲫（♂）交配所产后代中筛选出少数优良个体，再经异精雌核发育增殖，经多代生长对比养殖试验培育出来的。异育银鲫“中科3号”与普通异育银鲫相比，生长速度快，比高背银鲫生长快13.7%～34.4%、出肉率高6%以上；遗传性状稳定；体色银黑，鳞片紧密，不易脱鳞；碘泡虫病发病率低。推广后受到养殖者的欢迎，取得了较高的经济效益和社会效益。

3. 彭泽鲫（彩图10）

亲本来源：野生彭泽鲫。

选育单位：江西省水产科学研究所、九江市水产科学研究所。

彭泽鲫原产于江西省彭泽县丁家湖、芳湖和太泊湖等自然水域。20世纪80年代中期，对彭泽鲫开展了系统地选育研究。经选育后的F_6，比选育前生长速度快56%，1龄鱼平均体重可达200克。彭泽鲫雌雄鱼当年均可达到性成熟。彭泽鲫经过十几年人工定向选育后，遗传性状稳定，具有繁殖技术和苗种培育方法简易、生长快、个体大、营养价值高和抗逆性强等优良特性，为鲫属鱼类主要养殖对象。全国各地均可养殖。

4. 湘云鲫（彩图11）

亲本来源：鲫鲤杂交四倍体鱼和日本白鲫。

选育单位：湖南师范大学、湘阴县东湖渔场。

鲫鲤杂交四倍体亲鱼来源同湘云鲤。湘云鲫的体形美观，肉质细嫩，肋间细刺少，含肉率高出普通鲫鱼10%～15%。生长速度快，比本地鲫鱼快3～4倍；抗病力强，耐低温、低氧，10℃以上能摄食生长，并具有浮游生物食性。其养殖技术与其他鲫鱼相近，可进行套养、单养及网箱养殖等。全国各地均可养殖。

5. 湘云鲫2号

亲本来源：改良二倍体红鲫和改良四倍体鲫鲤。

选育单位：湖南师范大学。

湘云鲫2号是利用远缘杂交技术与雌核发育技术相结合，以改良二倍体红鲫为母本，经多代选育培养出的四倍体鲫鲤为父本，通过倍间杂交而获得的新品种。这个品种为三倍体，具有和湘云鲫相似的生长快和不育的特性，其体形大，肉质鲜嫩，父本精液量比湘云鲫父本精液量高 1.6～3 倍，大大降低了制种成本。适宜在全国各地人工可控的淡水中养殖。

6. 芙蓉鲤鲫（彩图 12）

亲本来源：芙蓉鲤和红鲫。

培育单位：湖南省水产科学研究所。

在 8%～10%选择压力下，以连续选育 3 代的散鳞镜鲤为母本、兴国红鲤为父本进行鲤鱼品种间杂交，获得杂交子代芙蓉鲤；再以芙蓉鲤为母本，以同等选择压力下选育 6 代的红鲫为父本进行远缘杂交，得到体形扁似鲫鱼的杂交种芙蓉鲤鲫。这个品种生长速度快，同等条件下，1 龄鱼生长速度比父本快 102.4%，为母本的 83.2%；2 龄鱼比红鲫快 7.8 倍，为母本的 86.2%。肌肉蛋白质含量高于双亲，脂肪含量低于双亲；2～3 龄的芙蓉鲤鲫两性不育。适宜在全国范围人工可控的池塘、网箱、稻（莲）田养殖。

四、罗非鱼

1. 尼罗罗非鱼（彩图 13）

亲本来源：1978 年从苏丹引进。

选育单位：中国水产科学研究院长江水产研究所。

尼罗罗非鱼为热带鱼类，适宜的温度为 16～38℃，最适生长温度为 24～32℃。具有生长速度快、食性杂、耐低氧、繁殖快等特点，养殖范围已遍及全国。遗传性状稳定，已成为我国水产养殖的主要对象。尼罗罗非鱼既有作为食用鱼养殖的经济价值，更有杂交优势利用价值，奥尼鱼和福寿鱼均是以尼罗罗非鱼作为杂交亲本的。主要缺点是不耐低温、不易捕捞和自然繁殖太快。我国大部分地区，尼罗罗非鱼的适宜生长期为 4～5 个月，养殖当年夏花鱼种，成鱼规格一般为 150 克左右。放养越冬鱼种或早繁鱼种，成鱼规格可达 250 克以上。

2. 奥利亚罗非鱼（彩图 14）

亲本来源：1981 年从台湾省引入。

选育单位：广州市水产研究所。

奥利亚罗非鱼为热带鱼类，适宜的温度为16～38℃，最适生长温度为24～32℃。具有食性杂、耐低氧、繁殖快等特点。遗传性状稳定。奥利亚罗非鱼生长速度较尼罗罗非鱼慢10%～15%，目前主要作为奥尼鱼的杂交亲本，具有很高的杂交优势利用价值。

3. 奥利亚罗非鱼“夏奥1号”（彩图15）

亲本来源：1983年从美国引进的奥利亚罗非鱼群体。

选育单位：中国水产科学研究院淡水渔业研究中心。

奥利亚罗非鱼“夏奥1号”是在1983年从美国奥本大学引进的奥利亚罗非鱼群体基础上经10代连续群体选育，结合遗传标记、杂种优势利用等培育而成的优良新品种。以这个品种作为母本，生产的奥尼杂交鱼具有雄性率高（大规模生产可达93%以上）、起捕率高（两网起捕率可达80%）、出肉率高（达35%）等优点。奥利亚罗非鱼“夏奥1号”主要用于繁育高雄性率奥尼杂交鱼，适宜在我国大部分具有淡水水域和低盐度咸水水域的地区养殖。

4. 奥尼鱼（彩图16）

亲本来源：奥利亚罗非鱼♂×尼罗罗非鱼♀。

选育单位：广州市水产研究所、中国水产科学研究院淡水渔业研究中心。

奥尼鱼是用奥利亚罗非鱼为父本和尼罗罗非鱼为母本杂交获得的杂交优势明显的杂交种。奥尼鱼雄性率达90%以上，生长速度比父本奥利亚罗非鱼快17%～72%，比母本尼罗罗非鱼快11%～24%，抗病力和抗寒力较强。奥尼鱼的制种比较简单，不需要进行人工催情产卵和流水刺激。只要水温稳定在18℃以上，将成熟的雌雄亲鱼放入同一繁殖池中，待水温上升到22℃时，就能自然杂交繁殖鱼苗。在水温25～30℃的情况下，每隔30～50天即可杂交繁殖1次。适宜生长温度20～35℃。全国各地均可养殖。

5. 吉富品系尼罗罗非鱼（彩图17）

亲本来源：1994年从菲律宾引进。

选育单位：上海水产大学。

吉富品系尼罗罗非鱼是由国际水生生物资源管理中心（ICLARM），通过四个非洲原产地直接引进的尼罗罗非鱼品系（埃及、加纳、肯尼亚、塞内加尔）和四个亚洲养殖比较广泛的尼罗罗非鱼品系（以色列、新加坡、泰国、中国台湾）经混合选育获得的优良品系。引入我国后，在黄河、长江及珠江三个不同的生态条件下，以及不同的养殖环境下，同以前引进的尼罗罗非鱼品系比较，并在此基础上继续选育。吉富品系尼罗罗非鱼是养殖尼罗罗非鱼中生长最快的一个品系，生长速度比现有尼罗罗非鱼品系快5%～30%，单位面积产量高20%～30%。具有食性杂、耐低氧、易起捕、广盐性等特点。

6. “新吉富”罗非鱼

亲本来源：1994年引进的吉富品系尼罗罗非鱼。

选育单位：上海水产大学、青岛罗非鱼良种场、广东罗非鱼良种场。

在1994年从菲律宾引进的经过3代选育的吉富品系尼罗罗非鱼的基础上，从1996年起，通过选择体形标准、健康的吉富品系罗非鱼建立选育基础群体，采取群体选育方法，经过连续9代选育而成。这个品种生长快，规格齐，体形好，主要表现在体高、尾鳍条纹典型的个体比例高、初次性成熟月龄推迟以及出肉率高。在全国各地条件适宜水域均可以养殖。

五、其他

1. 团头鲂“浦江1号”（彩图18）

亲本来源：淤泥湖团头鲂。

选育单位：上海水产大学。

1986年以来，以湖北省淤泥湖的团头鲂原种为奠基群体，采用传统的群体选育方法，经过十几年的努力，1998年获得第6代，生长速度比淤泥湖原种提高20%。团头鲂浦江1号经过十几年人

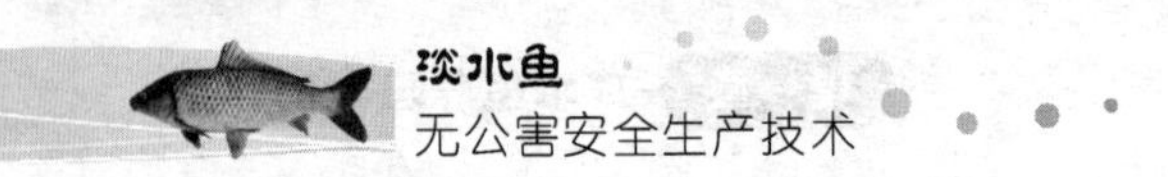

工定向选育后，遗传性状稳定，具有个体大、生长速度快、适应性广等优良性状。全国各地均可养殖。

2. 大口黑鲈“优鲈1号”（彩图19）

亲本来源：养殖大口黑鲈。

选育单位：中国水产科学研究院珠江水产研究所、广东省佛山市南海区九江镇农林服务中心。

这个品种是以国内4个养殖群体为基础选育种群，采用群体选育的方法，以生长速度为指标，经5代连续选育获得的品种。这个品种的生长速度比普通大口黑鲈快17.8%～25.3%，高背短尾的畸形率由5.2%降低到1.1%。适宜我国南方地区淡水水域池塘主养或套养及网箱养殖。

3. 杂交鳢“杭鳢1号”（彩图20）

亲本来源：斑鳢和乌鳢。

培育单位：杭州市农业科学研究院。

这个品种是以珠江水系斑鳢为母本、钱塘江水系乌鳢为父本，杂交获得F_1，即为杂交鳢“杭鳢1号”。经人工驯食可在成鱼阶段完全摄食人工配合饲料，生长速度较乌鳢快20%以上，较斑鳢快50%以上，1龄鱼可达上市规格（0.5～0.7千克/尾），在江浙地区可以自然越冬。适宜在长江中下游的可控水体中养殖。

4. 甘肃金鳟（彩图21）

亲本来源：虹鳟。

选育单位：甘肃省渔业技术推广总站。

在1992年甘肃永昌县发现的虹鳟红体色突变种的基础上，经过3年筛选培育，形成亲本群体238尾。从1995年起，以生长速度、体色和遗传纯度为选育指标，经过连续群体选育，得到F_3代。甘肃金鳟具有性情温顺、生长快、抗病力强、耐低氧、营养价值高等优点。其体色金黄艳丽，可作为观赏鱼养殖。甘肃金鳟适宜在全国具有冷水资源的地区养殖。

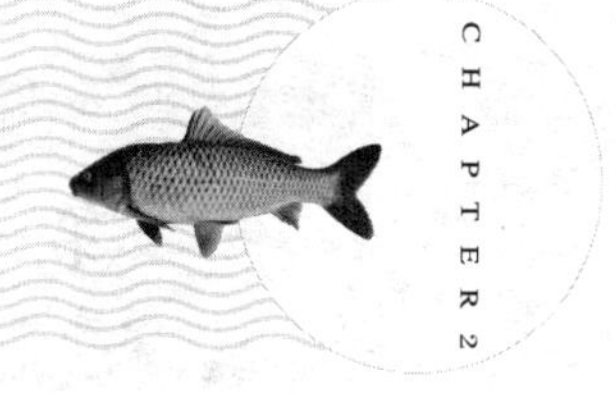

第二章

淡水鱼池塘养殖设施建设与改造

第一节 养殖场的建设

第二节 池塘的维护与改造

第一节 养殖场的建设

一、池塘养殖系统模式

根据水产养殖场的规划目的、要求、规模、生产特点、投资大小、管理水平以及地区经济发展水平等，养殖场的建设可分为经济型池塘养殖模式、标准化池塘养殖模式、生态节水型池塘养殖模式、循环水池塘养殖模式四种类型。具体应用时，可以根据养殖场具体情况，因地制宜，在满足养殖规范规程和相关标准的基础上，对相关模式具体内容作适度调整。

1. 经济型池塘养殖模式

经济型池塘养殖模式是指设施设备条件符合无公害养殖要求的池塘养殖模式，具有“经济、灵活”的特点。经济型池塘养殖模式是目前池塘养殖生产所必须达到的基本模式要求，须具备以下要求：养殖场有独立的进排水系统，池塘符合生产要求，水源水质符合《无公害食品　淡水养殖用水要求（NY 5051)》，养殖场有保障正常生产运行的水电、通信、道路、办公值班等基础条件，养殖场配备生产所需要的增氧、投饲、运输等设备，养殖生产管理符合无公害水产品生产要求等。经济型池塘养殖模式适合于规模较小的水产养殖场，或经济欠发达地区的池塘改造建设和管理需要。

2. 标准化池塘养殖模式

标准化池塘养殖模式是根据国家或地方制定的“池塘标准化建设规范”进行改造建设，其特点为“系统完备、设施设备配套齐全，管理规范”。标准化池塘养殖场应包括标准化的池塘、道路、供水、供电、办公等基础设施，还有配套完备的生产设备，养殖用水要达到渔业水质标准（GB 11607），养殖排放水达到淡水池塘养殖水排放要求（SC/T 9101）。标准化池塘养殖模式应有规范化的管理方式，有苗种、饲料、肥料、鱼药、化学品等养殖投入品管理制度和养殖技术、计划、人员、设备设施、质量、销售等生产管理制度。

标准化池塘养殖模式是目前集约化池塘养殖推行的模式，适合大型水产养殖场的改造建设。

3. 生态节水型池塘养殖模式

生态节水型池塘养殖模式是在标准化池塘养殖模式基础上，利用养殖场及周边的沟渠、荡田、稻田、藕池等对养殖排放水进行处理排放或回用的池塘养殖模式，具有“节水再用，达标排放，设施标准，管理规范”的特点。养殖场一般有比较大的排水渠道，可以通过改造建设生态渠道对养殖排放水进行处理；闲置的荡田可以改造成生态塘，用于养殖源水和排放水的净化处理；对于养殖场周边排灌方便的稻田、藕田，可以通过进排水系统改造，作为养殖排放水的处理区，甚至可以以此构建有机农作物的耕作区。

生态节水型池塘养殖模式的生态化处理区要有一定的面积比例，一般应根据养殖特点和养殖场的条件，设计建造生态化水处理设施。

4. 循环水池塘养殖模式

循环水池塘养殖模式是一种比较先进的模式，它具有标准化的设施、设备条件，并通过人工湿地、高效生物净化塘、水处理设施、设备等对养殖排放水进行处理后循环使用。循环水池塘养殖系统一般由池塘、渠道、水处理系统、动力设备等组成。

循环水池塘养殖模式的鱼池进排水有多种形式，比较常见的为串联形式，也有采用进排水并联结构的。池塘串联进排水的优点是水流量大，有利于水层交换，可以形成梯级养殖，充分利用食物资源；缺点是池塘间水质差异大，容易引起病害交叉感染。池塘串联进排水结构的过水管道在多个池塘间呈“之”字形排列，相邻池塘过水管的进水端位于水体上层，出水端位于池塘底部，有利于池塘间上下水层交换。

循环水池塘养殖模式的水处理设施一般为人工湿地或生物净化塘。人工湿地有潜流湿地和表面流湿地等形式。潜流湿地以基料（砺石或卵石）与植物构成，水从基料缝隙及植物根系中流过，具有较好的水处理效果，但建设成本较高，主要取决于当地获得砺石的成本。在平原地区，潜流湿地的造价偏高，但在山区，砺石（或卵石）的成本就低得很多。表面流湿地如同水稻田，让水流从挺水性植物丛中流过，以达到净化的目的，其建设成本低，但占地面积较大。目前一般采取潜流湿地和表面流湿地相结合的方法。植物选择也很重要，并需要专门的运行管理与维护。在处理养殖排放水方面，循环水池塘养殖模式的人工湿地或生物氧化塘一般通过生态渠道与池塘相连，生态渠道有多种构建形式，其水体净化效果也不相同，目前一般是利用回水渠道通过布置水生植物、放置滤食性或杂食性动物构建而成；也有通过安装生物刷、人工水草等生物净化装置以及安装物理过滤设备等进行构建的。人工湿地在循环系统内所占的比例取决于养殖方式、养殖排放水量、湿地结构等因素，湿地面积一般为养殖水面的10%～20%。

池塘循环水养殖模式具有设施化的系统配置设计，并有相应的管理规程，是一种“节水、安全、高效”的养殖模式。具有“循环用水，配套优化，管理规范，环境优美”的特点。

二、池塘养殖的选址

1. 规划要求

渔农在新建池塘养殖场时，应首先了解当地政府的区域发展规划，了解拟建区域是否被纳入当地渔业发展规划、是否允许开展池塘养殖，若规划中不允许进行池塘养殖，则不考虑在此地建场；对于已存在于区域内的、不在当地渔业发展规划中的池塘养殖场应考虑转变生产方式或停产。对于可开展池塘养殖的地区，要认真调研当地社会、经济、环境等发展的需要，合理地确定养殖场的规模和养殖品种等。

2. 自然条件

新建池塘养殖场要充分考虑建设地区的水文、水质、气候等因素。养殖场的建设规模、建设标准以及养殖品种和养殖方式也应结合当地的自然条件来决定。

在规划设计养殖场时，要充分勘查了解规划建设区的地形、水利等条件，有条件的地区可以充分考虑利用地势自流进、排水，以节约动力提水所增加的电力成本。规划建设养殖场时还应考虑洪涝、台风等灾害因素的影响，在设计养殖场进排水渠道、池塘塘埂、房屋等建筑物时应注意考虑排涝、防风等问题。

北方地区在规划建设水产养殖场时，需要考虑寒冷、冰雪等对养殖设施的破坏，在建设渠道、护坡、路基等应考虑防寒措施。

南方地区在规划建设养殖场时，既要考虑夏季高温气候对养殖设施的影响，又要考虑突发冰雪灾害天气对养殖设施的影响。

3. 水源、水质条件

新建养殖场要充分考虑养殖用水的水源、水质条件。水源分为地面水源和地下水源，无论是采用哪种水源，一般应选择在水量丰足、水质良好的地区建场。水产养殖场的规模和养殖品种要结合水源情况来决定。采用河水或水库水作为养殖水源，要设置防止野生鱼类进入的设施，以及周边水环境污染可能带来的影响。使用地下水作为水源时，要考虑供水量是否满足养殖需求，供水量的大小一般要求在10天左右能够把池塘注满为宜。

选择养殖水源时，还应考虑工程施工等方面的问题，利用河流作为水源时需要考虑是否筑坝拦水，利用山溪水流时要考虑是否建造沉沙排淤等设施。

水产养殖场的取水口应建到上游部位，排水口建在下游部位，防止养殖场排放水流入进水口。

水质对于养殖生产影响很大，养殖用水的水质必须符合《渔业水质标准（GB 11607—1989）》的规定。对于部分指标或阶段性指标不符合规定的养殖水源，应考虑建设源水处理设施，并计算相应设施设备的建设和运行成本。

4. 土壤、土质条件

在规划建设养殖场时，要充分调查了解当地的土壤、土质状况，不同的土壤和土质对养殖场的建设成本和养殖效果影响很大。

池塘土壤要求保水力强，最好选择黏质土或壤土、沙壤土的场地建设池塘，这些土壤建塘不易透水渗漏，筑基后也不易坍塌。

沙质土或含腐殖质较多的土壤，保水力差，做池埂时容易渗漏、崩塌，不宜建塘。含铁质过多的赤褐色土壤，浸水后会不断释放出赤色浸出物，对鱼类生长不利，也不适宜建设池塘。pH 值低于 5 或高于 9.5 的土壤地区不适宜挖塘。表 2-1 所列为土壤的基本分类。

表 2-1　土壤分类表

基本土名	黏粒含量	亚类土名
黏土	＞30％	重黏土，黏土，粉质黏土，沙质黏土
壤土	30％～10％	重壤土，中壤土，轻壤土，重粉质壤土，轻粉质壤土
沙壤土	10％～3％	重沙壤土，轻沙壤土，重粉质沙壤土，轻粉质沙壤土
沙土	＜3％	沙土，粉沙
粉土	黏粒＜3％，沙粒＜10％	
砾质土	沙粒含量 10％～50％	

注：黏粒指粒径＜0.005 毫米；沙粒指粒径 0.005～2 毫米。

5. 其他条件

水产养殖场需要有良好的道路、交通、电力、通信、供水等基础条件。新建、改建养殖场最好选择在“三通一平”的地方建场，如果不具备以上基础条件，应考虑这些基础条件的建设成本，避免因基础条件不足影响到养殖场的生产发展。

三、池塘养殖场的布局

1. 基本原则

水产养殖场的规划建设应遵循以下原则。

（1）合理布局　根据养殖场规划要求合理安排各功能区，做到布局协调、结构合理，既满足生产管理需要，又适合长期发展需要。

（2）利用地形结构　充分利用地形结构规划建设养殖设施，做到施工经济、进排水合理、管理方便。

（3）就地取材，因地制宜　在养殖场设计建设中，要优先考虑选用当地建材，做到取材方便、经济可靠。

（4）搞好土地和水面规划　养殖场规划建设要充分考虑土地的综合利用问题，利用好沟渠、塘埂等土地资源，实现养殖生产的循环发展。

2. 场地布局

水产养殖场应本着“以渔为主、合理利用”的原则来规划和布局，养殖场的规划建设既要考虑近期需要，又要考虑今后发展。

3. 布局方式

养殖场的布局结构，一般分为池塘养殖区、办公生活区、水处理区等。图 2-1 所示为一种水产养殖场的布局方式。

养殖场的池塘布局一般由场地地形所决定，狭长形场地内的池塘排列一般为“非”字形。地势平坦场区的池塘排列一般采用“围”字形布局。

四、养殖池塘的结构、类型

1. 养殖池塘的结构

（1）池塘形状　池塘形状主要取决于地形、养殖品种等。一般为长方形，也有圆形、正方形、多角形的池塘。长方形池塘的长宽比一般为（2～4）∶1。

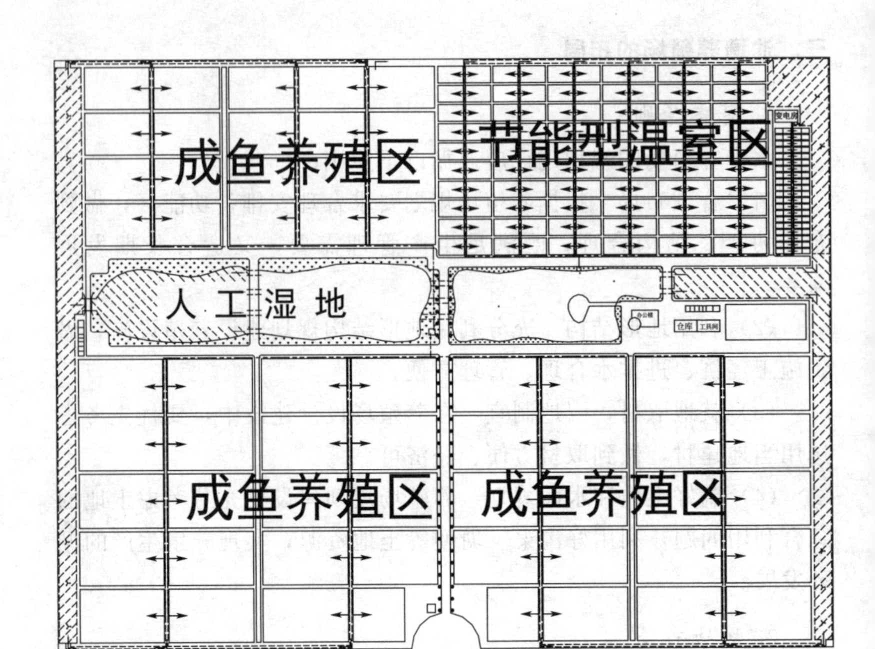

图 2-1 一种水产养殖场布局图

长宽比大的池塘水流状态较好，管理操作方便；长宽比小的池塘，池内水流状态较差，存在较大死角和死区，不利于养殖生产。

池塘的朝向应结合场地的地形、水文、风向等因素，尽量使池面充分接受阳光照射，满足水中天然饵料的生长需要。池塘朝向也要考虑是否有利于风力搅动水面，增加溶解氧。在山区建造养殖场，应根据地形选择背山向阳的位置。

(2) 池塘面积、深度　池塘的面积取决于养殖模式、品种，以及池塘类型、结构等（表 2-2)。面积较大的池塘建设成本低，但不利于生产操作，进排水也不方便。面积较小的池塘建设成本高，便于操作，但水面小，风力增氧、水层交换差。大宗鱼类养殖池塘按养殖功能不同，其面积不同。在南方地区，成鱼池一般 0.33～1.33 公顷，鱼种池一般 0.13～0.33 公顷，鱼苗池一般 0.07～0.13 公顷；在北方地区养鱼池的面积有所增加。

表 2-2 不同类型池塘规格参考表

类型＼项目	面积/米^2	池深/米	长∶宽	备注
鱼苗池	600～1300	1.5～2.0	2∶1	可兼作鱼种池
鱼种池	1300～3000	2.0～2.5	(2～3)∶1	
成鱼池	3000～10000	2.5～3.5	(3～4)∶1	
亲鱼池	2000～4000	2.5～3.5	(2～3)∶1	应接近产卵池
越冬池	1300～6600	3.0～4.0	(2～4)∶1	应靠近水源

池塘水深是指池底至水面的垂直距离，池深是指池底至池堤顶的垂直距离。养鱼池塘有效水深不低于 1.5 米，一般成鱼池的深度在 2.5～3.0 米，鱼种池在 2.0～2.5 米。北方越冬池塘的水深应达到 2.5 米以上。池埂顶面一般要高出池中水面 0.5 米左右。

水源季节性变化较大的地区，在设计建造池塘时应适当考虑加深池塘，维持水源缺水时池塘有足够水量。

深水池塘一般是指水深超过 3.0 米以上的池塘，深水池塘可以增加单位面积的产量，节约土地，但需要解决水层交换、增氧等问题。

(3) 池埂　池埂是池塘的轮廓基础，池埂结构对于维持池塘的形状、方便生产以及提高养殖效果等有很大的影响。

池塘塘埂一般用匀质土筑成，埂顶的宽度应满足拉网、交通等需要，一般在 1.5～4.5 米。

池埂的坡度大小取决于池塘土质、池深、护坡与否和养殖方式等。一般池塘的坡比为 1∶(1.5～3)，若池塘的土质是重壤土或黏土，可根据土质状况及护坡工艺适当调整坡比，池塘较浅时坡比可以为 1∶(1～1.5)。图 2-2 所示为坡比示意图。

(4) 护坡　护坡具有保护池形结构和塘埂的作用，但也会影响到池塘的自净能力。一般根据池塘条件不同，池塘进排水等易受水流冲击的部位应采取护坡措施，常用的护坡材料有水泥预制板、混凝土、防渗膜等。采用水泥预制板、混凝土护坡的厚度应不低于 5

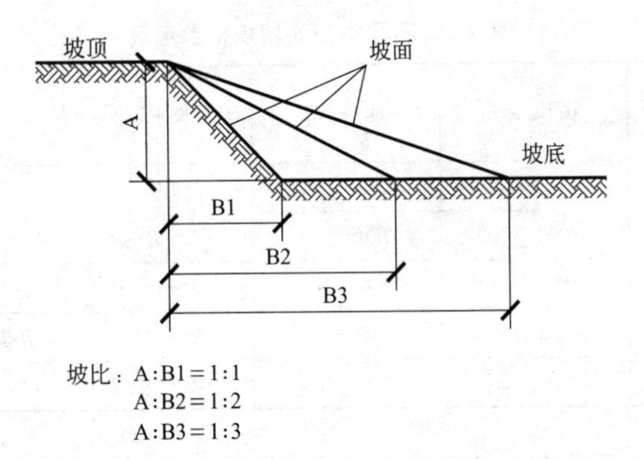

图 2-2　坡比示意图

厘米，防渗膜或石砌坝应铺设到池底。

① 水泥预制板护坡。水泥预制板护坡是一种常见的池塘护坡方式，护坡水泥预制板的厚度一般为 5～15 厘米，长度根据护坡断面的长度决定。较薄的预制板一般为实心结构，5 厘米以上的预制板一般采用楼板方式制作。水泥预制板护坡需要在池底下部 30 厘米左右建一条混凝土圈梁，以固定水泥预制板，顶部要用混凝土砌一条宽 40 厘米左右的护坡压顶（图 2-3）。

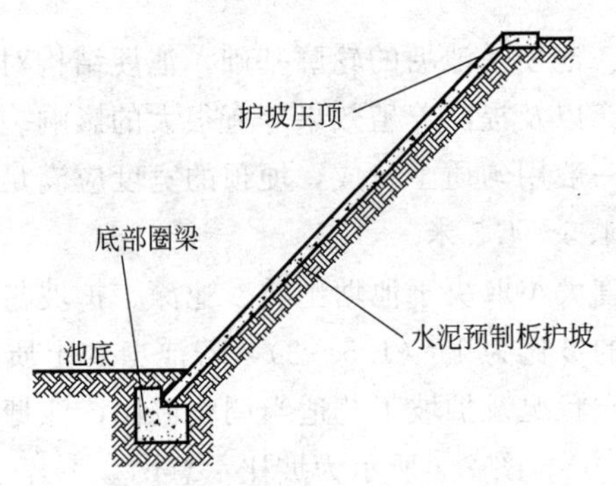

图 2-3　水泥预制板护坡示意图

水泥预制板护坡的优点是施工简单，整齐美观，经久耐用，缺点是破坏了池塘的自净能力。一些地方采取水泥预制板植入式护坡，即水泥预制板护坡建好后把池塘底部的土翻盖在水泥预制板下部，这种护坡方式既有利于池塘固形，又有利于维持池塘的自净能力。

② 混凝土护坡。混凝土护坡是用混凝土现浇护坡的方式，具有施工质量高、防裂性能好的特点。采用混凝土护坡时，需要对塘埂坡面基础进行整平、夯实处理。混凝土现浇护坡一般用素混凝土，也有用钢筋混凝土形式。混凝土护坡的坡面厚度一般为5～8厘米。无论用哪种混凝土方式护坡都需要在一定距离设置伸缩缝，以防止水泥膨胀。

③ 地膜护坡。一般采用高密度聚乙烯（HDPE）塑胶地膜或复合土工膜护坡。HDPE膜具抗拉伸、抗冲击、抗撕裂、强度高和耐静水压高的特点，在耐酸碱腐蚀、抗微生物侵蚀及防渗漏方面也有较好性能，且表面光滑，有利于消毒、清淤和防止底部病原体的传播。HDPE膜护坡既可覆盖整个池底，也可以周边护坡。

复合土工膜进行护坡具有施工简单、质量可靠、节省投资的优点。复合土工膜属非孔隙介质，具有良好的防渗性能和抗拉、抗撕裂、抗顶破、抗穿刺等力学性能，还具有一定的变形量，对坡面的凹凸具有一定的适应能力，应变力较强，与土体接触面上的孔隙压力及浮托力易于消散，能满足护坡结构的力学设计要求。复合土工膜还具有很好的耐化学性和抗老化性能，可满足护坡耐久性要求。图2-4所示为一种塑胶膜护坡方式。

④ 砖石护坡。浆砌片石护坡具有护坡坚固、耐用的优点，但施工复杂，砌筑用的片石石质要求坚硬，片石用作镶面石和角隅石时还需要加工处理。

浆砌片石护坡一般用坐浆法砌筑，要求放线准确，砌筑曲面做到曲面圆滑，不能砌成折线面相连。片石间要用水泥勾缝成凹缝状，勾出的缝面要平整光滑、密实，施工中要保证缝条的宽度一致，严格控制勾缝时间，不得在低温下进行，勾缝后加强养护，防止局部脱落。

（5）池底　池塘底部要平坦，为了方便池塘排水、水体交换和捕鱼，池底应有相应的坡度，并开挖相应的排水沟和集水坑。池塘

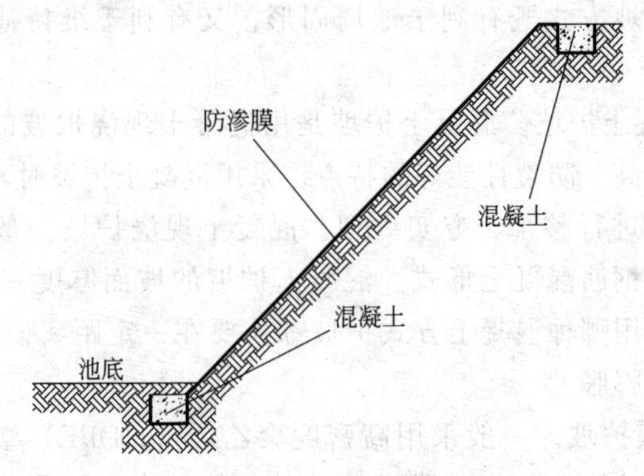

图 2-4　塑胶膜护坡示意图

底部的坡度一般为 1∶(200～500)，在池塘宽度方向，应使两侧向池中心倾斜。

面积较大且长宽比较小的池塘，底部应建设主沟和支沟组成的排水沟（图 2-5）。主沟最小纵向坡度为 1∶1000，支沟最小纵向坡度为 1∶200。相邻的支沟相距一般为 10～50 米，主沟宽一般为 0.5～1.0 米，深 0.3～0.8 米。

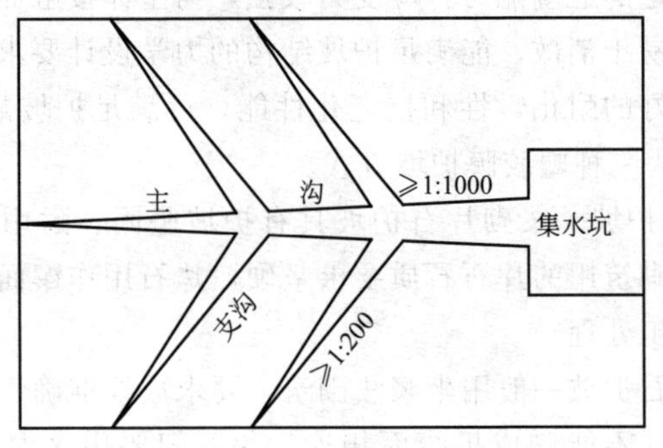

图 2-5　池塘底部沟、坑示意图

面积较大的池塘可按照回形鱼池建设，池塘底部建设有台地和沟槽（图 2-6）。

台地及沟槽应平整，台面应倾斜于沟，坡降为 1∶(1000～2000)，沟、台面积比一般为 1∶(4～5)，沟深一般为 0.2～0.5 米。

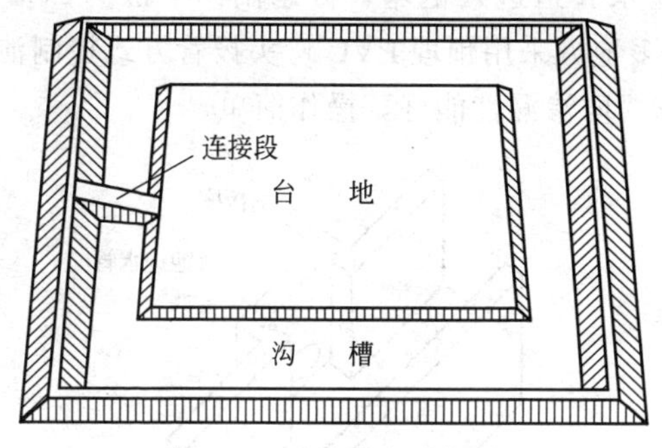

图 2-6 回形鱼池示意图

在较大的长方形池塘内坡上，为了投饵和拉网方便，一般应修建一条宽度约 0.5 米的平台（图 2-7），平台应高出水面。

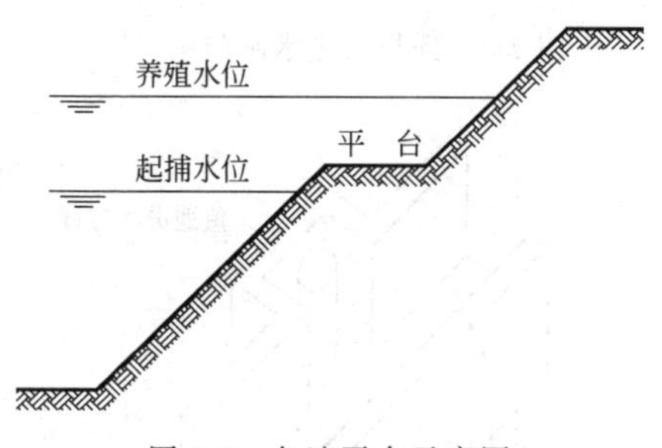

图 2-7 鱼池平台示意图

2. 养殖池塘的类型

池塘是养殖场的主体部分。按照养殖功能分，有亲鱼池、鱼苗池、鱼种池和成鱼池等。池塘面积一般占养殖场面积的 65%～75%。各类池塘所占的比例一般按照养殖模式、养殖特点、品种等来确定。不同类型池塘规格参考表 2-2。

五、池塘养殖场的进排水系统的设计

1. 池塘的进排水设施

（1）池塘的进水闸门、管道 池塘进水一般是通过分水闸门控制水流通过输水管道进入池塘，分水闸门一般为凹槽插板的方式（图 2-8），很多地方采用预埋 PVC 弯头拔管方式控制池塘进水（图 2-9），这种方式防渗漏性能好，操作简单。

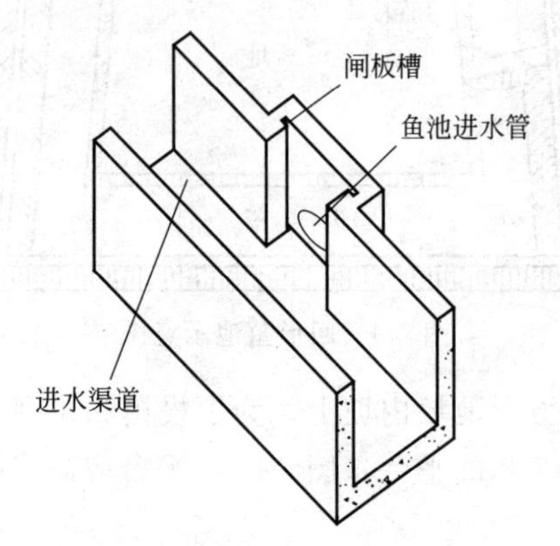

图 2-8　插板式进水闸门示意图

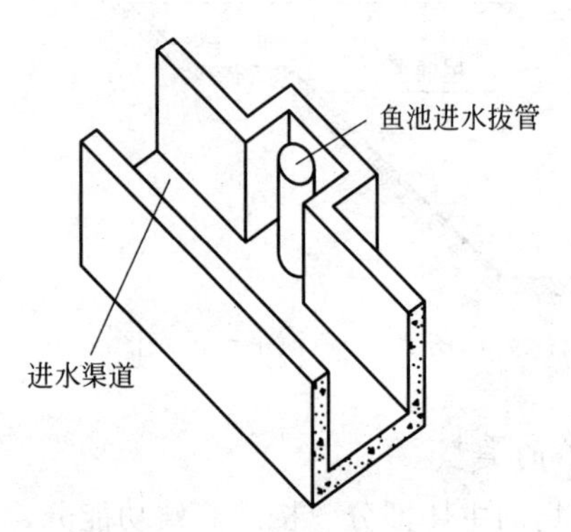

图 2-9　拔管式进水闸门示意图

池塘进水管道一般用水泥预制管或 PVC 波纹管，较小的池塘也可以用 PVC 管或陶瓷管。池塘进水管的长度应根据护坡情况和养殖特点决定，一般在 0.5～3 米。进水管太短，容易冲蚀塘埂；进水管太长，又不利于生产操作和成本控制。

池塘进水管的底部一般应与进水渠道底部平齐，渠道底部较高或池塘较低时，进水管可以低于进水渠道底部。进水管中心高度应高于池塘水面，以不超过池塘最高水位为好。进水管末端应安装口袋网，防止池塘鱼类进入水管和杂物进入池塘。

（2）池塘排水井、闸门　每个池塘一般设有一个排水井。排水井采用闸板控制水流排放，也可采用闸门或拔管方式进行控制。拔管排水方式易操作，防渗漏效果好。排水井一般为水泥砖砌结构，有拦网、闸板等凹槽（图 2-10、图 2-11）。池塘排水通过排水井和排水管进入排水渠，若干排水渠汇集到排水总渠，排水总渠的末端应建设排水闸。

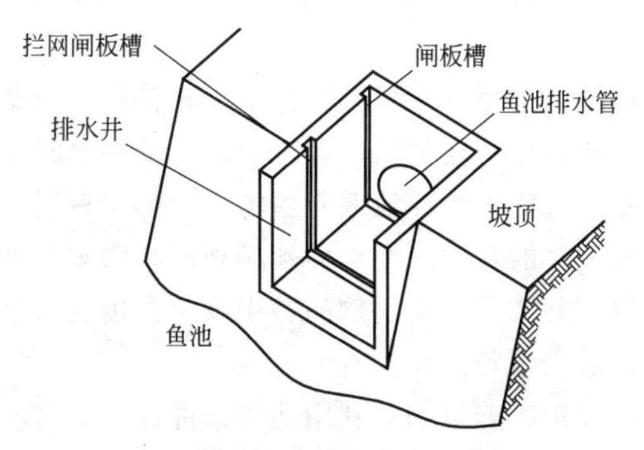

图 2-10　插板式排水井示意图

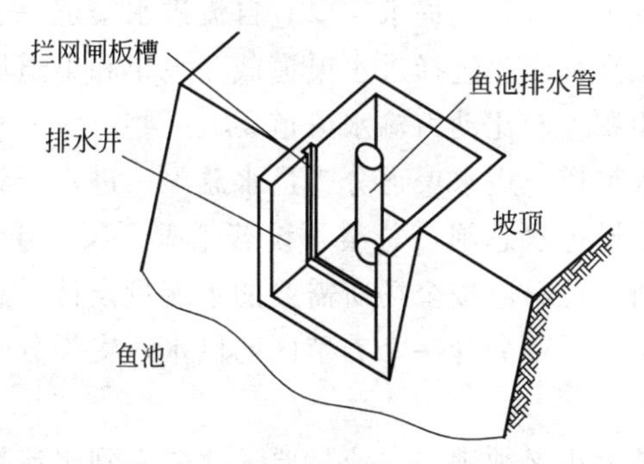

图 2-11　拔管式排水井示意图

排水井的深度一般应到池塘的底部，可排干池塘全部水为好。有的地区由于外部水位较高或建设成本等问题，排水井建在池塘的中间部位，只排放池塘 50%左右的水，其余的水需要靠动力提升，排水井的深度一般不应高于池塘中间部位。

2. 池塘的进排水沟渠

淡水池塘养殖场的进排水系统是养殖场的重要组成部分，进排水系统规划建设的好坏直接影响到养殖场的生产效果。水产养殖场的进排水渠道一般是利用场地沟渠建设而成，在规划建设时应做到进排水渠道独立，严禁进排水交叉污染，防止鱼病传播。设计规划养殖场的进排水系统还应充分考虑场地的具体地形条件，尽可能采取一级动力取水或排水，合理利用地势条件设计进排水自流形式，降低养殖成本。

养殖场的进排水渠道一般应与池塘交替排列，池塘的一侧进水另一侧排水，使得新水在池塘内有较长的流动混合时间。

（1）泵站、自流进水　池塘养殖场一般都建有提水泵站，泵站大小取决于装配泵的台数。根据养殖场规模和取水条件选择水泵类型和配备台数，并装备一定比例的备用泵，常用的水泵主要有轴流泵、离心泵、潜水泵等。

低洼地区或山区养殖场可利用地势条件设计水自流进池塘。如果外源水位变化较大，可考虑安装备用输水动力，在外源水位较低或缺乏时，作为池塘补充提水需要。自流进水渠道一般采取明渠方式，根据水位高程变化选择进水渠道截面大小和渠道坡降，自流进水渠道的截面积一般比动力输水渠道要大一些。

（2）进水渠道　进水渠道分为进水总渠、进水干渠、进水支渠等。进水总渠设进水总闸，总渠下设若干条干渠，干渠下设支渠，支渠连接池塘。总渠应按全场所需要的水流量设计，总渠承担一个养殖场的供水，干渠分管一个养殖区的供水，支渠分管几口池塘的供水。

进水渠道大小必须满足水流量要求，要做到水流畅通，容易清洗，便于维护。

进水渠道系统包括渠道和渠系建筑物两个部分。渠系建筑物包括水闸、倒虹吸管、涵洞、跌水与陡坡等。按照建筑材料不同，进水渠道分为土渠、石渠、水泥板护面渠道、预制拼接渠道、水泥现浇渠道等。按照渠道结构可分为明渠、暗渠等。

① 明渠结构。明渠具有设计简单、便于施工、造价低、使用维护方便、不易堵塞的优点，缺点是占地较多、杂物易进入等。池塘养殖场一般采用明渠进排水，对于建设困难的地方，可以采用暗管和明渠相结合的办法。明渠一般采用梯形断面，用水泥预制板、水泥现浇或砖砌结构。

② 明渠的设计要点。明渠在开挖过程中以地形不同可分为三类：一是过水断面全部在地面以下，由地面向下开挖而成，称为挖方明渠；二是过水断面全部在地面以上，依靠填筑土堤而成，称为填方明渠；三是过水断面部分在地面上，部分在地面以下，称为半填半挖明渠。不管建设哪种明渠，都要根据实际情况进行选择建设。

明渠断面的设计应充分考虑水量需要和水流情况，根据水量、流速等确定断面的形状、渠道边坡结构、渠深、底宽等。明渠断面一般有三角形、半圆形、矩形和梯形四种形式，一般采用水泥预制板护面或水泥浇筑，也有用水泥预制槽拼接或水泥砖砌结构，还有沥青、块石、石灰、三合土等护面形。建设时可根据当地的土壤情况、工程要求、材料来源等灵活选用。

③ 渠道的引水量计算。各类进水渠道的大小应根据池塘用水量、地形条件等进行设计。渠道过大会造成浪费，渠道过小会出现溢水冲损等现象。渠道水流速度一般采取不冲不淤流速，表2-3所示为不同渠道的最大允许流速。进水渠的湿周高度应在60%～80%，进水干渠的宽在0.5～0.8米，进水渠道的安全超高一般在0.2～0.3米。

进水渠道所需满足的流量计算方法如下。

流量(立方米/小时)＝池塘总面积(平方米)×平均水深(米)/计划注水时数(小时)

④ 渠道的坡度。进水渠道一般需要有一定的比降，尤其是较长的渠道其比降是设计建设中必须考虑的。渠道比降的大小取决于场区地形、土壤条件、渠道流量、灌溉高程、渠道种类等。支渠的

表 2-3 不同渠道的最大允许平均流速

平均水深/米 土壤及护面种类	允许平均流速/(米/秒)			
	0.4	1.0	2.0	3.0 以上
松黏土及黏壤土	0.33	0.40	0.46	0.50
坚实黏土	1.00	1.20	0.85	1.50
草皮护坡	1.50	1.80	2.00	2.20
水泥砌砖	1.60	2.00	2.30	2.50
水泥砌石	2.90	3.50	4.00	4.40
木槽	2.50			

比降一般为 1/500～1/1000；干渠的比降一般为 1/1000～1/2000；总渠的比降一般为 1/2000～/13000。

⑤ 暗渠结构。进水渠道也可采用暗管或暗渠结构。暗管有水泥管、陶瓷管和 PVC 波纹管等；暗渠结构一般为混凝土或砖砌结构，截面形状有半圆形、圆形、梯形等。

铺设暗管、暗渠时，一定要做好基础处理，一般是铺设 10 厘米左右的碎石作为垫层。寒冷地区水产养殖场的暗管应埋在不冻土层，以免结冰冻坏。为了防止暗渠堵塞，便于检查和维修，暗渠一般每隔 50 米左右设置一个竖井，其深度要稍深于渠底。

(3) 分水井　分水井又叫集水井，设在鱼塘之间，是干渠或支渠上的连接结构，一般用水泥浇筑或砖砌。

分水井一般采用闸板控制水流（图 2-12)，也有采用预埋 PVC 拔管方式控制水流（图 2-13)，采用拔管方式控制分水井结构简单，防渗漏效果较好。

(4) 排水渠道　排水渠道是养殖场进排水系统的重要部分。水产养殖场排水渠道的大小深浅要结合养殖场的池塘面积和地形特点、水位高程等。排水渠道一般为明渠结构，也有采取水泥预制板护坡形式。

排水渠道要做到不积水、不冲蚀、排水通畅。排水渠道的建设原则是线路短、工程量小、造价低、水面漂浮物及有害生物不易进

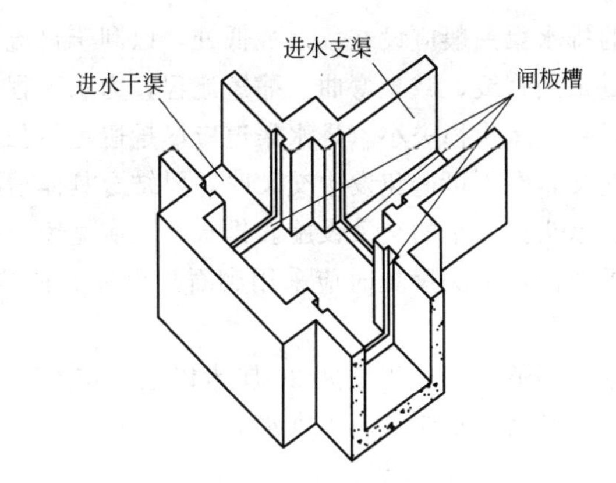

图 2-12　闸板控制的分水井

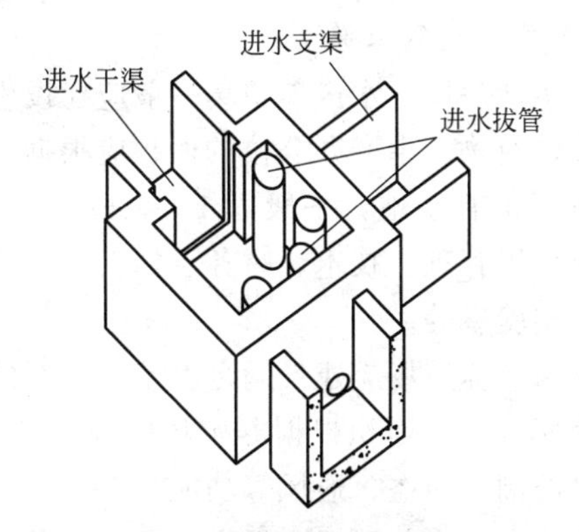

图 2-13　拔管控制的分水井

渠、施工容易等。图 2-14 为一种排水渠道截面图。

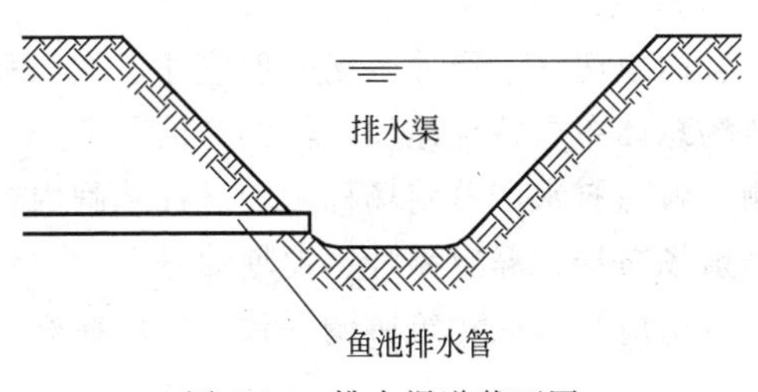

图 2-14　排水渠道截面图

养殖场的排水渠一般应设在场地最低处，以利于自流排放。排水渠道应尽量采用直线，减少弯曲，缩短流程，力求工程量小，占地少，水流通畅，水头损失小。排水渠道应尽量避免与公路、河沟和其他沟渠交叉，在不可避免发生交叉时，要结合具体情况，选择工程造价低、水头损失小的交叉设施。排水渠道应避免通过土质松软、渗漏严重地段，无法避免时应采用砌石护渠或其他防渗措施，以便于支渠引水。

养殖场排水渠道一般低于池底 30 厘米以上，排水渠道同时作为排洪渠时，其横断面积应与最大洪水流量相适应。

六、养殖场的配套设施

1. 办公、库房等建筑设施

（1）办公、生活房屋　水产养殖场一般应建设生产办公楼、生活宿舍、食堂等建筑物。生产办公楼的面积应根据养殖场规模和办公人数决定，适当留有余地，一般以 1∶666.7 的比例配置为宜。办公楼内一般应设置管理、技术、财务、档案、接待办公室和水质分析与病害防护实验室等。

（2）库房　水产养殖场应建设满足养殖场需要的渔具仓库、饲料仓库和药品仓库。库房面积根据养殖场的规模和生产特点决定。库房建设应满足防潮、防盗、通风等功能。

（3）值班房屋　水产养殖场应根据场区特点和生产需要建设一定数量的值班房屋。值班房屋兼有生活、仓储等功能。值班房屋的面积一般为 30～80 平方米。

（4）大门、门卫房　水产养殖场一般应建设大门和门卫房。大门要根据养殖场总体布局特点建设，做到简洁、实用。

大门内侧一般应有水产养殖场标示牌。标示牌内容包括水产养殖场介绍、养殖场布局、养殖品种、池塘编号等。

养殖场门卫房应与场区建筑协调一致，一般在 20～50 平方米。

2. 生产建筑设施

（1）围护设施　水产养殖场应充分利用周边的沟渠、河流等构

建围护屏障，以保障场区的生产、生活安全。根据需要可在场区四周建设围墙、围栏等防护设施，有条件的养殖场还可以建设远红外监视设备。

(2) 供电设备设施　水产养殖场需要稳定的电力供应，供电情况对养殖生产影响重大，应配备专用的变压器和配电线路，并备有应急发电设备。

水产养殖场的供电系统应包括以下部分。

① 变压器。水产养殖场一般按每 666.7 平方米 0.75 千瓦以上配备变压器，即 6.6 公顷规模的养殖场需配备 75 千瓦的变压器。

② 高、低压线路。高、低压线路的长度取决于养殖场的具体需要，高压线路一般采用架空线，低压线路尽量采用地埋电缆，以便于养殖生产。

③ 配电箱。配电箱主要负责控制增氧机、投饲机、水泵等设备，并留有一定数量的接口，便于增加电气设备。配电箱要符合野外安全要求，具有防水、防潮、防雷击等性能。水产养殖场配电箱的数量一般按照每两个相邻的池塘共用一个配电箱，如池塘较大较长，可配置多个配电箱。

④ 路灯。在养殖场主干道路两侧或辅道路旁应安装路灯，一般每 30～50 米安装路灯一盏。

(3) 生活用水　水产养殖场应安装自来水，满足养殖场工作人员生活需要。条件不具备的养殖场可采取开挖地下水，经过处理后满足工作人员生活需要。自来水的供水量大小应根据养殖小区规模和人数决定，自来水管线应按照市政要求铺设施工。

(4) 生活垃圾、污水处理设施　水产养殖场的生活、办公区要建设生活垃圾集中收集设施和生活污水处理设施。常用的生活污水处理设施有化粪池等。化粪池大小取决于养殖场常驻人数，三格式化粪池（图 2-15）应用较多。水产养殖场的生活垃圾要定期集中收集处理。

3. 产卵、孵化设施

(1) 越冬设施　鱼类越冬、繁育设施是水产养殖场的基础设

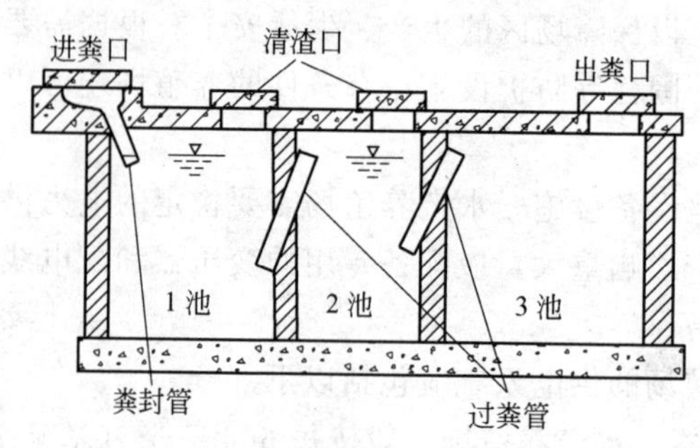

图 2-15　三格式化粪池结构示意图

施。根据养殖特点和建设条件不同，越冬温室有面坡式日光温室、拱形日光温室等形式。

水产养殖场的温室主要用于一些养殖品种的越冬和鱼苗繁育需要。水产养殖场温室建设的类型和规模取决于养殖场的生产特点、越冬规模、气候因素以及养殖场的经济情况等。水产养殖场温室一般采用坐北朝南方向。这种方向的温室采光时间长、阳光入射率高、光照强度分布均匀。温室建设应考虑不同地区的抗风、抗积雪能力。

① 面坡式温室。面坡式温室是一种结构简单的土木结构或框架结构温室，有单面坡温室、双面坡温室等形式。单面坡温室在北方寒冷地区使用较多，一般为土木结构，左右两侧及后面为墙体结构，顶面向前倾斜，棚顶一般用塑料薄膜或日光板铺设。单面坡日光温室具有保温效果好、防风抗寒、建造成本低的特点，缺点是空间矮、操作不太方便。双面坡日光温室一般为金属或竹木框架结构，顶部一般用塑料薄膜或采光板铺设。双面坡日光温室具有建设成本低、生产操作方便、适用性广的特点，适合于各类养殖品种的越冬需要。

② 拱形日光温室。拱形日光温室是一种广泛使用的越冬温室，依据骨架结构不同，分为竹木结构温室、钢筋水泥柱结构温室、钢管架无柱结构温室等。按照室顶所用材料不同又可分为塑料薄膜拱形日光温室和采光板拱形日光温室（图 2-16、图 2-17）。

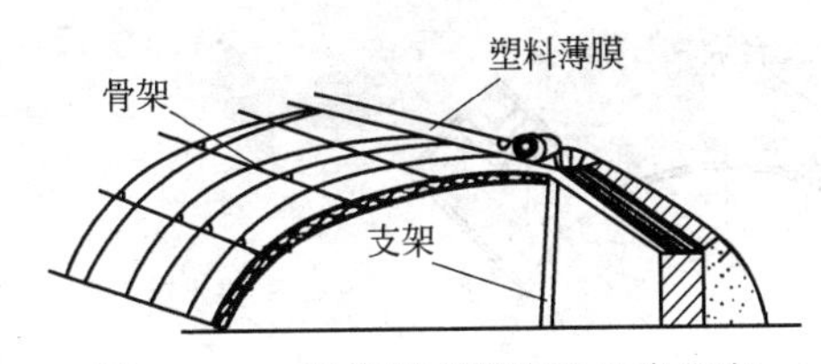

图 2-16　一种塑料薄膜拱形日光温室

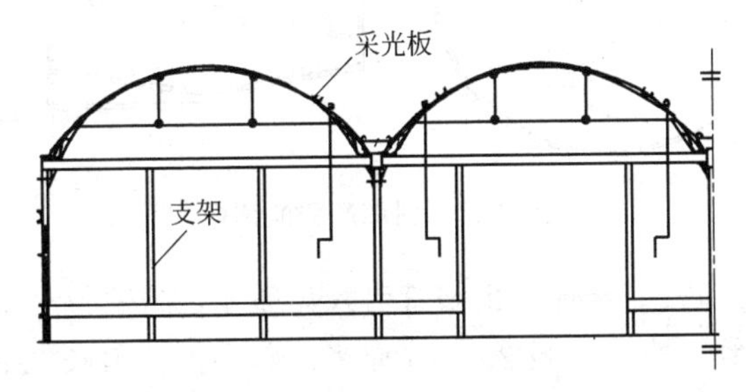

图 2-17　一种采光板拱形日光温室

采光板拱形日光温室一般采用镀锌钢管拱形钢架结构，跨度10～15 米，顶高 3～5 米，肩高 1.5～3.5 米，间距 4 米。采光板温室的特点是结构稳定、抗风雪能力强、透光率适中，使用寿命长。

塑料薄膜拱形日光温室的塑料薄膜主要有聚乙烯薄膜、聚氯乙烯薄膜等。聚乙烯薄膜对红外光的穿透率较高，增温性能强，但保温效果不如聚氯乙烯薄膜。

（2）繁育设施　鱼苗繁育是水产养殖场的一项重要工作，对于以鱼苗繁育为主的水产养殖场，需要建设适当比例的繁育设施。鱼类繁育设施主要包括产卵设施、孵化设施、育苗设施等。

① 产卵设施。产卵设施是一种模拟江河天然产卵场的流水条件建设的产卵用设施。产卵设施包括产卵池、集卵池和进排水设施。产卵池的种类很多，常见的为圆形产卵池（图 2-18），目前也有玻璃钢产卵池、PVC 编织布产卵池等。

传统产卵池面积一般为 50～100 平方米，池深 1.5～2 米，水泥砖砌结构，池底向中心倾斜。池底中心有一个方形或圆形出卵

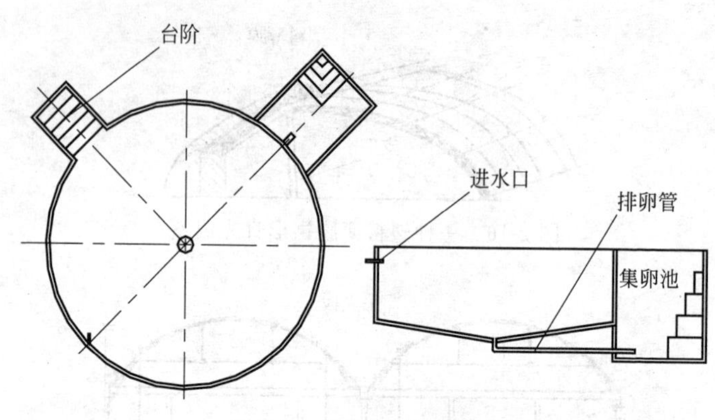

图 2-18　圆形产卵池结构

口，上盖拦鱼栅。出卵口由暗管引入集卵池，暗管为水泥管、搪瓷管或 PVC 管，直径一般 20～25 厘米。集卵池一般长 2.5 米、宽 2 米，集卵池的底部比产卵池底低 25～30 厘米。集卵池尾部有溢水口，底部有排水口。排水口由阀门控制排水。集卵池墙一边有阶梯，集卵绠网与出卵暗管相连，放置在集卵池内，以收集鱼卵。

产卵池一般有一个直径 15～20 厘米进水管，进水管与池壁成 40°角左右切线，进水口距池顶端 40～50 厘米。进水管设有可调节水流量的阀门，进水形成的水流不能有死角，产卵池的池壁要光滑，便于冲卵。

玻璃钢产卵池和 PVC 编织布材料产卵池，是用玻璃钢或 PVC 编织布材料制作产卵池，这种产卵池对土建和地基要求低，具有移动方便，便于组装、操作简便等特点，适合于繁育车间和临时繁育的需要。

② 孵化设施。鱼苗孵化设施是一类可形成均匀的水流，使鱼卵在溶解氧充足、水质良好的水流中孵化的设施。鱼苗孵化设施的种类很多，传统的孵化设施主要有孵化桶（缸）、孵化环道和孵化槽等，也有矩形孵化装置和玻璃钢小型孵化环道等新型孵化设施系统。

近年来，出现了一种现代化的全人工控制孵化模式，这种模式通过对水的循环和控制利用，可以实现反季节的繁育生产。鱼苗孵化设施一般要求壁面光滑，没有死角，不堆积鱼卵和鱼苗。

a. 孵化桶。一般为马口铁皮制成，由桶身、桶罩和附件组成。孵化桶一般高 1 米左右，上口直径 60 厘米左右，下口直径 45 厘米左右，桶身略似圆锥形。桶罩一般用钢筋或竹篾做罩架，用 60 目的尼龙纱网做纱罩，桶罩高 25 厘米左右。孵化桶的附件一般包括支持桶身的木架、铁架、胶皮管以及控制水流的开关等。图 2-19 为一种常用的孵化桶。

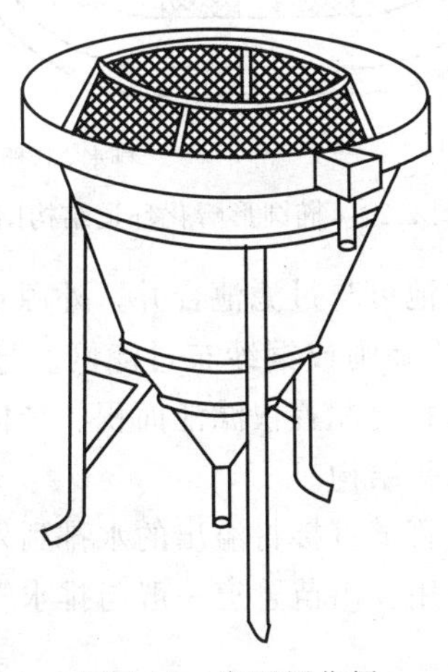

图 2-19 常用孵化桶

b. 孵化缸。孵化缸是小规模育苗情况下使用的一种孵化工具，一般用普通水缸改制而成，要求缸形圆整，内壁光滑。孵化缸分为底部进水孵化缸和中间进水孵化缸。孵化缸的缸罩一般高 15～20 厘米，容水量 200 升左右。孵化缸一般每 100 升水放卵 10 万粒。

c. 孵化环道。孵化环道是设置在室内或室外利用循环水进行孵化的一种大型孵化设施。孵化环道有圆形和椭圆形两种形状，根据环数多少又分为单环、双环和多环几种形式。椭圆形环道水流循环时的离心力较小，内壁死角少，在水产养殖场使用较多。

孵化环道一般采用水泥砖砌结构，由蓄水池、过滤池、环道、过滤窗、进水管道、排水管道等组成。图 2-20 是椭圆形孵化环道

的结构图。

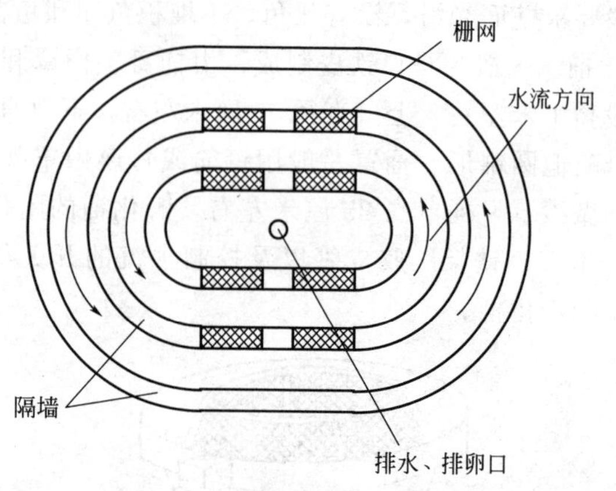

图 2-20　椭圆形孵化环道结构图

孵化环道的蓄水池可与过滤池合并，外源水进入蓄水池时一般安装 60～70 目的锦纶筛绢或铜纱布过滤网。过滤池一般为快滤池结构，根据水源水质状况配置快滤池面积、结构。孵化环道的出水口一般为鸭嘴状喷水头结构。

孵化环道的排水管道直接将溢出的水排到外部环境或水处理设施，经处理后循环使用。出苗管道一般与排水管道共用，并有一定的坡度，以便于出水。

过滤纱窗一般用直径 0.5 毫米的乙纶或锦纶网制作，高 25～30 厘米，竖直装配，略往外倾斜。环道宽度一般为 80 厘米。

d. 矩形孵化装置。矩形孵化装置是一种用于孵化黏性卵和卵径较大的沉性卵的孵化装置。矩形孵化池一般为玻璃钢材质或砖砌结构，规格有 2.0 米×0.8 米×0.6 米和 4.0 米×0.8 米×0.6 米等形式。图 2-21 为一种矩形孵化装置。

e. 玻璃钢小型孵化环道。是一种主要用于沉性和半沉性卵脱黏后孵化的设施。图 2-22 所示为一种玻璃钢池体的孵化环道，孵化池有效直径为 1.4 米、高 1.0 米，水体约 0.8 立方米。采用上部溢流排水，底部喷嘴进水。其结构特点是环道底部为圆弧形，中间为向上凸起的圆锥体，顶部有一进水管，锥台形滤水网设在圆池上

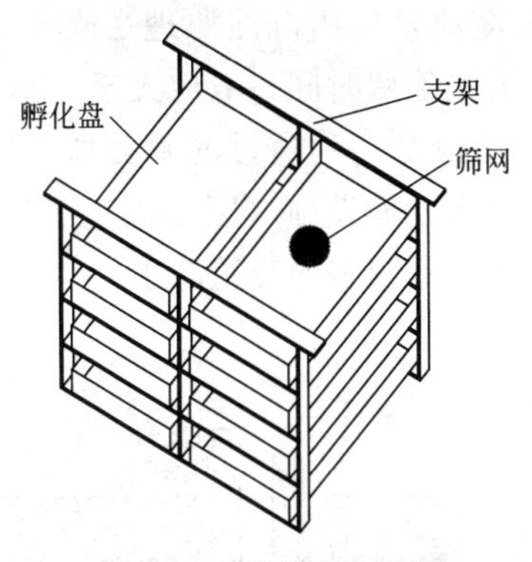

图 2-21 矩形孵化装置

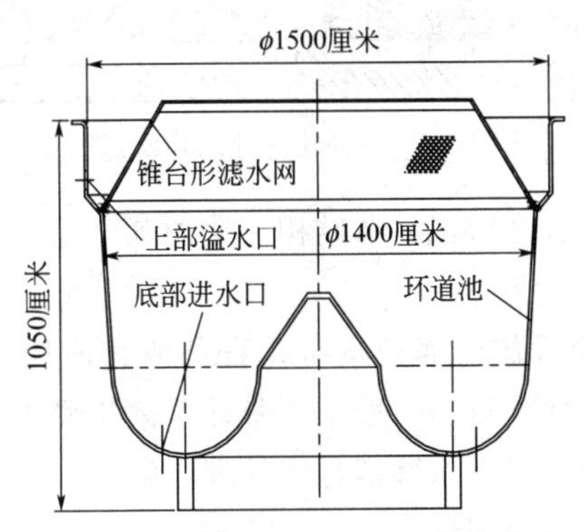

图 2-22 玻璃钢小型孵化环道装置图

部池壁内侧。

4. 水处理设施

水产养殖场的水处理包括源水处理、养殖排放水处理、池塘水处理等方面。养殖用水和池塘水质的好坏直接关系到养殖的成败，养殖排放水必须经过净化处理达标后，才可以排放到外界环境中。

（1）源水处理设施　水产养殖场在选址时应首先选择有良好水源水质的地区，如果源水水质存在问题或阶段性不能满足养殖需要，应考虑建设源水处理设施。源水处理设施一般有沉淀池、快滤池、杀菌消毒设施等。

① 沉淀池。沉淀池是应用沉淀原理去除水中悬浮物的一种水处理设施，沉淀池的水停留时间一般应大于 2 小时。

② 快滤池。快滤池是一种通过滤料截留水体中悬浮固体和部分细菌、微生物等的水处理设施（图 2-23）。对于水体中含悬浮颗粒物较高或藻类寄生虫等较多的养殖源水，一般可采取建造快滤池的方式进行水处理。

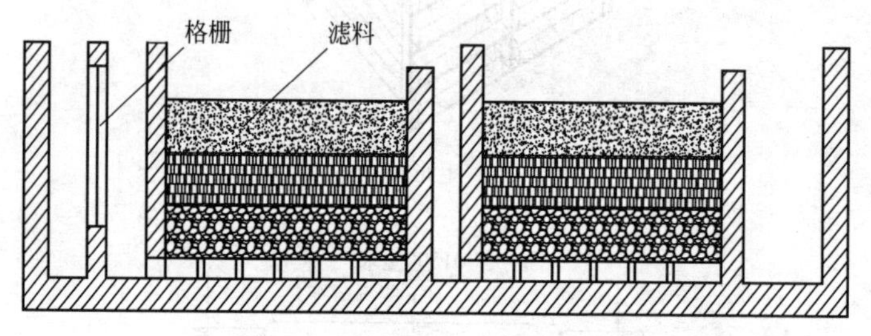

图 2-23　一种快滤池结构示意图

快滤池一般有 2 节或 4 节结构，快滤池的滤层滤料一般为 3～5 层，最上层为细沙。

③ 杀菌消毒设施。养殖场孵化育苗或其他特殊用水需要进行源水杀菌消毒处理。目前一般采用紫外杀菌装置或臭氧消毒杀菌装置，或臭氧－紫外复合杀菌消毒等处理设施。杀菌消毒设施的大小取决于水质状况和处理量。

紫外杀菌装置是利用紫外线杀灭水体中细菌的一种设备和设施，常用的有浸没式、过流式等。浸没式紫外杀菌装置结构简单，使用较多，其紫外线杀菌灯直接放在水中，既可用于流动的动态水，也可用于静态水。

臭氧是一种极强的杀菌剂，具有强氧化能力，能够迅速广泛地杀灭水体中的多种微生物和致病菌。

臭氧杀菌消毒设施一般由臭氧发生机、臭氧释放装置等组成。淡水养殖中臭氧杀菌的剂量一般为每立方水 1～2 克，臭氧浓度为 0.1～0.3 毫克/升，处理时间一般为 5～10 分钟。在臭氧杀菌设施之后，应设置曝气调节池，去除水中残余的臭氧，以确保进入鱼池水中的臭氧低于0.003毫克/升的安全浓度。

（2）排放水处理设施　养殖过程中产生的富营养物质主要通过排放水进入到外界环境中，已成为主要的面源污染之一。对养殖排放水进行处理回用或达标排放是池塘养殖生产必须解决的重要问题。

目前养殖排放水的处理一般采用生态化处理方式，也有采用生化、物理、化学等方式进行综合处理的案例。

养殖排放水生态化处理，主要是利用生态净化设施处理排放水体中的富营养物质，并将水体中的富营养物质转化为可利用的产品，实现循环经济和水体净化。养殖排放水生态化水处理技术有良好的应用前景，但许多技术环节尚待研究解决。

① 生态沟渠。生态沟渠是利用养殖场的进排水渠道构建的一种生态净化系统，由多种动物和植物组成，具有净化水体和生产功能。图2-24所示为生态沟渠的构造示意图。

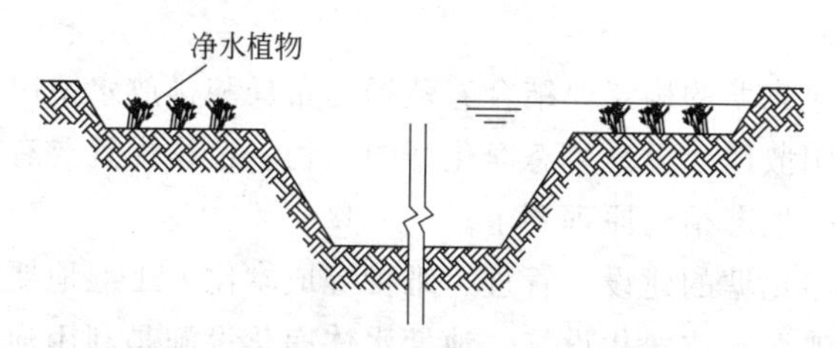

图2-24　生态沟渠示意图

生态沟渠的生物布置方式一般是在渠道底部种植沉水植物、放置贝类等，在渠道周边种植挺水植物，在开阔水面放置生物浮床、种植浮水植物，在水体中放养滤食性、杂食性水生动物，在渠壁和浅水区增殖着生藻类等。

有的生态沟渠是利用生化措施进行水体净化处理。这种沟渠主要是在沟渠内布置生物填料（如立体生物填料、人工水草、生物刷等），利用这些生物载体附着细菌，对养殖水体进行净化处理。

② 人工湿地。人工湿地是模拟自然湿地的人工生态系统，它类似自然沼泽地，但由人工建造和控制，是一种人为地将石、沙、

土壤、煤渣等一种或几种介质按一定比例构成基质，并有选择性地植入植物的水处理生态系统。人工湿地的主要组成部分为人工基质、水生植物、微生物等。人工湿地对水体的净化效果是基质、水生植物和微生物共同作用的结果。

人工湿地水体净化包含了物理、化学、生物等净化过程。当富营养化水流过人工湿地时，沙石、土壤具有物理过滤功能，可以对水体中的悬浮物进行截流过滤；沙石、土壤又是细菌的载体，可以对水体中的营养盐进行消化吸收分解；湿地植物可以吸收水体中的营养盐，其根际微生态环境，也可以使水质得到净化。利用人工湿地构筑循环水池塘养殖系统，可以实现节水、循环、高效的养殖目的。

③ 生态净化塘。生态净化塘是一种利用多种生物进行水体净化处理的池塘。塘内一般种植水生植物，以吸收净化水体中的氮、磷等营养盐；通过放置滤食性鱼、贝等吸收养殖水体中的碎屑、有机物等。

生态净化塘的构建要结合养殖场的布局和排放水情况，尽量利用废塘和闲散地建设。生态净化塘的动物、植物配置要有一定的比例，要符合生态结构原理要求。

生态净化塘的建设、管理、维护等成本比人工湿地要低。

(3) 池塘水体净化设施　池塘水体净化设施是利用池塘的自然条件和辅助设施构建的原位水体净化设施。主要有生物浮床、生态坡、水层交换设备、藻类调控设施等。

① 生物浮床。生物浮床净化是利用水生植物或改良的陆生植物，以浮床作为载体，种植在池塘水面，通过植物根系的吸收、吸附作用和物种竞争相克机制，消减水体中的氮、磷等有机物质，并为多种生物生息繁衍提供条件，重建并恢复水生态系统，从而改善水环境。生物浮床有多种形式，构架材料也有很多种。在池塘养殖方面应用生物浮床，须注意浮床植物的选择、浮床的形式、维护措施、配比等问题。

② 生态坡。生态坡是利用池塘边坡和堤埂修建的水体净化设

施。一般是利用沙石、绿化砖、植被网等固着物铺设在池塘边坡上，并在其上栽种植物，利用水泵和布水管线将池塘底部的水提升并均匀地布撒到生态坡上，通过生态坡的渗滤作用和植物吸收截流作用去除养殖水体中的氮、磷等营养物质，达到净化水体的目的。

第二节 池塘的维护与改造

一、养殖池塘的维护

1. 池塘的防渗措施

池塘防渗是为了防止和减少鱼池渗漏损失而实施的维护措施。池塘渗漏不仅增加了生产成本，还可以造成当地的水位上升，出现冷底地、泛酸地等现象。常见的池塘防渗漏维护措施主要有以下几种方法。

(1) 压实法　是一种采用机械或人工夯压池塘表层，增加土壤密实度来减少池塘渗漏的方法，有原状土压实和翻松土压实两种。原状土压实主要用于沙壤土池塘，在池塘成型后，先去除表面的碎石、杂草等杂物后，通过机械或人工夯实的办法进行压实。翻松土压实是将池塘底部和坡面的土层挖松耙碎后进行压实的一种方法。土壤湿度是影响压实质量的一个重要因素，表2-4是土壤压实的适宜湿度。

表2-4　不同土壤压实的湿度

沙壤土	壤土			黏土
	轻壤土	中壤土	重壤土	
12%～15%	15%～17%	21%～23%	20%～23%	20%～25%

(2) 覆盖法　即利用黏性土壤在池塘表面覆盖一层一定厚度的

覆盖层，以达到防渗漏的方法。覆盖土壤一般为黏土，覆盖厚度一般要超过5厘米。覆盖法施工的工序包括挖取黏土、拌合调制用料、修正清理池塘覆盖区、铺放黏土、碾压护盖层等。

（3）填埋法　即利用池塘水体中的细沙粒填充池塘土壤缝隙，达到降低池塘土壤透水性和防渗漏的一种方法。一般情况下填埋的深度越大，防渗漏效果越好，厚度2～10厘米的填埋层可以减少50%～85%的渗漏。填埋法可在净水或动水中进行，池塘的不同部位填埋厚度不同。

（4）塑膜防渗法　是利用塑膜覆盖在池塘表面，防止池塘渗漏的一种方法。目前常用的防渗塑膜主要有聚氯乙烯和聚乙烯地膜、HEPE塑胶防渗膜、土工布等。塑膜的厚度一般为0.15～0.5毫米，抗拉强度超过20兆帕。塑膜覆盖防渗法施工简单，防渗效果好，有表面铺设和铺设埋藏两种形式。施工时要注意平整池塘底面，清除碎石、树枝等杂物；铺设后应注意防止利器刮破塑膜，并定期检查接缝处是否破裂，发现破裂应及时黏结。

2. 池塘的清淤整形

（1）清淤　淤泥的沉积使池塘变浅，从而使池塘有效养殖水体减少、产量下降。淤泥较多的池塘一定要进行清淤，一般精养池塘至少3年清淤1次。一般草鱼、鲂、鲤鱼池池底淤泥厚度应小于15厘米，鲢、鳙、罗非鱼池以20～30厘米为宜。池塘清淤设备主要有以下两种。

① 立式泥浆泵。立式泥浆泵是一种利用单吸离心泵直接抽吸池塘底部淤泥的清淤设备，主要用于疏浚池塘或挖方输土，还可以用于浆状饲料、粪肥的汲送，具有搬运、安装方便，防堵塞效果好的特点，用于池塘底部沉积物处理。

② 水利挖塘机组。水利挖塘机组是模拟自然界水流冲刷原理，借水力连续完成挖土、输土等工序的清淤设备。一般由泥浆泵、高压水枪、配电系统等组成。水利挖塘机组具有构造结构简单、性能可靠、效率高、成本低、适应性强的特点。在池塘底泥清除、鱼池改造方面使用较多。

（2）池塘整形　池塘的塘埂等部位因经常受到雨水、风浪等的冲蚀出现坍塌，若不及时修整维护，会影响到池塘的使用寿命。一般每年冬春季节应对池塘堤埂进行1次修整。

（3）进排水设施维护　池塘的进排水管道、闸门等设施因使用频繁，常常会出现进水管网破裂、排水闸网损坏、进排水管道堵塞等现象。在养殖过程中，应定期检查池塘的进排水设施，发现问题及时维修更换，确保养殖生产的正常运行。

二、养殖池塘的改造

（一）池塘的改造原则

鱼池经过多年的使用后池底会出现淤积坍塌等现象，不能满足养殖生产需要，还有的养殖池塘因布局结构不合理，无法满足养殖需要，就必须对池塘进行改造。池塘改造的原则主要有以下几个方面。

（1）池塘规格要合理　旧池塘的面积不符合养殖需要，不利于生产操作，需要对鱼池进行重新建设。池塘的规格一定要与养殖特点相结合，在南方地区，成鱼池一般0.33～1.33公顷，鱼种池一般0.13～0.33公顷，鱼苗池一般0.07～0.13公顷；在北方地区养鱼池的面积有所增加。

（2）池塘深度要符合养殖需要　一般情况下养鱼池塘有效水深不应低于1.5米，成鱼池的深度在2.5～3.0米，鱼种池在2.0～2.5米。北方越冬池塘的水深应达到2.5米以上。池埂顶面一般要高出池中水面0.5米左右。

（3）进排水通畅　池塘进排水设施要保障进排水通畅，排水闸门最好建到池塘底部，以能排干全部水体为好。进水管一般应高于池塘最高水面，防止鱼类进入进水渠道。

（4）塘埂宽度、坡度要符合生产要求　池塘塘埂一般用匀质土筑成，埂顶的宽度应满足拉网、交通等需要，一般在1.5～4.5米。池埂的坡度大小取决于池塘土质、池深、护坡与否和养殖方式等。一般池塘的坡比为1∶(1.5～3)，若池塘的土质是重壤土或黏土，可根据土质状况及护坡工艺适当调整坡比，池塘较浅时坡比可以为1∶(1～1.5)。

(5) 池底平坦、有排水的沟槽和坡度　池塘底部的坡度一般为1∶(200～500)。在池塘宽度方向，应使两侧向池中心倾斜。面积大的池塘，底部应建设主沟和支沟组成的排水沟。主沟最小纵向坡度为1∶1000，支沟最小纵向坡度为1∶200。相邻的支沟相距一般为10～50米，主沟宽一般为0.5～1.0米、深0.3～0.8米。

(二) 池塘改造的措施

(1) 小塘改大塘、大塘改小塘　根据养殖要求，把原来面积较小的池塘通过拆埂、合并改造成适合成鱼养殖的大塘。把原来面积较大的池塘通过筑埂分割成适合育苗养殖的小塘。

(2) 浅水池塘挖深　通过清淤疏浚，把池塘底部的淤泥挖出，加深池塘，使能达到养殖需要。

(3) 进排水渠道改建　进排水渠道分开，减少疾病传播和交叉污染；通过暗渠改明渠，有利于进排水和管理。

(4) 塘埂加宽　随着养殖生产的机械化程度越来越高，池塘塘埂的宽度应满足一般动力车辆进出的需要；同时加宽塘埂还有利于生产操作和增加塘埂的寿命。

(5) 增加排放水处理设施　养殖排放水污染问题已成为重要的面源污染问题，引起了社会的关注，严重制约了水产养殖业的发展。通过池塘改造建设人工湿地、生态沟渠等生态化处理设施可以有效地净化处理养殖排放水。

(三) 养殖池塘水质生态净化设施改造

1. 养殖池塘常用生态水质净化设施

(1) 人工湿地　人工湿地是由人工建造和控制运行的与沼泽地类似的地面，将污水、污泥有控制地投配到经人工建造的湿地上，污水与污泥在沿一定方向流动的过程中，主要利用土壤、人工介质、植物、微生物的物理、化学、生物三重协同作用，对污水、污泥进行处理的一种技术。其作用机制包括吸附、滞留、过滤、氧化还原、沉淀、微生物分解、转化、植物遮蔽、残留物积累、蒸腾水分和养分吸收及各类动物的作用。

将水源水或养殖废水经人工湿地处理后，水体中的有毒、有害物质被人工湿地吸收利用从而使水体得以净化。人工湿地上种植的植物见图 2-25。

图 2-25　人工湿地上种植的植物

人工湿地分为表面流人工湿地、水平流人工湿地、垂直流人工湿地和组合式人工湿地。

① 表面流人工湿地。指池塘养殖污水在人工湿地介质层表面流动，依靠表层介质、植物根茎的拦截及其上的生物膜降解作用，使水净化的人工湿地（图 2-26）。

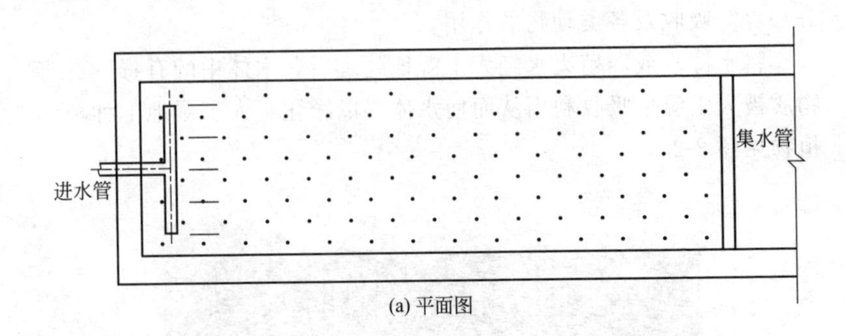

(a) 平面图

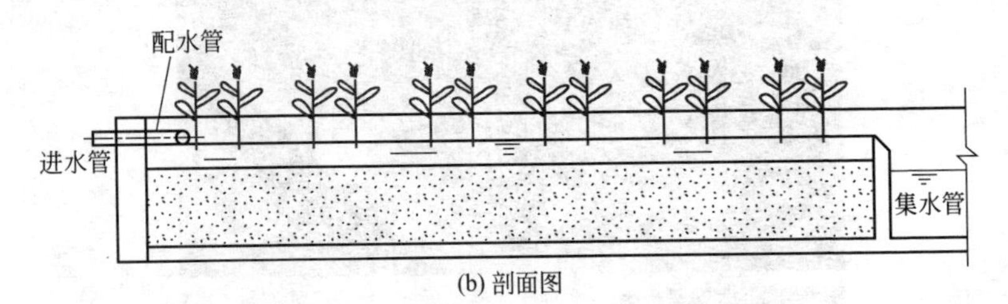

(b) 剖面图

图 2-26　自由表面流人工湿地结构简图

② 水平流人工湿地。指水面在填料表面以下，池塘养殖污水从人工湿地池体一端进入，水平流经人工湿地介质，通过介质的拦截、植物根部及生物膜的降解作用，使水净化的人工湿地（图 2-27）。

③ 垂直流人工湿地。指池塘养殖污水从人工湿地表面垂直流过人工湿地介质床而从底部排出，或从人工湿地底部垂直流向介质表层并排出，使水得以净化的人工湿地（图 2-28）。

垂直流人工湿地分单向垂直流人工湿地和复合垂直流人工湿地两种。单向垂直流人工湿地一般采用间歇进水运行方式，复合垂直流人工湿地一般采用连续进水运行方式。

④ 组合式人工湿地。由多个同类型或不同类型的人工湿地池体构成的池塘养殖污水处理系统，分为并联式、串联式、混合式，组合方式需要根据池塘养殖的实际情况进行确定。人工湿地的工艺组合如图 2-29 所示，人工湿地运行如图 2-30 所示。此外，人工湿

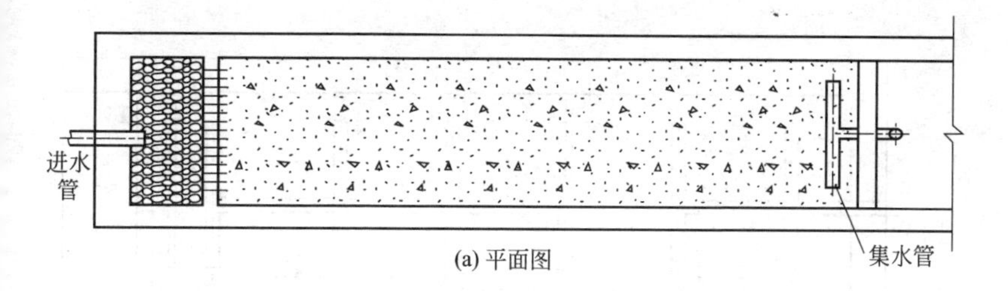

(a) 平面图

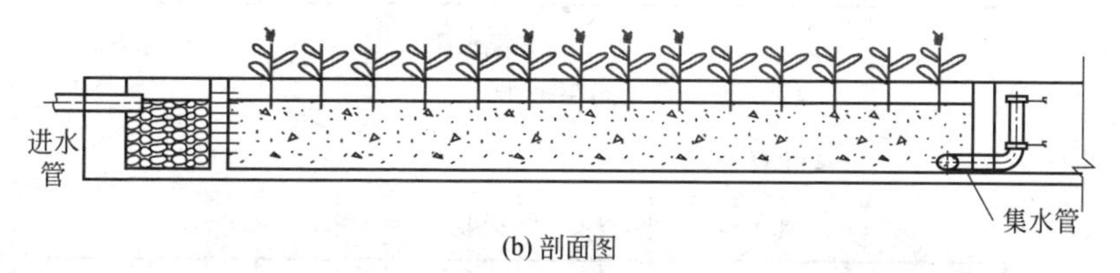

(b) 剖面图

图 2-27 水平流人工湿地结构简图

地还可与氧化塘等系统串联组合。

为保证人工湿地处理效果，池塘养殖排放污水宜经前端预处理后再进入人工湿地进行处理。

处理系统的设计应达到下列要求：去除悬浮物、漂浮物以及降解有机物的能力，尤其是残留的鱼饵和部分鱼粪；具一定水量平衡能力，起到缓冲和调节水质水量的作用；污泥处理和容纳能力。

人工湿地植物的选择宜符合下列要求：根系发达，输氧能力强；适合当地气候环境，优先选择本土植物；耐污能力强、去污效果好；具有抗冻、抗病害能力；具有一定的经济价值；容易管理；有一定的景观效应。

人工湿地常用的植物有芦苇、香蒲、菖蒲、旱伞草、美人蕉、水葱、灯心草、水芹、茭白、黑麦草等。

(2) 生态沟渠　生态沟渠是由人工湿地衍生而来的一种池塘养殖环境生态修复的方法。

人工湿地流出的水经一段比较长的生态沟渠二次净化，达到对水质的处理目的。

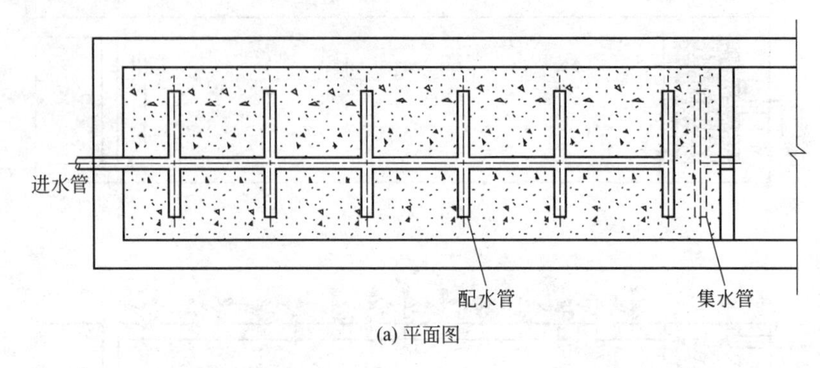

(a) 平面图

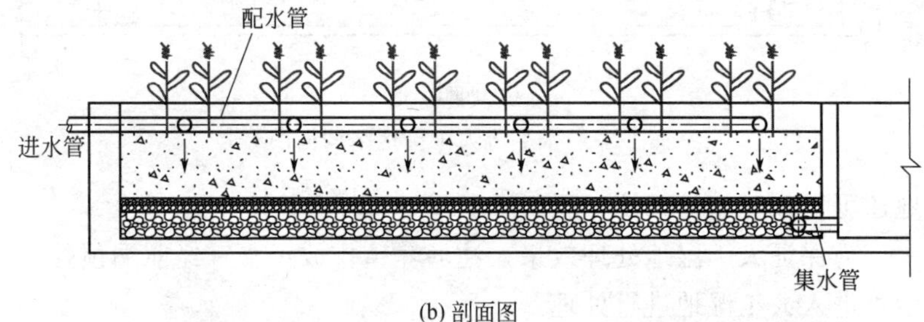

(b) 剖面图

图 2-28　垂直流人工湿地结构简图

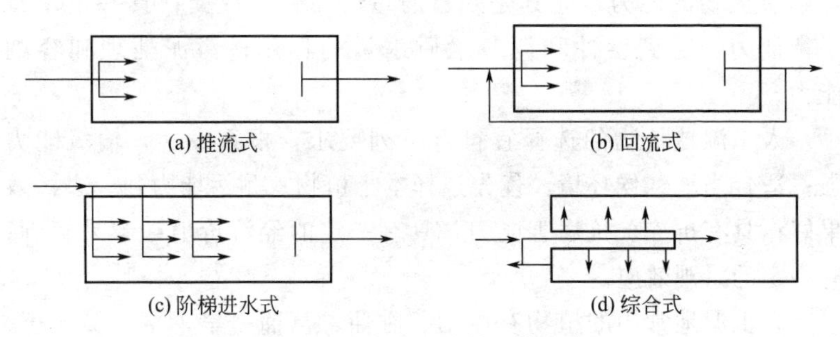
(a) 推流式　(b) 回流式

(c) 阶梯进水式　(d) 综合式

图 2-29　人工湿地的工艺组合

① 生态沟渠的简易建造。可以利用池塘的进水系统和出水系统建造生态沟渠。

② 生态沟渠的生态构建。在沟渠两边种养凤眼莲、水花生等，用毛竹围栏固定，覆盖面积为 30%～50%；在沟渠里放养 100 克/

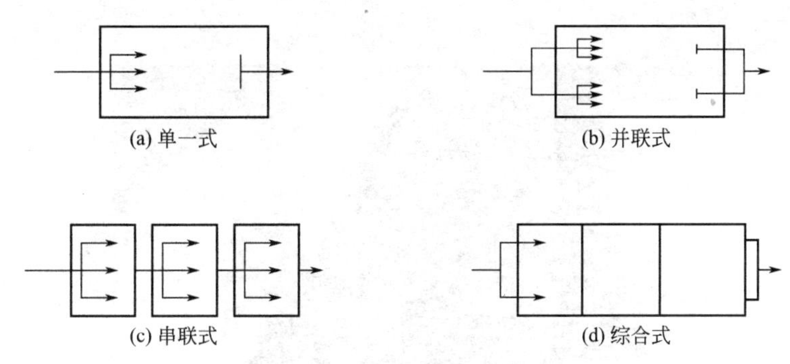

图 2-30　人工湿地的运行方式

尾鲢、鳙，鲢 50～100 尾/亩（1 亩≈666.7 平方米），鳙 30～50 尾/亩；在沟渠底部放养螺蛳，放养量为 150～300 千克/亩。

生态沟渠约占整个养殖面积的 3%。固着藻类生态沟渠和水生植物生态沟渠示意图见图 2-31。

（3）生态坡　生态坡是利用池塘边坡和堤埂修建的水质净化设施。一般是利用沙石、绿化砖、植被网等固着物铺设在池塘边坡上，并在其上栽种植物，利用水泵和布水管线将池塘底部的水提升并均匀地布撒到生态坡上，由生态坡的渗滤作用和植物吸收截流作用去除养殖水体中的氮、磷等营养物质，不仅具有固形护坡功能，还具有净化调控池塘水质作用。

生态坡池塘水调控系统由池底自控取水设备、布水管路、立体植被网、水生植物组成（图 2-32）。池底自控取水系统由水泵和 UPVC 给水管组成，通过水泵将池塘中间部位的底层水输入到生态坡布水管道中，水泵一般为潜水泵，动力及扬程大小根据生态坡水利负荷决定，日输水量一般不低于池塘水体的 10%。由于生态坡较长，布水管路系统一般由 3 种不同直径的给水管组成，输水主管为 ϕ150UPVC 管，在坡上通过三通与两条 ϕ75UPVC 相通，每条 ϕ75UPVC 再通过三通与两条 ϕ50UPVC 布水管相通，布水管的截面积一般为进水管截面积的 1.2～1.4 倍，以便于布水均匀。

生态坡上栽种水生植物，如水芹菜、蕹菜、生菜及旱伞草等，

图 2-31　固着藻类生态沟渠和水生植物生态沟渠示意图

用于截流吸收养殖水体中的营养物质。池塘养殖水体通过生态坡净化后渗流到池塘中，从而达到净化调控养殖水体的作用。

（4）氧化塘　氧化塘又称稳定塘或生物塘，是一种利用天然净化能力对污水进行处理的构筑物的总称。其净化过程与自然水体的自净过程相似。通常是将土地进行适当的人工修整，建成池塘，并设置围堤和防渗层，依靠塘内生长的微生物来处理污水。主要利用菌藻的共同作用处理废水中的有机污染物。氧化塘污水处理系统具有基建投资和运转费用低、维护和维修简单、便于操作、能有效

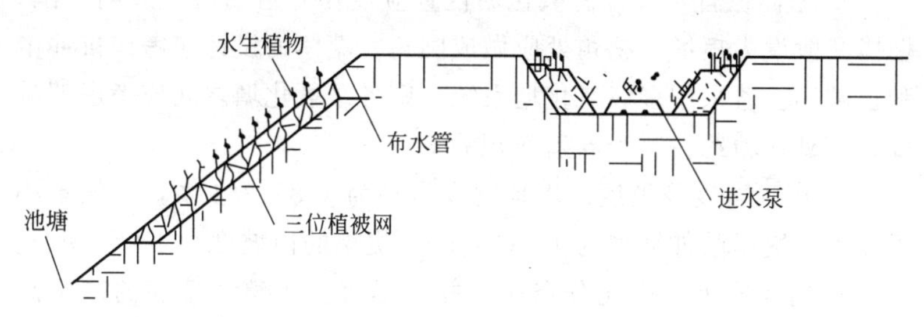

图 2-32 生态坡结构示意图

去除污水中的有机物和病原体、无需污泥处理等优点。氧化塘可分为以下几种。

好氧塘：是一种菌藻共生的污水好氧生物处理塘。深度较浅，一般为 0.3～0.5 米。阳光可以直接射透到塘底，塘内存在着细菌、原生动物和藻类，由藻类的光合作用和风力搅动提供溶解氧，好氧微生物对有机物进行降解。

兼性塘：有效深度为 1.0～2.0 米。上层为好氧区；中间层为兼性区；塘底为厌氧区，沉淀污泥在此进行厌氧发酵。兼性塘是在各种类型的处理塘中最普遍采用的处理系统。

厌氧塘：塘水深度一般在 2 米以上，最深可达 4～5 米。厌氧塘水中溶解氧很少，基本上处于厌氧状态。

曝气塘：塘深大于 2 米，采取人工曝气方式供氧，塘内全部处于好氧状态。曝气塘一般分为好氧曝气塘和兼性曝气塘两种。

① 原理。氧化塘是以太阳能为初始能量，通过在塘中种植水生植物，进行水产和水禽养殖，形成人工生态系统，在太阳能作为初始能量的推动下，通过氧化塘中多条食物链的物质迁移、转化和能量的逐级传递、转化，将进入塘中污水的有机污染物进行降解和转化，最后不仅去除了污染物，而且以水生植物和水产、水禽的形式作为资源回收，净化的污水也可作为再生资源予以回收再用，使污水处理与利用结合起来，实现污水处理资源化。

② 氧化塘的构建。

a. 塘体位置及设计。氧化塘位置应设在养殖场区下风向外围。塘体一般设为矩形，拐角处应做成圆角。塘体的设计应考虑抗冲击和抗破坏。若采用多级氧化塘系统，则各级氧化塘之间应考虑超越设置。氧化塘约占整个养殖面积的7%。

b. 堤顶宽度及坡度。堤顶宽度最小为1.8～2.4米，一般不小于3米，堤岸的外坡度为1∶(3～5)，堤岸的内坡度为1∶(2～3)。

c. 塘底要求。应充分夯实，并且尽可能平整，塘底的竣工高差不得超过0.5米。曝气塘表面曝气机的正下方塘体必须用混凝土加固。必须采取防渗措施。

③ 氧化塘的附属设施。

进水口的设计原则是尽量避免在塘内产生短流、沟流、反混合死区，使塘内水流状态尽可能接近推流，以增加进水在塘内的平均停留时间。一般的矩形塘，进水口宜设置在1/3池长处。在少数情况下，氧化塘采用方形或圆形，进水口宜设置在接近中心处。

出水口的布置原则是应考虑能适应塘内不同水深的变化要求，宜在不同高度的断面上设置可调节的出流孔口或堰板。在氧化塘出口前，应设置浮渣挡板。但是在深度处理塘前，不应设置挡板，以免截留藻类。

对于多级氧化塘，在各级氧化塘的每个进出口均应设置单独的闸门。

进出口宜采取多点进水、多点出水，尽量使塘的横断面上配水均匀。

进口和出口之间的直线距离应该尽可能大。通常采用对角线布置。

进出口至少应距塘面0.3米。厌氧塘进水应接近底部的污泥层。

进口至出口的方向应避开当地常年主导风向，以防止臭气污染。

④ 曝气塘的充氧设施。如果曝气塘的进水高程与塘的水面高程有一定的高差，则可考虑利用此高差进行跌水充氧。若高差较

大，应建造多级跌水。

曝气塘的人工充氧设备与其他好氧工艺相同。鼓风曝气机、表面曝气机、水平轴转刷曝气机等，均可用于曝气塘的充氧。

⑤ 氧化塘的生态构建。在氧化塘中种植挺水植物（如芦苇、蒲草、再力花等），覆盖面积为30%左右；种植沉水植物（如狐尾藻、菹草等），覆盖面积为20%左右；种植浮水植物（如睡莲、菱角等），覆盖面积为10%左右；利用水上农业种植空心菜等，覆盖面积为5%左右；在氧化塘中放养100克/尾鲢、鳙，其中鲢50～100尾/亩、鳙30～50尾/亩；在氧化塘底部放养螺蛳，放养量为150～300千克/亩。

⑥ 氧化塘的运行与管理。

a. 氧化塘的运行。水源水和养殖池塘排出的养殖尾水首先进入氧化塘中，经沉降和被植物、浮游生物、微生物、底栖生物等净化吸收后可作为养殖用水，经泵站再通过进水渠道输入各养殖池塘中或直接排放。

b. 氧化塘的管理。

(a) 泵站、进水闸的管理。平时要定期对泵站、进水闸进行检查、检修，保持正常工作状态。

(b) 水生植物的越冬管理。主要针对不能正常越冬的水生植物（如水葫芦），在冬季来临之前搭建温棚，根据需要将一定数量的水生植物移到温棚中进行越冬。

(c) 氧化塘水生植物的管理。要在冬季到来前清除枯死的杂草，不能让其在水体中腐烂造成二次污染。

每年春季，在植物复苏前重新对氧化塘水生植物进行梳理，移走过密的水生植物，对水生植物生长不够密的地方进行移栽（图2-33）。

在水生植物整理完后要对整个氧化塘进行1次消毒工作，主要采用含氯消毒剂泼洒的方法。

在氧化塘运行期间及时清除生长过剩的水生植物。

(d) 氧化塘水生动物的管理。待水生植物整理、消毒完后，

图 2-33　氧化塘中种植的水生植物

开始放入鲢、鳙、螺蛳。

为提高水体利用率，在氧化塘中投放 6～8 千克/亩的亲虾，放养 50～100 只/亩的蟹种。

每年养殖结束，要对氧化塘中生长的鱼、虾、贝等进行评估，适时进行捕捞，尤其要清除逃进来的草食性鱼类。

(e) 氧化塘微生物种群的管理。在氧化塘整理、消毒后 10 天左右，泼洒 EM 菌等复合微生物制剂，用量为 3～5 千克/亩，以后每半月泼洒 1 次，以保持有益微生物处于优势种群。

(5) 植物浮床　浮床植物生态修复技术是运用无土栽培技术原理，以高分子材料为载体和基质，采用现代农艺与生态工程措施综合集成的水上无土种植植物技术。通过水生植物根系的截留、吸附、吸收和水生动物的摄食以及栖息其间的微生物的降解作用，达到水质净化的目的，对水生生物的多样性也能起到促进作用，并具有营造景观的效果。浮床一般采用高分子材料、泡沫板、蛭石、聚乙烯等，种植植物的种类主要为水生蔬菜（水芹菜、水雍菜、海芦笋）、花卉（美人蕉）、水稻等（彩图 22）。

① 植物浮床技术修复原理。植物浮床技术（生物浮床技术、人工浮岛技术），是人工把高等水生植物或改良的陆生植物，以高

分子材料等为载体和基质，应用物种间共生关系和充分利用水体空间生态位和营养生态位的原则，采用现代农艺和生态工程措施综合集成的水面无土种植植物技术。采用这种技术可将原来只能在陆地种植的高等陆生植物种植到自然水域水面，并能取得与陆地种植相仿甚至更高的收获量与景观效果。实践证明，此技术无环境污染和二次污染，能在原位生态条件下正常生长，易收获高等植物，净化水体。其最大的优点就是直接利用水体水面面积，不另外占地，对水体进行原位修复。

② 植物浮床技术的净化机制（图 2-34）。包括物理作用、植物吸收作用、气体传输和释放作用、微生物降解作用及对藻类的抑制作用等几个重要作用。通过植物在生长过程中对水体中氮、磷等植物必需元素的吸收利用，及其植物根系和浮床、基质等对水体中悬浮物的吸附作用，富集水体中的有害物质，与此同时，植物根系释放出大量能降解有机物的分泌物，从而加速了有机污染物的分解，一些植物还能分泌化学克生物质，抑制浮游藻类生长。随着部分水质指标的改善，尤其是溶解氧的大幅度增加，为好氧微生物的大量繁殖创造了条件，通过微生物对有机污染物、营养物的进一步分解，使水质得到进一步改善，最终通过收获植物体的形式，将氮、磷等营养物质以及吸附积累在植物体内和根系表面的污染物搬离水体，使水体中的污染物大幅度减少，水质得到改善，从而为水生生物的生存、繁衍创造生态环境条件，为最终修复水生态系统提供可能。

（6）固定化微生物　固定化微生物技术起始于 1959 年，由 Hattori 等人首次实现了大肠杆菌的固定化，此后发展迅速。这种技术最初主要用于工业发酵，20 世纪 70 年代以后，由于水污染严重，迫切需要一种高效、快速、能连续处理的废水处理技术，从而微生物固定化技术才在污水处理中得到广泛应用，效果较好，至今已经形成了较为完备的理论和方法。

固定化微生物技术是指利用化学的或物理的手段将游离的微生物定位于限定的空间区域，并使之成为不悬浮于水仍保持生物活

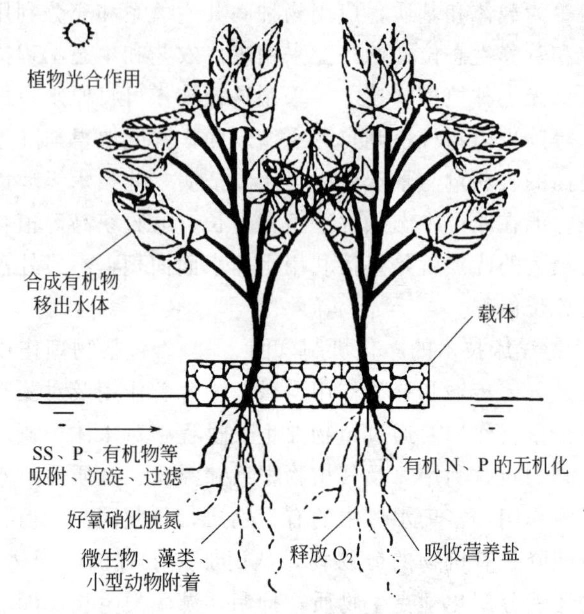

图 2-34　植物浮床净化机制图

性、可反复利用的方法。

这里的微生物主要是人为选定的特效降解菌的优势菌种，应满足以下 3 个基本条件：投加的菌体活性高；菌体可快速降解目标污染物；在系统中不仅能竞争生存，而且可维持相当数量。

固定化载体为微生物创造了更不易解体的生存环境，所以，一个理想的固定化载体的选择也很重要。适合于废水处理的固定化载体应具有以下性能：对微生物无毒，生物滞留量高；传质性能好；性质稳定，不易被生物降解；机械强度高，使用寿命长；固定化操作简单；对其他生物的吸附小；价格低廉。

池塘固定化微生物技术选用的固定化材料（彩图 23）：弹性生物填料（生物刷，长度 1 米，每立方米 44 根）。

微生物的来源：土著微生物；外源性微生物采用固体浓缩型，由项目单位自主研制开发（以芽孢杆菌和乳酸菌为主）。

固定方法是以池塘宽度为一排，用绳子固定，每隔 0.5 米左右挂一根生物刷，每根生物刷下用重物系住。

池塘固定化微生物技术的优点：操作简单，使用方便；既可以使用在池塘中，也可以使用在氧化塘或生态沟渠中；固定化材料（生物刷）可以重复使用，成本低。

（7）植物化感物质控藻的方法（彩图 24） 化感作用（Allelopathy，又称他感作用，异株克生作用）包括抑制和促进两个方面，就是植物（含微生物）通过释放化学物质到环境中而产生的对其他植物直接或间接的有益、有害和自毒作用。

植物中所发现的化感物质主要来源于植物的次生代谢产物，分子量较小，结构简单，主要分为水溶性有机酸、直链醇、脂肪族醛和酮，简单不饱和内脂，长链脂肪酸和多炔，醌类，苯甲酸及其衍生物，肉桂酸及其衍生物，香豆素类，类黄酮类，鞣质，内萜，氨基酸和多肽，生物碱和氰醇，硫化物和芥子油苷，嘌呤和核苷 14 类，其中低分子量有机酸、酚类和内萜类化合物最为常见。

（8）利用底栖生物改良池塘底质（彩图 25） 这里的底栖生物主要指的是日常生活中常见的贝类、螺类。在池塘底部投放一定量的贝类、螺类，一方面可以作为鱼类的鲜活饵料，另一方面可以起到改善池塘底质的目的。优点：简单实用，具有很强的可操作性。缺点：消耗池塘溶解氧；易传播疾病。

（9）底层微孔增氧 底层微孔增氧是一种新型水体立体增氧技术，主要是将微孔曝气管铺设在池塘底部，使用空压机或风机对管道充入一定压力的空气，空气经微孔曝气管至池塘底部进行曝气增氧。增氧区域范围广，溶解氧分布均匀，增加了底部水体的溶解氧含量，加快对底部氨氮、亚硝酸盐、硫化氢的氧化，抑制底部有害微生物的生长。微孔增氧造成水流的旋转和上下流动，将底部有害气体带出水面，通过气泡上升还带动水体循环，改善了池塘的水质条件，减少了病害的发生，保证了水生动物的生长，提高了水产养殖的成活率、规格和产量，解决了目前高效水产养殖模式与传统表层增氧方式之间不适应的问题。底层微孔增氧装置已列入《国家支持推广的农业机械产品目录》，获得了国家农机补贴，在全国得到了大面积推广应用。

① 微孔曝气增氧结构。微孔增氧设施主要由主机（电动机）、罗茨鼓风机、储气缓冲装置、主管（PVC 塑料管）、支管（PVC 塑料或橡胶软管）、曝气管（微孔纳米曝气管）等组成。主机（功率与罗茨鼓风机匹配）皮带带动罗茨鼓风机。罗茨鼓风机连接储气缓冲装置，储气缓冲装置连接主管，主管接支管，支管接曝气管。

② 微孔增氧设备的安装方式。

a. 长条式。长条式增氧系统是用较长（一般是 5～50 厘米）的微孔增氧管布设在池塘底层，固定并连接到输气的塑料软支管上，支管再连接主管。要求微孔曝气管距池底 10～15 厘米，呈水平或终端稍高于进气端。风机空气从主管经支管到微孔曝气管扩散于水体，实现增氧。如双塘增氧管道布置为三级：风机—主管—支管（软）—微孔曝气管。单塘仍然是三级管网，但主管只有一边接支管。多塘管网分四级：风机—主管—支管—连接管（软）—曝气管。

b. 圆盘式。圆盘曝气器，其制作方法是用金属或塑料先制成圆形框架，圆盘直径 1～1.5 米，微孔管长一般是 15～30 米，把微孔管盘绕固定在框架内，进气管口留在圆盘中间，与支管连接进气，终端口封死，用支架和绳子安放底层水中。曝气流程仍是风机或空压机—主管—支管—连接软管—圆盘内的微孔曝气管。这种形式在水深的池塘应用效果明显。

c. 点式。实为微型圆盘曝气器，其圆盘直径 20～30 厘米，微孔管长一般是 1～2 米，把微孔管盘绕固定在框架内，进气管口留在圆盘中间，与支管连接进气，终端口封死，用支架和绳子安放底层水中。这种形式用较密集的布点弥补了圆盘式的不足，适用于大面积池塘养殖。

③ 底层微孔管曝气增氧的优点。

a. 节电。新型鼓风机压力宽，结构简单、维修方便、使用寿命长，整机振动小。实践证明水下式曝气增氧效果好。与传统增氧方法相比，达到同样效果，可以节电60%～80%。一台2.2千瓦的高性能增氧设备，有效增氧水面为30～40亩。

b. 改善养殖水体生态环境。曝气增氧在水体底部产生的气泡流范围广，一般水深在2米时，雾化型气泡可扩散到3～4米；一个直径1.2米的水下式增氧盘产生旋涡型气泡水流，有效增氧面积为35平方米。充足的气流与大面积的水面接触，能保证水体底部的溶解氧含量在6.5毫克/升。加速水体底部沉积的有机物和亚硝酸盐等有害物质的氧化分解，并能把有害有毒气体带出水面，从而改善和稳定水质，为鱼、虾、蟹创造适宜的生长环境，可减少病害的发生。

c. 可显著提高养殖密度。曝气增氧为静态的水底部增氧，整个水体有效溶解氧充足，提高了水体各层空间养殖对象的活动能力，增加食欲，缩短养殖周期，为增加水体生物负载创造了条件。如养殖南美白对虾，采用水下式曝气增氧法，亩放养密度可为8万～10万尾，产量可达1000千克左右。这种增氧法能改善和稳定水质环境，减少应激和其他疾病的产生，提高成活率，增加食欲与生长速度。

d. 使用方便。不同的水面面积可配置不同功率的风机，一台风机可以实行双塘增氧或多塘增氧，主管、支管连接和更换方便。

④ 配置标准。中等养殖密度的设备配置见表2-5。

表2-5 鱼塘设备配置（蒋宏斌，2012）

池塘面积/亩	配置风机功率/千瓦	ϕ80厘米增氧盘/只	主管/米	软管/米	水深
20	2.2	40	200	1200	1.8米以上
30	3	60	320	1800	
50～70	5.5	120	800	3600	
≥80	7.5	160	1200	4800	

⑤ 使用方法。微孔增氧一般要掌握“三开二不开”原则。

a. 三开。晴天中午开机，一般在午后2～3点开，开机约30

分钟，保持底部溶解氧丰富；阴天清晨开机，清晨溶解氧最低，水质较差，这时开机能够增加溶解氧，改善水质；连绵阴雨天半夜开机，由于连绵阴雨，白天光合作用较差，水中溶解氧较低，夜晚水生动植物的呼吸作用消耗大量的氧，导致池水溶解氧很低，这时开机，增加溶解氧含量，防止缺氧。

b. 二不开。傍晚水质较好，一般不开机；阴雨连绵白天光合作用弱，溶解氧含量低，如果开机，水生动植物呼吸加强，好氧加速，夜间会严重缺氧，从而导致泛塘现象的发生，所以一般阴雨连绵时白天不开机。

c. 注意事项。对底层微孔增氧，在正常情况下鱼、虾、蟹等只要开始喂食就要每天开启增氧机1～2 小时，起到调节水质的作用，养殖后期要经常根据不同品种和环境进行间断式增氧，一次开机在 3～4 小时，停半小时到1小时后再继续增氧。

底层微孔增氧要注意保持池塘适当的藻类密度，可配合使用水车式增氧机，使水体的溶解氧更加均匀。

（10）生物絮团（彩图 26） 生物絮团是养殖水体中以好氧微生物为主体的有机体和无机物，经生物絮凝形成的具有生物活性的团聚物，一般由细菌、浮游动植物、有机碎屑和一些无机物质相互絮凝组成。

生物絮团技术是指通过向养殖水体补充外源碳源，保持一定的碳氮比，定向调控养殖系统微生物群落并且利用微生物转换水中氨氮成为菌体蛋白，显著提高饲料利用的一种新型养殖技术。

① 技术原理（彩图 27）。生物脱氮是从养殖废水中去除氮素污染较为经济有效的方法之一，它包括硝化和反硝化两个过程。反硝化是硝酸盐或亚硝酸盐被还原成气态氮的生物过程。碳源不足会导致反硝化作用不彻底，引起硝酸盐的积累。因此，生物反硝化过程需要提供足够数量的碳源，保证一定的碳氮比（C/N）才能使反硝化反应顺利完成。

C/N 平衡是通过调节养殖水体内营养元素 C 和 N，强化异养微生物，使水体由自养系统转变为异养系统，异养细菌占据主导地位，同化吸收水体中多余的无机氮，合成菌体蛋白，且细菌增殖，从而达到净化水质的效果，实现养殖水质的人为调控。

② C/N 平衡技术措施。

a. 向养殖水体直接添加碳源。了解池塘中的放养对象和所投喂的饲料；了解池塘中主养品种的种类、混养品种的种类与比例以及所投喂的饲料。

(a) 确定碳源的种类。根据碳源原则和取材的方便，确定碳源的种类。

(b) 确定碳源的添加量。$\Delta AC = feed \times \%Nfeed \times 1.567$，其中 ΔAC 碳源的添加量，feed 为饲料投喂量，%Nfeed 为饲料中的蛋白质含量，1.567 为矫正系数。

(c) 向养殖饲料中添加碳源，降低饲料蛋白质含量。了解养殖动物的营养需求，在满足其生长需求的基础上，通过在饲料中添加含碳化合物来代替蛋白质，从而降低饲料中蛋白质含量，减少含氮废物的排放，从而实现水质的调控。

b. 碳源的要求。所使用的碳源就地取材、价格合理，不造成二次污染，一般可选用葡萄糖、蔗糖、淀粉、糖蜜、米糠以及农作物的秸秆等。

③ 生物絮团的理论方程。

$$NH_4^+ + 1.18C_6H_{12}O_6 + HCO_3^- + 2.06O_2 \longrightarrow C_5H_7O_2N + 6.06H_2O + 3.07CO_2$$

由上式可知，生物絮凝过程需要氨氮、糖类（有机碳源）、溶解氧和碱度。每克氨氮转化为细菌需要消耗 4.71 克溶解氧，3.57 克碱度（0.86 克无机碳）和 15.17 克糖类（6.07 克有机碳）反应可以生产 8.07 克的细菌生物体（4.29 克有机碳）和 9.65 克的二氧化碳（2.63 克的无机碳）。

根据生物絮团形成的理论方程，在确定饲料投喂的基础上，可计算出日添加碳源重量。碳源的添加时间可在每天饲料投喂后的 2 小时。添加的碳源可以是葡萄糖、蔗糖、淀粉等，也可以是其他碳源。各地可因地制宜，就地取材，选择适合自己池塘条件的经济型碳源（如糖蜜、木薯粉、米糠等）。

④ 生物絮团形成的后期管理。经过15～18天的培养，生物絮团即可稳定形成。此后，每天添加适量的碳源即可维持生物絮团的稳定。同时，为更好地维持生物絮团处于稳定生长期，可经常排出一部分底部的生物絮团。

⑤ 注意事项。基于C/N平衡调节水质，当C/N>10容易形成生物絮团，如果养殖的是滤食性或者杂食性鱼类可以摄食生物絮团，不会使生物絮团积累过多；当所养殖的对象是肉食性鱼类或者其他不可摄食生物絮团的品种时，要定期排出所形成的生物絮团，或者混养部分滤食性、杂食性的品种。

2. 人工湿地基质、植物筛选及高效生态滤池的构建

（1）高效生态滤池的构建　滤池大小应因地制宜，每个滤池设立独立的进出水管道，出水管道设置多个不同高度出水口，可根据需要调节滤池中水位高度。滤池要控制一定的运行水力负荷，栽种植物为再力花、美人蕉、芦苇（彩图28），填埋基质分别为碎石、陶粒、煤渣，基质深度1米。

高效生态滤池可构建在养殖池塘周围，占地面积小，构建和运行成本低，易于管理。受污染的养殖水源水经生态滤池净化后进入养殖池塘作为最初的养殖用水，保证了养殖原水的良好水质。同时在高温季节，变差的池塘水也可抽提进入生态滤池，使养殖废水经净化后循环利用，无需从外界换水，达到了节水和养殖安全的目的。

（2）高效生态滤池基质选择　基质的孔隙率见表2-6。

表2-6　基质的孔隙率

基质	孔隙率
煤渣	0.325
陶粒	0.400
碎石	0.382
土壤	0.134

通过分别研究煤渣、陶粒、碎石三种基质生态滤池对养殖废水的净化效果，各不同基质生态滤池对NH_4^+-N、TN、TP、COD等物质的去除率分别达到4%～23.9%、12.3%～26.1%、20.0%～61.5%、11.4%～29.5%。方差分析表明，煤渣基质生物滤池对NH_4^+-N、TN、TP的去除率显著高于煤渣和碎石生态滤池，陶粒基质生态滤池对COD的去除效果最好（$p<0.05$）。同时对不同基质滤池中基质酶活性的研究结果显示，三种基质脲酶活性大小排序为煤渣＞陶粒＞碎石，而各基质中磷酸酶的活性差异不显著（$p>0.05$）。基质脲酶活性可作为生态滤池和人工湿地基质选择的评价指标。

因此，煤渣基质对各污染物的去除效果最好，最适宜作为处理养殖废水的生态滤池的基质材料，陶粒基质生物滤池净化效果次之，也较适宜构建生态滤池。同时，在构建生态滤池时，对滤池基质选择还应根据基质的成本、净化效果、颗粒的大小（以防止堵塞）及在当地的可得性等各因素综合起来确定。

（3）高效生态滤池植物选择　通过分别研究美人蕉、再力花、芦苇三种植物生态滤池对养殖废水的净化效果，各不同植物生态滤池对NH_4^+-N、TN、TP、COD等物质的去除率分别达到0.1%～4%、2.7%～12.3%、6.2%～12.4%、2.9%～17.1%。方差分析表明，美人蕉生物滤池对NH_4^+-N、TN、TP、COD等物质的去除率均显著高于再力花和芦苇滤池（$p<0.05$）。

三种植物的株高和根长生长曲线结果表明，再力花和美人蕉的地上和地下部分均生长最快，株高和根长均高于芦苇，芦苇在生态滤池中生长缓慢。同时对不同植物滤池中基质酶活性的研究结果显示，三种植物生态滤池中基质脲酶和磷酸酶活性均没有显著差异（$p>0.05$）。植物根系活力研究结果显示，三种植物生态滤池中美人蕉根系活力显著大于再力花和芦苇（$p<0.05$）。

因此，美人蕉、再力花、芦苇三种植物生态滤池，美人蕉滤池对各污染物质的去除效果最好，再力花滤池次之。美人蕉最适宜作为生态滤池的植物配置。同时，美人蕉通过较高的根系活力保持其高净化效果，植物根系活力可作为生态滤池和人工湿地中植物筛选的指标。

3. 沟渠湿地—鱼塘循环水养殖模式的构建

利用池埂构建一组四级串联的沟渠式潜流湿地系统，利用人工湿地的净化功能调控养殖池塘水质，实现水的循环利用，建立池塘活水养殖模式。系统中人工湿地前三级栽种湿生挺水植物，分别为再力花、花叶芦竹和花叶芦苇，最后一级湿地填充基质较浅，栽种沉水植物狐尾藻用于对含氧量较低的湿地出水进行复氧（图 2-35）。

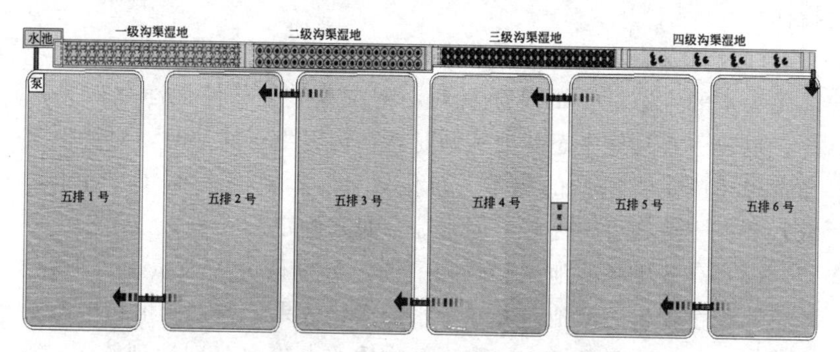

图 2-35　系统工艺流程图

系统运行结果表明，湿地对 NH_4^+-N、TN、TP、COD_{Mn}、BOD 及 Chl-a 存在显著去除作用；湿地出水溶解氧及其饱和度显著降低，但出水溶解氧含量仍在 3 毫克/升以上；循环塘营养状态较对照塘有所降低；就主养品种鲫鱼和草鱼养殖效果来说循环塘高于对照塘；影响草鱼养殖效果的关键环境因子是溶解氧。

4. 农田湿地—池塘循环水养殖模式的构建

通过构建农田湿地—生态沟渠—池塘养殖复合系统，解决以养分流失控制减轻水环境负荷的田间渗流控制技术，以氮磷吸收利用为主的农田氮/磷汇体系构建技术以及兼顾满足水产养殖水质标准及农作物水肥需求的水管理方案等关键问题。

① 利用池塘养殖肥水灌溉的条件下，按常规施肥量的 80％进

行施肥可获得600千克/亩以上的产量。另一方面，利用池塘养殖肥水灌溉不施肥时，仅在作物需肥旺盛期喷施一定叶面肥，也能获得较高产量（530千克/亩），在经济上无疑是最划算的，亦具有实际生产推广价值。

② 在分蘖期以后，植株比较高大，将池塘肥水放进田间滞留8小时以上，就有一定净化效果，对氮、磷的去除率在10%～40%，对COD_{Mn}的去除率在10%～30%。在稻田施肥10天以后，可考虑利用稻田进行适当表面流处理池塘养殖肥水，以满足池塘水循环所要求的水交换量。

③ 在利用稻田净化池塘养殖废水中，通过控制渗流大小提高去除率有两种思路：一是以较小的渗流提高单次水循环的去除率，但必须考虑池塘健康养殖对循环水量的要求；二是以较大的渗流量通过加快水循环次数来提高累计去除量，但必须考虑能耗问题。

④ 利用稻田参与池塘水分养分的循环时，除了要进行科学的水肥管理外，还要在防虫治病时避免使用有农药残留、对养殖有害的药剂，注意使用低残留、无毒、无公害的农药。

5. 生物塘—生态沟—池塘养殖复合模式的构建（图2-36）

将鱼塘与生物塘通过暗管联通，各养殖塘的养殖废水经暗管汇集生物塘，经净化后再通过生态沟渠回流鱼塘，构成了生物塘—生态沟渠—池塘养殖复合生态养殖模式。

（1）生物塘及浮床构建　所构建的浮床面积（规格）有4米×2.5米、4米×2米、5米×2米三种，水面覆盖率为32%。每个浮床均由楠竹、竹片、网片三部分组成，其中浮床框架为直径约10厘米的楠竹，浮床中间每50厘米用竹片间隔、固定，浮床底部用网目大小为4平方厘米的网片兜底，网底与浮床框架距离约为50厘米。将所有浮床用铁丝相连，呈“回”字形置于池塘中。浮床栽植水生植物选择生物量大、对水质具有较好净化作用的空心菜和水葫芦。当植物进入生长盛期（7月23日），移入生态浮床，置于生物塘内（图2-37、图2-38）。

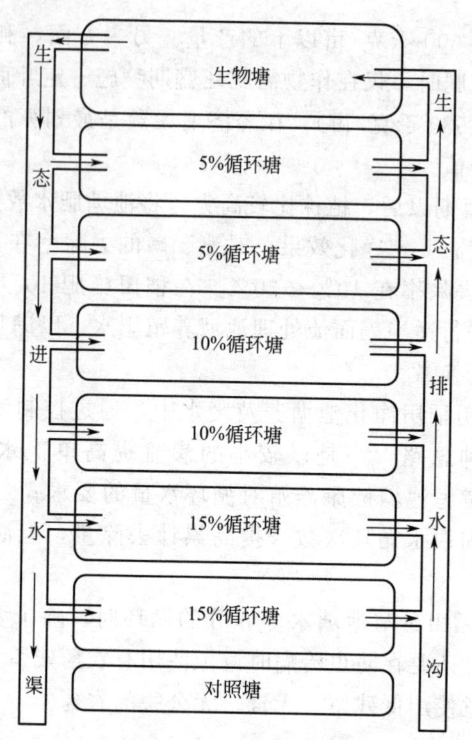

图 2-36　系统整体平面图

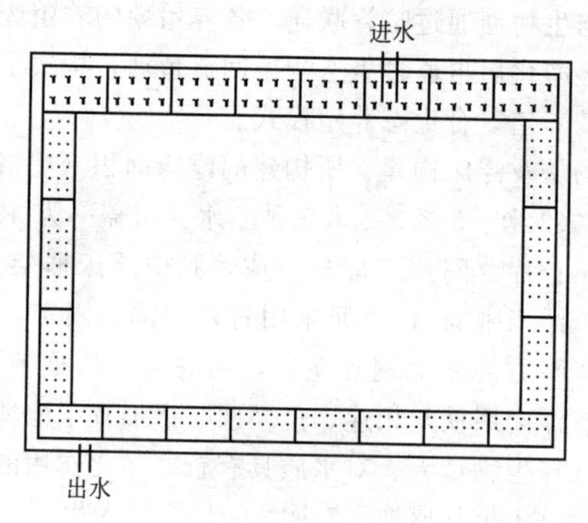

图 2-37　生物塘布局

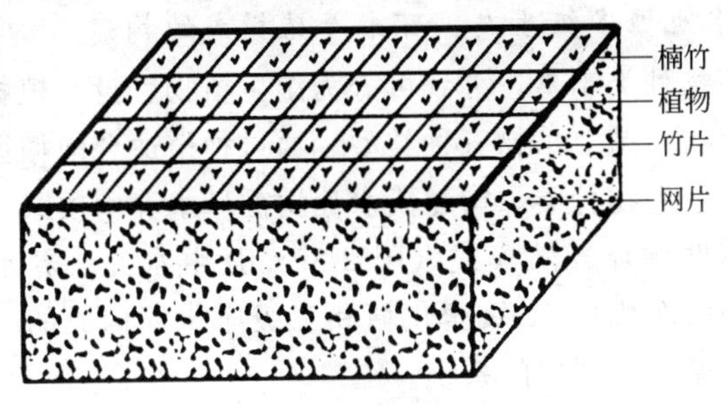

图 2-38　浮床示意图

养殖尾水经过生物塘处理基本满足渔业用水要求；水体理化指标相对稳定；鱼体增重明显；最佳循环水量为 10%，每天循环时间为 3 小时。系统实现了零污水排放。

(2) 生物塘处理效果　空心菜和水葫芦都是生物量极大的水生植物，已被广泛应用于生活污水、工业污水等的净化中。生物浮床技术也日渐成熟。将栽种空心菜和水葫芦的生态浮床置于养殖塘中，作为生物塘来处理养殖尾水，取得了很好的效果，生物塘可有效去除循环水中的氨氮（去除率 20.8%）、总氮（去除率 10.8%）、总磷（27.1%）、磷酸盐（去除率 26.7%）、BOD（去除率 31.3%）、COD（去除率 19.2%）、叶绿素（去除率 37.7%）等。具体见表 2-7。生物塘出水基本能够满足养殖用水的要求。

表 2-7　生物塘对养殖尾水的处理效果（平均值±标准差）

水质指标	TAN /(毫克/升)	TN /(毫克/升)	TP /(毫克/升)	IP /(毫克/升)	BOD /(毫克/升)	COD /(毫克/升)	Chla /(微克/升)
进水	1.60±0.40	2.17±0.54	0.26±0.09	0.26±0.12	8.59±2.91	7.48±2.36	54.41±17.83
出水	1.49±0.65	1.87±0.16	0.18±0.07	0.20±0.11	6.20±4.21	5.98±1.92	30.34±9.60
去除率/%	20.8	10.8	27.1	26.7	31.3	19.2	37.7

6. 淡水池塘多级生态循环水养殖模式的构建

水生植物种类丰富，大致可分为湿生植物、挺水植物、浮叶植物、沉水植物、漂浮植物五种类型。通过种植适合池塘循环水养殖模式最佳水生生物种类，构建淡水池塘循环水养殖模式。

淡水池塘循环养殖模式（图 2-39）是由水源、养殖池塘、生态沟渠（一级净化）、二级净化塘和三级净化塘构成的一个能够实现养殖废水循环再利用的系统。

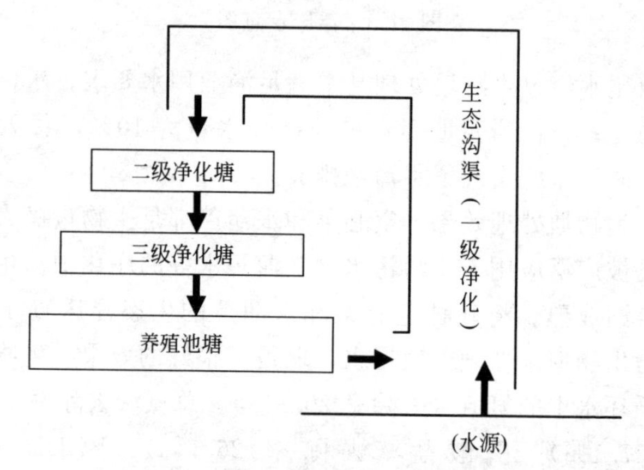

图 2-39 循环养殖模式的各模块组成

（1）一级净化 以河道为主体，连通水源，在河道两边种养凤眼莲、水花生，同时放养河蚌、青虾、花白鲢，形成一个天然的水质净化系统。通过一级净化的水经溢流坝流入二级净化池塘。

（2）二级净化 二级净化池选择具有一定规模的土池，根据养殖场的实际情况，尽量选择不适合养殖的池塘，种植有多种水生植物，有浮水的、挺水的、沉水的。在二级净化池塘同时也可放养河蚌、青虾、花白鲢等动物品种。二级净化池塘是整个循环水净化的主体，养殖用水主要在这里得到净化。经过二级净化的水经一个潜流坝进入三级净化池塘。

（3）三级净化 三级净化池塘也是一个具有一定规模的土池，尽量靠近二级净化池塘，这里以挺水植物为主，种植有各种各样的挺水植物，同时也有一定的沉水植物和浮水植物，水生动物有河蚌、青虾、花白鲢等。三级净化主要利用植物的化感作用，同时大量生长的水生植物对水质也有相当的直接净化作用。经三级净化的水再被提到养殖池塘成为养殖用水。

运行结果表明，通过三级净化后，养殖废水中氨氮水平能维持在0.33毫克/升左右，亚硝酸盐氮水平能维持在0.02毫克/升以下，总氮水平在各月份均能保持在淡水五类水平以下，总磷水平均能保持在淡水三类标准以下，叶绿素的清除效果也很明显，其去除率从16.10%到91.22%不等。这种模式能够有效地清除养殖废水中过量的氨氮、亚硝酸盐氮、总氮、总磷，抑制池塘藻类的生长。

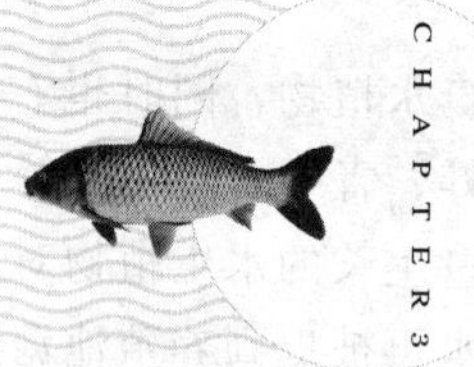

CHAPTER3

第三章

淡水鱼饲料安全与投喂

第一节 饲料的选择

一、饲料的概念

饲料是指在合理饲喂条件下能对动物提供营养物质、调控生理功能、改善动物产品品质，且不发生有毒、有害作用的物质。饲料是动物生产的物质基础，为了科学地利用饲料，有必要建立现代饲料分类体系，以适应现代动物生产发展需要。目前世界各国饲料分类方法尚未完全统一。美国学者 L. E. Harris 的饲料分类原则和编码体系，迄今已为多数学者所认同，并逐步发展成为当今饲料分类编码体系的基本模式，被称为国际饲料分类法。我国 20 世纪 80 年代在张子仪研究员的主持下，依据国际饲料分类原则与我国传统分类体系相结合，提出了我国饲料分类法和编码系统。

二、饲料的分类

1. 国际饲料分类法

L. E. Harris 根据饲料的营养特性将饲料分为粗饲料、青绿饲料、青贮饲料、能量饲料、蛋白质补充料、矿物质饲料、维生素饲料、饲料添加剂八大类，并对每类饲料冠以 6 位数的国际饲料编码 (international feeds number，IFN)，首位数代表饲料归属的类别，后 5 位数则按饲料的重要属性给定编码。编码分 3 节，表示为△—△△—△△△，国际饲料分类依据原则见表 3-1。

(1) 粗饲料　粗饲料是指饲料干物质中粗纤维含量大于或等于 18%，以风干物为饲喂形式的饲料（如干草类、农作物秸秆等）。IFN 形式为 1—00—000。

表 3-1 国际饲料分类依据原则

饲料类别	饲料编码	划分饲料类别依据		
		水分（自然含水）/%	粗纤维（干物质）/%	粗蛋白质（干物质）/%
粗饲料	1—00—000	＜45	≥18	—
青绿饲料	2—00—000	≥45	—	—
青贮饲料	3—00—000	≥45	—	—
能量饲料	4—00—000	＜45	＜18	＜20
蛋白质补充料	5—00—000	＜45	＜18	≥20
矿物质饲料	6—00—000	—	—	—
维生素饲料	7—00—000	—	—	—
饲料添加剂	8—00—000	—	—	—

注：引自韩友文主编《饲料与饲养学》，1999。

(2) 青绿饲料　青绿饲料是指天然水分含量在60%以上的青绿牧草、饲用作物、树叶类及非淀粉质的根茎、瓜果类。IFN 形式为 2—00—000。

(3) 青贮饲料　青贮饲料（silage）是指以天然新鲜青绿植物性饲料为原料，在厌氧条件下，经过以乳酸菌为主的微生物发酵后制成的饲料，具有青绿多汁的特点（如玉米青贮）。IFN 形式为 3—00—000。

(4) 能量饲料　饲料干物质中粗纤维含量小于18%，同时粗蛋白质含量小于20%的饲料称为能量饲料（如谷实类、麸皮、淀粉质的根茎、瓜果类）。IFN 形式为 4—00—000。

(5) 蛋白质补充料　饲料干物质中粗纤维含量小于18%，而粗蛋白质含量大于或等于20%的饲料称为蛋白质补充料［如鱼粉、豆饼（粕）等］。IFN 形式为 5—00—000。

(6) 矿物质饲料　矿物质饲料是指以可供饲用的天然矿物质、化工合成无机盐类和有机配位体与金属离子的螯合物。IFN 形式为

6—00—000。

（7）维生素饲料　由工业合成或提取的单一种或复合维生素称为维生素饲料，但不包括富含维生素的天然青绿饲料在内。IFN 形式为 7—00—000。

（8）饲料添加剂　为了利于营养物质的消化吸收，改善饲料品质，促进动物生长和繁殖，保障动物健康而掺入饲料中的少量或微量物质称为饲料添加剂，但不包括矿物质元素、维生素、氨基酸等营养物质添加剂。IFN 形式为 8—00—000。

2. 我国饲料分类法

张子仪研究员等（1987）建立了我国饲料数据库管理系统及饲料分类方法，我国现行饲料分类依据原则见表 3-2。首先根据国际饲料分类原则将饲料分成八大类，然后结合我国传统饲料分类习惯划分为 16 亚类，两者结合，迄今可能出现的类别有 37 类，对每类饲料冠以相应的中国饲料编码（Chinese feeds number，CFN），共 7 位数，首位为 IFN，第 2、第 3 位为 CFN 亚类编号，第 4 至第 7 位为顺序号。编码分 3 节，表示为△—△△—△△△△。

表 3-2　我国现行饲料分类依据原则

饲料类别		饲料编码（1、2、3 位编码）	水分（自然含水）/%	粗纤维（干物质）/%	粗蛋白质（干物质）/%
青绿饲料		2—01—0000	≥45	—	—
树叶	鲜树叶	2—02—0000	>45	—	—
	风干树叶	1—02—0000	—	≥18	—
青贮饲料	常规青贮饲料	3—03—0000	65～75	—	—
	半干青贮饲料	3—03—0000	45～55	—	—
	谷实青贮饲料	4—03—0000	28～35	<18	<20
块根、块茎、瓜果	含天然水分的块根、块茎、瓜果	2—04—0000	≥45	—	—
	脱水块根、块茎、瓜果	4—04—0000	—	<18	<20

续表

饲料类别		饲料编码(1、2、3位编码)	水分(自然含水)/%	粗纤维(干物质)/%	粗蛋白质(干物质)/%
干草	第一类干草	1—05—0000	<15	≥18	—
	第二类干草	4—05—0000	<15	<18	<20
	第三类干草	5—05—0000	<15	<18	≥20
农副产品	第一类农副产品	1—06—0000	—	≥18	—
	第二类农副产品	4—06—0000	—	<18	<20
	第三类农副产品	5—06—0000	—	<18	≥20
谷实		4—07—0000	—	<18	<20
糠麸	第一类糠麸	4—08—0000	—	<18	<20
	第二类糠麸	1—08—0000	—	≥18	—
豆类	第一类豆类	5—09—0000	—	<18	≥20
	第二类豆类	4—09—0000	—	<18	<20
饼粕	第一类饼粕	5—10—0000	—	<18	≥20
	第二类饼粕	1—10—0000	—	≥18	≥20
	第三类饼粕	4—08—0000	—	<18	<20
糟渣	第一类糟渣	1—11—0000	—	≥18	—
	第二类糟渣	4—11—0000	—	<18	<20
	第三类糟渣	5—11—0000	—	<18	≥20
草籽、树实	第一类草籽、树实	1—12—0000	—	≥18	—
	第二类草籽、树实	4—12—0000	—	<18	<20
	第三类草籽、树实	5—12—0000	—	<18	≥20
动物性饲料	第一类动物性饲料	5—13—0000	—	—	≥20
	第二类动物性饲料	4—13—0000	—	—	<20
	第三类动物性饲料	6—13—0000	—	—	<20
矿物质饲料		6—14—0000	—	—	—
维生素饲料		7—15—0000	—	—	—

续表

饲料类别	饲料编码（1、2、3位编码）	水分（自然含水）/%	粗纤维（干物质）/%	粗蛋白质（干物质）/%
饲料添加剂	8—16—0000	—	—	—
油脂质饲料及其他	4—17—0000	—	—	—

注：引自吴晋强主编《动物营养学》，1999。

（1）青绿多汁类饲料　凡天然水分含量大于或等于45%的栽培牧草、草地牧草、野菜、鲜嫩的藤蔓和部分未完全成熟的谷物植株等皆属此类。CFN形式为2—01—0000。

（2）树叶类饲料　树叶类有两种类型：采摘的树叶鲜喂，饲用时的天然水分含量在45%以上属青绿饲料，CFN形式为2—02—0000；采摘的树叶风干后饲喂，干物质中粗纤维含量大于或等于18%，如槐叶、松针叶等属粗饲料，CFN形式为1—02—0000。

（3）青贮饲料　青贮饲料有三种类型：一是由新鲜的植物性饲料调制成的青贮饲料，一般含水率在65%～75%的常规青贮；二是低水分青贮饲料，亦称半干青贮饲料，用天然水分含量为45%～55%的半干青绿植物调制成的青贮饲料，第一、第二类CFN形式均为3—03—0000；三是谷物湿储，以新鲜玉米、麦类籽实为主要原料，不经干燥即储于密闭的青贮设备内，经乳酸发酵，其水分在28%～35%，根据营养成分含量，属能量饲料，但从调制方法分析又属青贮饲料，CFN形式为4—03—0000。

（4）块根、块茎、瓜果类饲料　有两种类型：天然水分含量大于或等于45%的块根、块茎、瓜果类（如胡萝卜、芜菁、饲用甜菜等），鲜喂则CFN形式为2—04—0000；这类饲料脱水后的干物质中粗纤维和粗蛋白质含量都较低，干燥后属能量饲料（如甘薯干、木薯干等），干喂则CFN形式为4—04—0000。

（5）干草类饲料　干草类包括人工栽培或野生牧草的脱水或风干物，其水分含量在15%以下。水分含量在15%～25%的干草压块亦属此类。有三种类型：第一类指干物质中的粗纤维含量大于或等于18%者都属粗饲料，CFN形式为1—05—0000；第二类指干物质中粗纤维含量小于18%，而粗蛋白质含量也小于20%者，属能量饲料（如优质草粉），CFN形式为4—05—0000；第三类指一些优质豆科干草，干物质中的粗蛋白质含量大于或等于20%，而粗纤维含量又低于18%者，如苜蓿或紫云英的干草粉，属蛋白质饲料，CFN形式为5—05—0000。

（6）农副产品类饲料　农副产品类有三种类型：一是干物质中粗纤维含量大于或等于18%者（如秸、荚、壳等），属于粗饲料，CFN形式为1—06—0000；二是干物质中粗纤维含量小于18%、粗蛋白质含量也小于20%者，属能量饲料，CFN形式为4—06—0000（罕见）；三是干物质中粗纤维含量小于18%，而粗蛋白质含量大于或等于20%者，属于蛋白质饲料，CFN形式为5—06—0000（罕见）。

（7）谷实类饲料　谷实类饲料的干物质中一般粗纤维含量小于18%，粗蛋白质含量也小于20%者（如玉米、稻谷等），属能量饲料，CFN形式为4—07—0000。

（8）糠麸类饲料　糠麸类饲料有两种类型：一是饲料干物质中粗纤维含量小于18%，粗蛋白质含量小于20%的各种粮食的碾米、制粉副产品（如小麦麸、米糠等），属能量饲料，CFN形式为4—08—0000；二是粮食加工后的低档副产品（如统糠、生谷机糠等），其干物质中的粗纤维含量多大于18%，属于粗饲料，CFN形式为1—08—0000。

（9）豆类饲料　豆类饲料有两种类型：豆类籽实干物质中粗蛋白质含量大于或等于20%，而粗纤维含量又低于18%者，属蛋白质饲料（如大豆等），CFN形式为5—09—0000；个别豆类籽实的干物质中粗蛋白质含量在20%以下，如江苏的爬豆，属于能量饲料，CFN形式为4—09—0000。

（10）饼粕类饲料　饼粕类有三种类型：干物质中粗蛋白质大于或等于20%，粗纤维含量小于18%，大部分饼粕属于此，为蛋

白质饲料，CFN 形式为 5—10—0000；干物质中的粗纤维含量大于或等于 18%的饼粕类，即使其干物质中粗蛋白质含量大于或等于 20%，仍属于粗饲料类，如有些多壳的葵花籽饼及棉籽饼，CFN 形式为 1—10—0000；还有一些饼粕类饲料，干物质中粗蛋白质含量小于 20%，粗纤维含量小于 18%，如米糠饼、玉米胚芽饼等，属于能量饲料，CFN 形式为 4—08—0000。

（11）糟渣类饲料　糟渣类饲料有三种类型：干物质中粗纤维含量大于或等于 18%者属于粗饲料，CFN 形式为 1—11—0000；干物质中粗蛋白质含量低于 20%，且粗纤维含量也低于 18%者属于能量饲料（如优质粉渣、醋糟、甜菜渣等），CFN 形式为 4—11—0000；干物质中粗蛋白质含量大于或等于 20%，而粗纤维含量小于 18%者，属蛋白质饲料（如含蛋白质较多的啤酒糟、豆腐渣等），CFN 形式为 5—11—0000。

（12）草籽、树实类饲料　草籽树实类饲料有三种类型：干物质中粗纤维含量大于或等于 18%者属于粗饲料（如灰菜籽等），CFN 形式为 1—12—0000；干物质中粗纤维含量在 18%以下，而粗蛋白质含量小于 20%者，属能量饲料（如干沙枣等），CFN 形式为 4—12—0000；干物质中粗纤维含量在 18%以下，而粗蛋白质含量大于或等于 20%者，属蛋白质饲料，但较罕见，CFN 形式为 5—12—0000。

（13）动物性饲料　动物性饲料有三种类型：均来源于渔业、畜牧业的动物性产品及其加工副产品。其干物质中粗蛋白质含量大于或等于 20%者属蛋白质饲料（如鱼粉、动物血、蚕蛹等），CFN 形式为 5—13—0000；干物质中粗蛋白质含量小于 20%，粗灰分含量也较低的动物油脂属能量饲料（如牛脂等），CFN 形式为 4—13—0000；干物质中粗蛋白质含量小于 20%，粗脂肪含量也较低，以补充钙、磷为目的者属矿物质饲料（如骨粉、贝壳粉等），CFN 形式为 6—13—0000。

（14）矿物质饲料　矿物质饲料指可供饲用的天然矿物质（如石灰石粉等）、化工合成无机盐类（如硫酸铜等）及有机配位体与金属离子的螯合物（如蛋氨酸性锌等），CFN 形式为 6—14—0000。来源于动物性饲料的矿物质也属此类（如骨粉、贝壳粉等），CFN 形式为 6—13—0000。

（15）维生素饲料　维生素饲料是指由工业合成或提取的单一种或复合维生素制剂（如硫胺素、核黄素、胆碱、维生素 A、维生素 D、维生素 E 等），但不包括富含维生素的天然青绿多汁饲料，CFN 形式为 7—15—0000。

（16）饲料添加剂　饲料添加剂有两种类型，其目的是为了补充营养物质，保证或改善饲料品质，提高饲料利用率，促进动物生长和繁殖，保障动物健康而掺入饲料中的少量或微量营养性及非营养性物质。如添加饲料防腐剂、饲料黏合剂、驱虫保健剂等非营养性物质，CFN 形式为 8—16—0000；饲料中用于补充氨基酸为目的的工业合成赖氨酸、蛋氨酸等也归入这一类，CFN 形式为 5—16—0000。

（17）油脂质饲料及其他　油脂质饲料主要是以补充能量为目的，属于能量饲料，CFN 形式为 4—17—0000。随着饲料科学研究水平的不断提高及饲料新产品的涌现，还会不断增加新的 CFN 形式。

三、蛋白质饲料

蛋白质饲料的粗蛋白质含量高于 20%，是配合饲料质量的核心部分，分为植物性蛋白质饲料、动物性蛋白质饲料和单细胞蛋白质饲料。在水产配合饲料中蛋白质饲料的选择和使用也是产品质量控制和产品成本控制的关键所在。鱼粉、豆粕是优质的蛋白质饲料，它们的使用既决定了配合饲料的产品质量，也决定了配合饲料的产品价格。而菜籽粕、棉籽粕的合理使用可降低配合饲料成本，也能保障配合饲料的质量。

1. 植物性蛋白质饲料

（1）豆粕　豆粕是鱼配合饲料优质的主要植物性蛋白原料，蛋白质含量高达 40%～48%，粗蛋白质消化率高达 85%以上，赖氨

酸含量丰富且消化能值高。其主要缺点是蛋氨酸含量较低，含有抗胰蛋白酶和血细胞凝集素等抗营养因子。在淡水鱼饲料中使用主要受配方成本的限制，处于控制使用的地位。一般建议使用量控制在10%左右，其余的蛋白质主要依靠菜籽粕、棉籽粕等。

(2) 花生粕　花生粕是花生提油后的副产品，蛋白质含量为40%～45%，其消化率可达91.9%。其主要缺点是蛋氨酸和赖氨酸略低于豆饼，也含有抗胰蛋白酶，并易感染黄曲霉菌。在淡水鱼饲料配方中，可以使用5%～20%的花生粕，主要视花生粕质量、新鲜度和价格而确定其用量。为了尽量避免黄曲霉毒素的影响，配方中可以使用1%～2%的沸石粉或麦饭石，吸附部分黄曲霉毒素排出体外。

(3) 棉籽粕　游离棉酚的含量是棉籽粕品质判断的重要指标。棉籽粕的蛋白质含量在不同产地、加工条件下差异较大，蛋白质含量从35%到46%，对棉籽粕进行脱棉绒、脱棉酚后蛋白质的质量得到显著改善，蛋白质含量可以达到50%左右。用这种棉籽粕在淡水鱼类、虾类中替代部分豆粕使用效果较好，饲料配方成本也有下降。棉籽粕除了蛋白质差异很大外，就是棉绒的含量问题。棉绒不易粉碎，在小颗粒饲料（如1毫米以下饲料）制粒时容易堵塞模孔，所以在小颗粒饲料中要选择脱绒棉籽粕。棉籽粕在淡水鱼类饲料中的使用量在加大，最高用量控制在35%以下没有发现不良反应。在性价比方面较豆粕、花生粕有明显的优势。

(4) 菜籽粕　菜籽粕是淡水饲料常用的植物性蛋白质原料，油菜籽提油后的副产品，粗蛋白质含量35%～38%，消化率低于以上几种粕，氨基酸组成与棉籽粕相似，赖氨酸和蛋氨酸含量及利用率偏低，另外含有鞣质、植酸、芥子苷等抗营养因子。在淡水鱼类配方中使用量最高可以达到50%左右，菜籽粕与棉籽粕最好为1∶1的比例。在低档混养鱼料中，配合饲料的蛋白质主要依赖棉籽粕、菜籽粕，两者的总量可以达到60%～65%。

(5) 葵籽饼（粕）　葵籽饼（粕）是提油后的副产品，蛋白质含量依含壳量多少而异，带壳饼为22%～26%，不带壳饼高达

35%～37%。适口性好，消化率高，带壳饼含纤维素较多，饲料添加量一般不高于15%。

（6）芝麻粕　加热程度对芝麻粕的品质影响很大，因为温度过高（一般不宜超过110℃）会造成维生素的损失，并且赖氨酸、精氨酸、色氨酸及胱氨酸等氨基酸的利用率降低，一些国产芝麻粕为提高麻油香味，加热过度而焦化，使用时应留意。

（7）玉米蛋白粉　玉米蛋白粉蛋白质含量高，但是氨基酸平衡性差，养殖效果不理想。一般是在受到配方成本限制、又需要高蛋白质的饲料中使用，以实现配合饲料的蛋白质浓度。玉米蛋白粉中含有较高的玉米黄素，是鱼体色素的重要组成成分。在带黄色体色的鱼类（如黄颡鱼、塘鲺、黄鳝）饲料中，可以使用3%～5%的玉米蛋白粉。

2. 动物性蛋白质饲料

动物性蛋白质饲料蛋白质含量较高且品质好；富含必需氨基酸，含糖量低，几乎不含纤维素，含脂肪较多，灰分含量高，B族维生素丰富。

（1）鱼粉　鱼粉是由经济价值较低且产量较高的小型鱼类或鱼品的副产品加工制成的粉状物。鱼粉是世界公认的一种优质饲料蛋白源，粗蛋白质含量为55%～70%，消化率高达85%以上，必需氨基酸含量占蛋白质的50%以上。

鱼粉的养殖效果目前是最好的，还没有可以完全替代鱼粉的饲料。鱼粉的使用基本原则是“在配方成本可以接受的范围内最大限度地提高鱼粉的使用量”，饲料配方编制时，在允许的成本范围内，优先考虑鱼粉的使用量，最大限度地使用鱼粉，在此基础上，选择较少量的豆粕，其余蛋白质以选用菜籽粕、棉籽粕来达到需要量。购买鱼粉时要感官鉴别色泽、气味与质感；化学检测粗蛋白质、粗脂肪、水分、灰分、盐分、沙分；还要检查有无掺入血粉、羽毛粉、皮革粉、尿素系树脂、肉骨粉、虾粉、下杂鱼、不洁之禽畜肉、锯木屑、花生壳粉、粗糠、钙粉、贝壳粉、淀粉、糖蜜、尿素、硫酸铵、鱼精粉、蝙蝠粪、蹄角等，另外要考虑含盐量的问题，淡水鱼类在配合饲料中一般不再补充食盐，如果配合饲料中盐分过高会进一步增加鱼体的渗透压，可能造成应激反应。对于无磷鱼类（如鮰鱼、黄颡鱼、黄鳝等）就可能导致颜色变浅、发白的现象等。

（2）肉粉、肉骨粉　肉粉和肉骨粉是肉类加工中的废弃物经干燥（脱脂）而成，其主要原料是动物内脏、废弃屠体、胚胎等，呈灰黄色或棕色。一般将粗蛋白质含量较高、灰分含量较低的称为肉粉，将粗蛋白质含量相对较低、灰分含量较高的称为肉骨粉。较好的肉粉蛋白质高于64%，脂肪及灰分低于12%；较好的肉骨粉蛋白质高于50%，脂肪小于9%，灰分小于23%。但是肉粉、肉骨粉随着加工原料的不同，质量变化较大，易受细菌污染的；同时，含盐量也是较高的。肉骨粉掺假的情形相当普遍，最常见的是使用水解羽毛粉、血粉等，较恶劣者则添加羽毛、贝壳粉、蹄角、皮粉等。对于肉类加工厂新生产的肉粉，新鲜度较好，可以使用一定量进入配方，使用量一般可控制在5%左右。

（3）血粉　血粉是畜禽血液脱水干燥制成的深褐色粉状物，粗蛋白质含量高达80%以上，且富含赖氨酸，但适口性差，消化率和赖氨酸利用率只有40%～50%。

血粉根据血源的不同、加工方式的不同，其营养价值、消化利用率有较大的差异。蒸煮血粉是消化率最低的，喷雾干燥血粉的消化率较好。发酵血粉虽然消化率较高，但蛋白质含量较低。血粉在水产饲料中的使用除了考虑消化利用率外，还要考虑饲料的颜色问题、氨基酸平衡问题。血粉的异亮氨酸含量低，可以配合一定量的玉米蛋白粉使用，因为玉米蛋白粉的异亮氨酸含量是植物性蛋白质中最高的。血粉在淡水鱼类饲料中的使用量最好控制在3%以下。

（4）水解羽毛粉　水解程度是影响羽毛粉品质最大的因素，过度水解（如胃蛋白酶消化率在85%以上）为过度蒸煮所致，会破坏氨基酸，降低蛋白质品质；水解不足（如胃蛋白酶消化率在65%以下）为蒸煮不足所致，双硫键未被破坏，蛋白质品质也不好。毛粉的成分及其营养价值随处理方式的不同及原料中混入家畜的头、脚、颈、内脏的多少而有显著差异，头、颈等含量多时，脂肪量较高，但易变质。好的成品粗脂肪含量应在4%以下。血粉在淡水鱼类饲料中的使用量最好控制在3%以下。

（5）蚕蛹　蚕蛹是蚕茧缫丝后的副产品，干蚕蛹含蛋白质可达55%～62%，消化率一般在80%以上，赖氨酸、蛋氨酸和色氨酸等必需氨基酸含量丰富。蚕蛹的缺点是含脂量较高，易氧化变质，适口性差。含脂量过高的蚕蛹，尤其是氧化的蚕蛹可能产生对生产不利的影响，如出现肌肉萎缩、鱼肉产生异味等情况。血粉在淡水鱼类饲料中的使用量最好控制在5%以下。

（6）乌贼、柔鱼等软体动物内脏　它们是加工乌贼制品的下脚料，蛋白质含量为60%左右，必需氨基酸占蛋白质总量的比例大，富含精氨酸和组氨酸，诱食性好，为良好的饲料原料。

（7）虾糠、虾头粉　虾糠是加工海米的副产品，含蛋白质35%左右，脂质2.5%，胆固醇1%左右，并富含甲壳质和虾红素；虾头粉为对虾加工无头虾的副产品，虾头约占整虾的45%，含蛋白质50%以上，脂质15%左右，含大量的甲壳质和虾红素。虾糠和虾头粉是对虾配合饲料中必须添加的，也是鱼类的良好饲料。但是此类产品的成分随原料、品种、处理方法及鲜度的不同而有很大的变化。有些虾壳粉和蟹壳粉是经日晒干燥而成的，易受细菌污染，腐败氧化问题严重，应注意。有些产品为防腐而采用盐浸，再加以干燥，含盐量较高（约7%），设计配方时应留意。虾肉易变质，原料若未经立即处理，或处理过程不良，对品质影响很大，选购时须注意。

3. 单细胞蛋白质饲料

单细胞蛋白质饲料也称微生物饲料，是一些单细胞藻类、酵母菌、细菌等微型生物体的干制品，是饲料的重要蛋白源，蛋白质含量一般为42%～55%，蛋白质质量接近于动物性蛋白质，蛋白质消化率一般在80%以上，赖氨酸、亮氨酸含量丰富，但含硫氨基酸的含量偏低，维生素和矿物质含量也很丰富。

四、能量饲料

能量饲料是指干物质中粗纤维低于18%、粗蛋白质低于20%的一类饲料。能量饲料的主要营养成分是可消化糖类（淀粉），而水产动物对糖类的利用率较低，因此能量饲料在水产动物配合饲料中的用量较低，但它仍然是水产配合饲料中用量仅次于蛋白质饲料的一类重要饲料。这类饲料主要包括谷实类，糠麸类，块根、块茎类及饲用油脂。

1. 谷实类

谷实类是指禾本科植物成熟的种子，这类饲料富含无氮浸出物，占干物质的66%～80%，其中80%～90%为淀粉；蛋白质含量低，为10%左右，品质较差，赖氨酸、色氨酸、蛋氨酸含量较缺乏；其灰分中钙少磷多，但磷多以植酸磷的形式存在，利用率较低；大多数B族维生素和维生素E含量较丰富，但维生素A、维生素D较缺乏。在养鱼上常用的谷实类有玉米、小麦、大麦等。

（1）玉米　玉米是最常用而且用量最大的一种能量饲料，其粗蛋白质含量一般为8%～10%，糖类在70%以上，主要是淀粉。粗纤维含量较少，且能量含量高。粗脂肪含量为3%～4%，高油玉米中粗脂肪可达8%以上，其中粗脂肪主要为不饱和脂肪酸，易氧化，故粉碎后的玉米易酸败变质，不宜久存。

所用原料的品质对成品品质影响很大，尤其含霉菌毒素的玉米，制成淀粉后其毒素均残留于副产品中，玉米胚芽粕中的霉菌毒素含量为原料玉米的1～3倍。本品不耐久储，很容易发生氧化。采购原料及验收时应考虑鲜度与储存性能。溶剂提油的玉米胚芽粕脂肪含量低，过热情形少，品质较稳定，较不易变质。

（2）小麦　小麦的能量价值与玉米相近，但其蛋白质含量较高，可达12%，营养物质容易消化。小麦所含淀粉较软，且具黏性，故小麦及次粉用作鱼类饲料的效果优于其他谷实。其中，草鱼对小麦中干物质消化率达88%，其他营养物质的消化率高于80%。因此，小麦是鱼类能量饲料的首选饲料。

（3）大麦　大麦的粗蛋白质含量略高于玉米，赖氨酸含量较高，为0.52%，因而蛋白质品质优于玉米。但其外层有纤维质的颖壳，粗纤维含量高于玉米。大麦用作鱼类饲料效果优于玉米，但逊于小麦。将经蒸汽处理的大麦粉加入饲料中，能提高颗粒饲料的黏结性。鱼类采食含大麦的饲料后，肉质有变硬趋势。

2. 糠麸类

糠麸类是加工谷实类种子的主要副产品，如小麦麸和米糠，资源十分丰富。麸皮是由种皮、糊粉层、胚芽和少量面粉组成的混合物，蛋白质含量为13%～16%，脂肪4%～5%，粗纤维8%～12%。麸皮含有更多的B族维生素。其营养成分受原粮加工方法和加工精度的影响，但与原粮（谷实类）相比，均表现为糖类含量较低，而其他营养物质含量相应提高。

米糠分为细糠和粗糠。细糠由种皮、糊粉层、种胚及少量谷壳、碎米等成分组成，其粗蛋白质、粗脂肪、粗纤维含量分别为13.8%、14.4%、13.7%。粗糠是稻谷碾米时一次性分离出的谷壳、种皮、糊粉层、种胚及少量碎米的混合物，营养低于细糠，其粗蛋白质、粗脂肪、粗纤维含量分别为7%、6%、36%。但是，因为米糠油极容易氧化、酸败。米糠在淡水饲料中的用量要控制在7%以下，对于低档混养料也要控制在10%以下使用。

（1）小麦麸　小麦加工面粉后的副产品统称麸皮，其蛋白质含量为13%～16%，粗脂肪为4%～5%，粗纤维为8%～12%。小麦麸是鱼类饲料中常用的饲料原料，麸皮质地疏松，粗纤维较多，用量过高会降低饲料的黏结性。

（2）米糠　米糠是水稻加工大米的副产品，其蛋白质含量较高（约13%），脂肪含量高为10%～17%，粗纤维含量较高。其中粗脂肪多为不饱和脂肪酸，极易氧化，故应使用新鲜的米糠原料。因此，在鱼饲料中应控制米糠用量。

3. 块根、块茎类

这类饲料主要有木薯、甘薯、马铃薯等，其鲜品水分含量高，

但干品中粗蛋白质和粗纤维含量一般在5%以下。在鱼饲料中使用这类饲料，起着提供糖类和增强饲料黏结性的作用。

4. 饲用油脂

饲用油脂是一类成分较为单一的物质，目前在生产上使用较多的是植物油和鱼油。但由于植物油和鱼油中多含不饱和脂肪酸，易氧化，因此需加入抗氧化剂，注意保存。对于已发生严重酸败的油脂不宜作饲料用。其中，王道尊（1989）指出，青鱼饲料中添加鱼油的效果要好于玉米油、豆油等植物油。

在配合饲料中添加油脂的主要目的是提高能量水平，此外还可减少粉尘，有利于制粒，提高适口性。油脂的总能和有效能远比一般的能量饲料高，是配制高能量饲料的首选原料。且油脂可延长饲料在消化道内的停留时间，促进脂溶性维生素的吸收，提高饲料养分的消化率和吸收率。研究表明，给鱼类补饲油脂，可节省其对蛋白质的需要量。在青鱼配合饲料中，油脂最适添加量为6.5%。

五、粗饲料、青饲料

1. 粗饲料

粗饲料是指以干物质计，天然水分含量在60%以下、粗纤维含量高于18%，体积大、难消化、可利用养分较少的一类饲料，主要包括干草、树叶、秸秆和秕壳等。

粗饲料的营养特点如下。

① 粗纤维含量高，可达25%～50%，可消化营养成分含量较低，有机物消化率在70%以下，质地较粗硬，适口性差。

② 粗蛋白质含量差异大且低，如豆科干草、秸秆中粗蛋白质含量为10%～19%，要高于禾本科秸秆、稿秕（3%～5%），禾本科干草居中，为6%～10%。

③ 灰分中钙多磷少，硅酸盐含量高，后者影响其他养分的消化利用。

④ 维生素含量低（干草除外），如秸秆和秕壳几乎不含胡萝卜

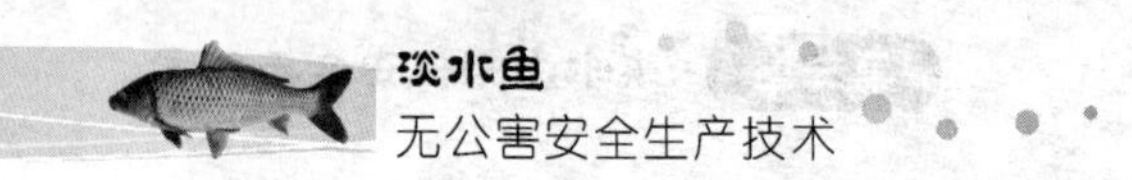

素，而苜蓿干草每千克含有26毫克的胡萝卜素。

⑤ 粗饲料中总能高，但有效能和消化能低。

干草是指青饲料在结籽前收割，经晒或人工干燥制成，由于干制后仍保持一定的青色，又称青干草。干制青饲料的目的主要是保存青料中养分，便于随时取用，以代替青饲料。干草的营养价值取决于原料植物的种类、生长阶段与调制技术，其粗纤维含量为25%～30%，粗蛋白质含量在10%左右，维生素含量丰富，草食性鱼饲料中可配入部分干草粉。

叶粉是由青绿树叶或落叶干燥粉碎而成的。一般嫩鲜叶、青鲜叶、青干叶叶粉的营养价值较高，落叶、干枯叶营养价值偏低。优质叶粉干物质中粗蛋白质含量在20%以上，含有较为丰富的维生素，可作为鱼饲料原料，少量添加。

稿秕饲料是指农作物籽实成熟后，收获籽实所剩余的副产品，如玉米秸、稻草、花生壳、大豆荚皮、玉米包皮、稻壳等。粗纤维含量为33%～50%，此类饲料营养价值低，不宜用作鱼饲料。

由于粗饲料中粗纤维含量高，难以消化，营养价值低，但不能片面地认为粗饲料是一点也不能被鱼类所利用的饲料。草食性鱼类具有特殊的消化功能，能较好地利用粗饲料。因而粗饲料主要用于草食性鱼类，但用量不宜太高，杂食性鱼类可用少量粗饲料，而肉食性鱼类饲料中不宜添加粗饲料。

在各种粗饲料中，青干草的营养价值要高于稿秕，尤其是豆科干草，其蛋白质及维生素含量均较高，因而是养鱼的好饲料。青干草常加工成草粉，添加于鱼饲料中，其中常用的豆科草粉有苜蓿草粉、苕子粉等，禾本科草粉有燕麦、黑麦草、苏丹草等。且通过长期生产实践证明，各种粗饲料，特别是稿秆、秕壳、树叶等，经加工粉碎、碱化或发酵后用于养鱼，鱼不但爱吃，还提高了粗饲料的消化利用率。

2. 青饲料

青饲料是指处于生长阶段可以用作饲料的植物新鲜茎叶，包括水生植物、牧草、叶菜类等。

青饲料的营养特点是水分含量高、一般为60%～85%，部分可达90%～95%；蛋白质含量按干物质算，一般为10%～25%，氨基酸成分齐全；粗纤维含量低，维生素含量丰富。

作为草食性鱼类的饲料，常用的有浮萍、苦草、黄丝草等，有的芜萍、喜旱莲子草还是青鱼、鳙、鲤等鱼种的优良辅助饲料。草鱼鱼种对几种水生植物饲料的消化利用情况见表3-3。

表3-3 草鱼鱼种对几种水生植物饲料的消化利用情况

饲料名称	饲料干物质消化率/%	饲料粗蛋白质消化率/%	饲料粗蛋白质利用率/%	饲料系数	草鱼鱼种平均日增重/%
芜萍	87.32	92.72	26.63	27.0	1.10
小浮萍	76.04	86.90	26.30	24.5	1.03
苦草	58.46	73.61	13.16	100.9	0.28
马来眼子菜	60.30	73.36	5.76	75.6	0.12
黄丝草	49.32	68.53	4.25	92.8	0.06

注：引自《中国淡水鱼类养殖学》，1992。

六、矿物质饲料

矿物质饲料是补充动物矿物质需要的饲料。它包括人工合成的、天然单一的和多种混合的矿物质饲料，以及配合有载体或赋形剂的痕量、微量、常量元素补充料。矿物元素在各种动物、植物饲料中都有一定含量，虽多少有差别，但由于动物采食饲料的多样性，可在某种程度上满足对矿物质的需要。鱼类营养过程中需要多种矿物元素，其中需要量较大的矿物元素主要为钙、磷、氯、钠，而在动物、植物饲料中这些矿物元素的含量往往不能满足鱼类需要，因此需要用矿物质饲料来加以补充。

1. 含钙含磷饲料

磷酸钙类包括磷酸一钙、磷酸二钙和磷酸三钙等。在利用这一类原料时，除了注意不同磷源有着不同的利用率外，还要考虑原料中有害物质（如氟、铝、砷等）是否超标。

（1）磷酸一钙（磷酸二氢钙或过磷酸钙） 纯品为白色结晶粉末，多为一水盐。以湿式法磷酸液（脱氟精制处理后再使用）或干式法磷酸液作用于磷酸二钙或磷酸三钙所制成的。含有少量未反应的碳酸钙及游离磷酸，吸湿性强，且呈酸性。含磷 22%左右，含钙 15%左右，利用率比磷酸二钙或磷酸三钙好，最适合用于水产动物饲料。饲料级磷酸二氢钙质量标准见表 3-4。

表 3-4 饲料级磷酸二氢钙质量标准

项目	指标	项目	指标
钙(Ca)含量/%	≥13.0	砷(As)含量/%	≤0.003
总磷(P)含量/%	≥22.0	重金属(以 Pb 计)含量/%	≤0.003
水溶性磷(P)含量/%	≥20.0	pH 值(2.4 克/升溶液)	≥3
氟(F)含量/%	≤0.18	游离水分含量/%	≤4.0
		细度(通过 0.5 毫米筛)/%	≥95.0

注：引自《GB/T 22548—2008 饲料级 磷酸二氢钙》。

（2）磷酸二钙（磷酸氢钙） 白色或灰白色的粉末或粒状产品，分为无水盐和二水盐，二水盐钙、磷利用率较高，用干式法磷酸液或精制湿式法磷酸液中加入石灰乳或磷酸钙而制成的。含磷 18%以上，含钙 21%以上，饲料级磷酸氢钙应注意脱氟处理，含氟量不得超过标准。饲料级磷酸氢钙质量标准见表 3-5。

表 3-5 饲料级磷酸氢钙质量标准

项目	指标	项目	指标
钙(Ca)含量/%	≥20.0	砷(As)含量/%	≤0.003
总磷(P)含量/%	≥16.5	重金属(以 Pb 计)含量/%	≤0.003
水溶性磷(P)含量/%	≥20.0	铬(Cd)含量/%	≤0.001
氟(F)含量/%	≤0.18	细度(粉状通过 0.5 毫米筛)/%	≥95.0
		细度(粒状通过 2 毫米筛)/%	≥90.0

注：引自《GB/T 22549—2008 饲料级 磷酸氢钙》。

（3）磷酸三钙（磷酸钙） 纯品为白色无臭粉末。饲料用常由

磷酸废液制造，为灰色或褐色，并有臭味，分为一水盐和无水盐（多）。经脱氟处理后，称作脱氟磷酸钙，为灰白色或茶褐色粉末，含钙29%以上，含磷15%以上，含氟0.12%以下。

2. 钠源性饲料

（1）氯化钠　氯化钠一般称为食盐，地质学上叫石盐，包括海盐、井盐和岩盐三种。精制食盐含氯化钠99%以上，粗盐含氯化钠为95%。纯净的食盐含氯60.3%，含钠39.7%，此外尚有少量的钙、镁、硫等杂质。食用盐为白色细粒，工业用盐为粗粒结晶。

（2）碳酸氢钠（小苏打）　为无色结晶粉末，无味，略具潮解性，其水溶液因水解而呈微碱性，受热易分解释放出二氧化碳。碳酸氢钠含钠27%以上，生物利用率高，是优质的钠源性矿物质饲料之一。碳酸氢钠不仅可以补充钠，更重要的是其具有缓冲作用，能够调节饲粮电解质平衡和胃肠道pH值。

3. 其他天然矿石及稀释剂与载体

（1）沸石　天然沸石是含碱金属和碱土金属的含水铝硅酸盐类。沸石大都呈三维硅氧四面体及三维铝氧四面晶体格架结构，晶体内部具有许多孔径均匀一致的孔道和内表面积很大的孔穴，孔道和孔穴两者的体积占沸石总体积的50%以上。

晶体孔道和孔穴中含有金属阳离子和水分子，且与格架结构结合得比较弱，故可被其他极性分子所置换，析出营养元素供机体利用。在消化道，天然沸石除可选择性地吸附NH_3、CO_2等物质外，还能吸附某些细菌毒素，对机体有良好的保健作用。

在水产动物养殖中沸石常用作某些微量元素添加剂的载体和稀释剂，用作无毒无污染的净化剂和改良池塘水质，还是良好的饲料防结块剂。

（2）膨润土　由酸性火山凝灰岩变化而成的，俗称白黏土又名班脱岩，是蒙脱石类黏土岩组成的一种含水的层状结构铝硅酸盐矿物。膨润土的主要化学成分为SiO_2、Al_2O_3、H_2O，以及少量的Fe_2O_3、FeO、MgO、CaO、Na_2O和TiO_2等。

膨润土含有动物生长发育所必需的多种常量元素和微量元素。并且，这些元素是以可交换的离子和可溶性盐的形式存在，易被水产动物吸收利用。

膨润土具有良好的吸水性、膨胀性功能，可延缓饲料通过消化道的速度，提高饲料的利用率。同时作为生产颗粒饲料的黏结剂，可提高产品的成品率。膨润土的吸附性和离子交换性，可提高动物的抗病能力。膨润土作为一种颗粒黏结剂在配合饲料中发挥作用，但是，密度较大，用量不宜过高。在一般淡水鱼类饲料中可以使用1%～3%的膨润土作为黏结剂和饲料的填充料。

（3）凹凸棒石　是一种镁铝硅酸盐，呈三维立体全链结构及特殊的纤维状晶体体形，具有离子交换、吸附、催化等化学特性。凹凸棒石的主要成分除二氧化硅（约 60%）外，尚含多种畜禽必需的微量元素。这些元素和含量分别是铜 21 毫克/千克、铁 1310 毫克/千克、锌 21 毫克/千克、锰 1382 毫克/千克、钴 11 毫克/千克、钼 0.9 毫克/千克、硒 2 毫克/千克、氟 361 毫克/千克、铬 13 毫克/千克。

凹凸棒石用作微量元素载体、稀释剂和净化剂等，可提高鱼体抗病力。

七、饲料添加剂

饲料添加剂是指为了某种特殊需要而添加于饲料内的某种或某些微量的物质。其主要作用是补充配合饲料中营养成分的不足，提高饲料利用率，改善饲料口味，提高适口性，促进鱼类正常发育和加速生长，改善产品品质，防治鱼类疾病，改善饲料的加工性能，减少饲料储藏和加工运输过程中营养成分的损失。

一般将饲料添加剂分为两大类，即营养性添加剂和非营养性添加剂。一种饲料不可能具备鱼类所需要的所有营养成分，即使全有，有的成分量也不足，因此需要多种饲料配合在一起以互补余缺。但即使配合多种饲料，仍会有某种营养成分不足，不能满足鱼类生长的需要，必须另外补充。如氨基酸、维生素等，这些物质即为营养性添加剂。

1. 营养性饲料添加剂

(1) 氨基酸　鱼类对蛋白质的需求本质上是对氨基酸的需求，鱼类饲料中必需氨基酸与非必需氨基酸之间的比例大约是40∶60。氨基酸添加剂能平衡日粮氨基酸结构，降低蛋白质用量，在促进矿物质的吸收利用的同时促进鱼类的摄食，即为诱食效应。研究发现，草食性鱼类对谷氨酸较为敏感，而肉食性鱼类对丙氨酸和脯氨酸较敏感，谷氨酸主要存在维管束植物中，蛤和鱿鱼中丙氨酸和脯氨酸含量较丰富。另外，L型氨基酸对鱼类和甲壳类诱食性较强，复合型氨基酸比单一氨基酸诱食效果好。氨基酸添加剂还能够提高鱼类的免疫力，这种通过强化营养增强免疫力的方式在提倡健康生态养殖的今天意义更为深远。

(2) 维生素　维生素是水产动物正常代谢和生理功能所必需的一大类低分子有机化合物。据报道，水产动物必需维生素包括11种水溶性维生素和4种脂溶性维生素。由于许多维生素的不稳定性，在生产维生素添加剂时，要进行酯化、包被等预处理以提高维生素的稳定性，提高鱼类对维生素的吸收利用率。维生素C是在水产养殖中应用最广泛的一种维生素添加剂。研究发现，维生素C可提高中国对虾的缺氧耐受力，增强机体免疫力。纵然维生素是动物体所必需的，但并非添加量越多越好，使用过程中还要注意维生素过量添加可能带来的毒性问题，主要是脂溶性维生素A和维生素D过多易引起中毒，可引起动物食欲缺乏、精神颓废、发育异常等，甚至可导致死亡。常用维生素的商品形式及其质量规格见表3-6。

表3-6　常用维生素的商品形式及其质量规格

主要商品形式	质量规格	主要性状与特点
维生素A醋酸酯	100万～270万国际单位/克	油状或结晶体
	50万国际单位/克	包膜微粒制剂,稳定,10万粒/克

续表

主要商品形式	质量规格	主要性状与特点
维生素A醋酸酯	100万～270万国际单位/克	油状或结晶体
	50万国际单位/克	包膜微粒制剂,稳定,10万粒/克
维生素D_3	50万国际单位/克	包膜微粒制剂,小于100万粒/克的细粉,稳定
生育酚醋酸酯	50%	以载体吸附,较稳定
	20%	包膜制剂,稳定
维生素K_3	94%	不稳定
	50%	包膜制剂,稳定
硫胺素盐酸盐	98%	不稳定
硫胺素单硝酸盐	98%	包膜制剂,稳定
核黄素	96%	不稳定,有静电性,易黏结;包膜制剂,稳定
吡哆醇盐酸盐	98%	包膜制剂,稳定
右旋泛酸钙	98%	保持干燥,十分稳定
右旋泛酸		在pH值4.0～7.0水溶液中显著稳定
烟酸	98%	稳定
烟酰胺		包膜制剂,稳定
生物素	1%～2%	预混合物,稳定
叶酸	98%	易黏结,需制成预混合物
氰钴胺或羟钴胺	0.5%～1%	干粉剂,以甘露醇或磷酸氢钙为稀释剂
氯化胆碱	70%～75%	液体
	50%	以SiO_2或有机载体预混
L-抗坏血酸-2-磷酸酯	25%～40%(维生素C)	固体,稳定
维生素C多聚磷酸酯	35%(维生素C)	固体,以载体吸附,稳定

注：引自李爱杰等，1996。

(3) 矿物元素　矿物质对水产动物生长发育有着不可替代的重要作用，受到国内外学者越来越多的重视。矿物元素包括常量元素和微量元素两大类，有关鱼类对矿物元素的研究主要集中在钙、

磷、镁、铁、铜、硒、锌、锰、碘、钴等元素的需求量以及缺乏症对鱼类的影响上。钙、磷参与体组织的结构组成，是骨骼、牙齿和鳞片的主要组成成分，同时可维持机体酸碱平衡。国内外有关鱼类对钙、磷研究报道较多，一致认为它们是鱼类营养的重要元素，对鱼类健康生长和饲料利用率有着重要影响。研究发现，饲料添加适量磷可促进黄颡鱼、鲤鱼、齐口裂腹鱼、草鱼、团头鲂、异育银鲫、青鱼、斑点叉尾鮰等生长，提高饲料转化率。镁主要以磷酸盐形式存在于骨骼中，其余的存在于软组织和体液，且以肌肉中的含量较多。镁是众多酶反应以及脂肪、蛋白质和糖类代谢的必需因子，是生物体内重要的阳离子。镁对水产动物的营养生理作用表现在适量的镁可以促进生长，影响体营养组成以及脂肪代谢。锌、锰、铜、硒等是作为酶（参与辅酶或辅基的组成）的组成成分和激活剂参与体内物质代谢，铁、碘、钴作为特殊功能化合物组成参与体内的代谢调节等。矿物元素对水产动物的影响主要集中在需求量和缺乏症上，随着动物医学、营养学的不断发展，矿物元素营养的研究也进一步加深了，由于各种元素协同和拮抗作用，只有添加适当的比例，才能促进鱼类的健康生长，这方面的研究也显得尤为重要。

2. 非营养性饲料添加剂

（1）促生长剂　促生长剂的主要作用是通过刺激内分泌系统、调节新陈代谢、提高饲料利用率来促进水产动物的生长。应用于生产的促生长剂主要包括喹乙醇、激素、草药、抗生素等。喹乙醇是一种广谱抗菌的化学药物，其作用是影响代谢，促进合成，提高饲料中能量和氮的利用率，促进氮的沉积。已有研究表明，喹乙醇促进鲤鱼、罗非鱼、草鱼、斑点叉尾鮰的生长，提高存活率，但应控制喹乙醇的剂量在50毫克/千克以下，否则会引起中毒。目前已知的对水产动物生长发育相关的内分泌激素主要有生长激素、甲状腺激素、类固醇类、胰岛素，但是激素容易在鱼体内残留而产生致癌作用，不宜规模使用。草药具有天然、环保、无残留等优点，日益受到人们的重视，草药具有抗病菌、抗病毒、改善鱼体非特异性免疫能力等作用，也可以作为水产饲料添加剂为水产动物提供营养物质。研究发现，草药添加剂对鲤鱼、鲫鱼、草鱼、罗非鱼、黄鳝等的生长发育具有促进作用，增强机体免疫力和代谢能力。抗生素对鱼类是否有促生长作用，尚存有争议。

（2）酶制剂　酶制剂可以促进饲料中营养成分的分解和吸收，提高其利用率，多由微生物发酵或从植物中提取，按所含酶类可分为单一酶和复合酶。目前，酶制剂在水产饲料中的应用日益广泛。水产饲料中酶制剂的主要作用：促进饲料消化吸收，促进水产动物摄食和生长；提高饲料效果，减少排泄物中营养物质含量；防止和减缓水产动物的应激反应；改善消化系统功能和具有一定的消炎作用。研究表明，饲料中添加淀粉酶、蛋白酶和脂肪酶分别能酶解饲料中的淀粉、蛋白质和脂肪，使得饲料中的营养物质全面消化，提高饲料利用率，且能够减轻对水质的污染。研究发现，在饲料中添加溢多酶提高了草鱼、鲤鱼生长速率。饲料添加木聚糖酶可极显著提高罗非鱼胃蛋白酶和肠道消化酶活力。此外，鱼类体内缺乏内源性植酸酶，无法利用饲料中植酸结合态磷，植酸酶能够水解植酸释放出磷，提高植酸磷的利用率，减少无机磷的添加量，降低磷的排泄量，减轻水体的富营养化程度。同时，植酸酶可以将与植酸络合的蛋白质释放出来，提高蛋白质的消化率。已有研究表明，饲料添加植酸酶可以提高鱼体蛋白酶活性，这分别在鲤鱼、牙鲆、鲈鱼、罗非鱼、鲫鱼的试验研究中得到了证实。饲用酶的主要种类与来源见表 3-7。

表 3-7　饲用酶的主要种类与来源

种类	名称		主要来源
蛋白酶	胃蛋白酶		胃黏膜、胃液
	胰蛋白酶		胰腺、胰液、小肠液
	木瓜蛋白酶		木瓜
	菠萝蛋白酶		菠萝
	微生物蛋白酶	碱性	枯草杆菌、地衣芽孢杆菌、米曲霉等
		中性	芽孢杆菌、栖土曲霉、灰色链霉等
		酸性	黑曲霉、根霉、臭曲霉、泡盛曲霉等

续表

种类	名称	主要来源
淀粉酶	α-淀粉酶	枯草杆菌、地衣杆菌、米曲霉、黑曲霉等
	β-淀粉酶	麦芽、麸皮、大豆、芽孢杆菌、黑曲霉等
	淀粉-1,6-葡萄糖苷酶	嗜酸杆菌、芽孢杆菌、单孢子杆菌等
	支链淀粉酶	酵母
	麦芽糖酶	曲霉、根霉、酵母等
脂肪酶	酯酶	动物胰液、肠液
	磷酯酶	枯草杆菌、黑曲霉、根霉、酵母等
	乳酯酶	泡盛曲霉、动物肠液
纤维素酶	内-β-1,4-葡聚糖酶	绿色木霉、里氏木霉、根霉、黑曲霉、青霉等
	外-β-1,4-葡聚糖酶	
	β-葡萄糖苷酶	
	β-1,3(或1,6或1,4)-葡聚糖酶	
	α-1,3-葡聚糖酶	
半纤维素酶	甘露聚糖酶	泡盛曲霉、黑曲霉、臭曲霉等
	α-阿拉伯糖苷酶	
	木聚糖酶	
	半乳聚糖酶	
果胶酶	果胶水解酶	木质壳酶、黑曲霉、泡盛曲霉、臭曲霉、梭状芽孢杆菌
	聚半乳糖醛酸	
	果胶裂解酶	
植酸酶		黑曲霉、麦麸、麦芽

注：引自张艳云等，1998。

(3) 微生态制剂　水产饲料微生态制剂是利用有益微生物，通过鉴定、筛选、培养、干燥等一系列工艺制成的生物活性制剂，具有抗病、促生长、提高饲料利用率、无不良反应、无药物残留等特点，美国食品药品管理局将这类产品定义为“可以直接饲喂的微生物”。应用于水产饲料的有益微生物主要有双歧杆菌、芽孢杆菌、光合细菌、蛭弧菌、放线菌、醋酸杆菌和酵母菌等。基础饲料中添加微生态制剂，可以在鱼体内形成优势菌群，恢复和加强肠道微生物系统，促进消化道分解酶活性的提高，促进对饲料的消化和吸收。程鹏飞等报道，饲料添加光合细菌能提高西伯利亚鲟肠道和肝胰脏蛋白酶、脂肪酶和淀粉酶活性。倪学勤等研究发现，饲料添加微生物制剂显著提高了鲤鱼增重率，降低了饵料系数。微生物添加剂里面的益生菌都是良好的免疫激活剂和非特异性免疫增强剂，能刺激免疫系统，提高吞噬细胞活性和抗体水平，增强机体免疫力，改善水产动物血液成分和流动性，提高抗逆能力，使水产动物表现出最佳的生长发育状态，提高机体抗应激能力。微生态制剂今后的发展趋势应向高效、专一性，向工程菌领域发展，开发利用肠道其他菌群，研制出更多有利于动物健康的新型微生态制剂。从食品安全、人类健康和环境保护的角度来讲，微生物作为水产饲料添加剂符合可持续发展的要求，是饲料业发展的必然方向。

（4）诱食剂　诱食剂也称引诱剂、促摄食物质。其作用是提高配合饲料的适口性，诱引和促进动物对饲料的摄食。常见的诱食剂有氨基酸、甜菜碱、脂肪酸、核苷酸等，一般而言，氨基酸对鱼类的诱食作用具有单一性，胱氨酸对草鱼有诱食效果，丙氨酸对鳗鲡有诱食活性，但对虹鳟无诱食活性。且多项研究发现，复合氨基酸的诱食效果要优于单一氨基酸的添加。甜菜碱即三甲胺乙内酯，是动物味觉的刺激物之一，不仅能提高饲料的适口性，增加动物摄食量，而且能极大缩短摄食时间，同时，多项研究表明，它的诱食作用还表现在与一些氨基酸的协同作用。脂肪酸可引起某些鱼的味觉和嗅觉反应，试验证明，随着分子量的增加，脂肪酸诱食作用增强。核苷酸是由核酸降解产生，本身具有强烈的鲜味，能刺激鱼类的味觉，提高饵料适口性，增强采食量，并可降低死亡率。通过一种及几种组合型诱食剂对凡纳滨对虾的试验，结果显示核苷酸与氨基酸的复合营养比单独添加核苷酸或氨基酸能显著提高凡纳滨对虾的摄食、生长及抗氧化能力。而有研究指出，有机酸和一些氨基酸的配合添加对齐氏罗非鱼的诱食效果较好，核苷酸与氨基酸配合可以加强核酸类物质的刺激效果。

（5）黏合剂　黏合剂是水产饲料特有的添加剂。水产饲料要求在水浸泡情况下其形状需保持一定时间，而且要尽量减少营养物质散失，防止水质恶化。黏合剂的作用是将各种成分黏合在一起，防止饲料营养成分在水中溶解和溃散，便于鱼类摄食，提高饲料效率，防止水质恶化，因此，它的存在尤为重要。渔用饲料黏合剂大致可分为天然物质和化学合成物质两大类，根据对水产动物是否具有营养作用又可分为营养型和非营养型。依据水产动物的摄食习性及人工配合饲料加工工艺程序，黏合剂应具备的性能包括保形性、黏合性、持水性、可生产性，且无不良反应。

（6）抗氧化剂　由于饲料中含有一些较易被氧化的营养成分（如维生素、胡萝卜素、脂肪质、鱼粉、肉骨粉、羽毛粉等），在饲料生产、运输或者储存过程中会因氧化导致影响饲料的实效和适口性，甚至还会产生一些有毒物质，对水产动物构成危害，鲤鱼瘦背病就是吃了酸败饲料所致，因此添加抗氧化剂尤为必要。在饲料中添加抗氧化剂，能够改善饲料质量，优化饲料报酬，改善色素沉积，减少维生素缺乏，防止饲料酸败，提高经济效益。抗氧化剂产品的抗氧化活性越高越好，但同时要求抗氧化活性持久，具有一定的稳定性，这对生产企业来说一直是个难题。目前常见的水产饲料抗氧化剂主要有维生素 E、维生素 C、还原型谷胱甘肽、类胡萝卜素、牛磺酸、微量元素、草药等，还包括一些新开发产品海洋生物抗氧化剂，其主要的作用机制都是能清除鱼体内源性和外源性的自由基，增强机体抗氧化酶活性。目前，人们对水产动物抗氧化剂的作用机制尚在一个比较浅显的认识领域，许多抗氧化机制还不甚清楚，比如可以从遗传学角度研究。同时，开发更多天然、环保、健康的抗氧化剂，尤其是复合抗氧化剂，利用它们之间的协同增效作用，也是一个很好的研究发展方向。

（7）着色剂　着色剂是指为了改善动物产品或饲料色泽而掺入饲料的添加剂。用于饲料增色的物质主要有天然色素、化学合成色素两大类。天然色素主要是含类胡萝卜素和叶黄素，有橙黄色、红

色和蓝色，动物提取物如糠虾、磷虾等；植物及提取物如玉米、胡萝卜、苜蓿粉、橘皮等；微生物及提取物如酵母、光合细菌中的红螺菌、微型藻中杜氏藻等，螺旋藻及其提取物。类胡萝卜素又主要分为胡萝卜素类和叶黄素类。另一类化学合成色素主要指由人工合成的类胡萝卜素衍生物。主要使用的着色剂有辣椒色素、茜草色素、类胡萝卜素、虾青素、虾红素等，见表3-8。

表 3-8　水产动物饲料增色剂使用

鱼类	着色剂	色素来源	效果
虹鳟	虾红素、虾青素 角黄素 覃黄素	酵母、金盏花花瓣、合成虾青素、合成角黄素、糠虾、磷虾、	体表、肌肉、卵变红
香鱼	β-胡萝卜素、海胆紫酮、β-隐黄质	螺旋藻	外皮及皮下组织有色素沉积增多
罗非鱼	玉米黄质、黄体素	螺旋藻、金盏花、虾	体色鲜艳
金鱼	玉米黄素、月黄素	黄玉米、海鞘	体表变红

注：引自向枭等，2002。

八、配合饲料

1. 全价配合饲料及分类

渔用配合饲料是根据各种养殖鱼类在不同生长发育阶段对各种营养的需要，将多种原料加工粉碎，按比例加工成一定形状的饲料产品。其蛋白质、必需氨基酸、必需脂肪酸、能量、粗纤维以及各种矿物质和维生素均能满足鱼类营养需要的配合饲料，称为全价配合饲料。由于养殖对象不同，生长发育阶段不同，所需的配合饲料从营养成分到饲料形状规格都不同。在鱼类养殖成本中，配合饲料的费用占总成本的60%～70%。与生鲜饵料及单一饲料相比，配合饲料有以下优点。

① 配合饲料营养全面，易于消化，饵料系数低，养鱼效率高。

② 配合饲料通过加热使淀粉糊化，增强了黏结性，使营养成

分在水中溶散极少，减少了饲料的浪费，减轻了对水质的污染，有利于高密度集约化养殖。

③ 根据鱼的种类、规格、生长发育阶段的营养需要，可制成不同规格形状的适口饲料。

④ 配合饲料的原料来源广，可以合理开发利用各种资源。

⑤ 配合饲料含水量少，添加了抗氧化剂、防霉剂等，可以延长保存期，并可做到常年制备，不受季节和气候的限制，从而保障了供应，养殖者可以随时采购，运输和保管极为方便。

2. 渔用配合饲料的种类

渔用配合饲料按物理性状可分为颗粒饲料、粉状饲料、微粒饲料。

(1) 颗粒饲料　各种饲料原料经粉碎、配料、搅拌、挤压成型、烘烤、晒干等工序而制成颗粒状饲料。颗粒饲料依成品物理性状，又分为硬颗粒饲料、软颗粒饲料和膨化颗粒饲料。

① 硬颗粒饲料。含水率在12%以下，颗粒密度为1.3克/厘米^{3}左右。在成型前蒸汽调质，制粒时的温度可达80℃以上。颗粒结构细密，在水中稳定性好，营养成分不易溶失，属沉性饲料，其生产机械化程度高，适宜大规模生产。鲤鱼、鲫鱼、鳊鱼、青鱼、草鱼等鲤科鱼类和罗非鱼等都适宜于投喂此种饲料。

② 软颗粒饲料。我国的主要淡水养殖鱼类，如青鱼、草鱼、鳙鱼、鲤鱼、鲫鱼、团头鲂、罗非鱼等都喜欢摄食这种软颗粒饲料。颗粒质地松软，含水率在25%～30%，颗粒密度为1克/厘米^{3}左右，水中稳定性较差，在常温下成型，营养成分无破坏，一般适合于养殖场自产自用。

③ 膨化颗粒饲料。含水率在6%左右，颗粒密度低于1克/厘米^3，属于浮性饲料。配方中淀粉含量在30%以上，脂肪含量在6%以下，在调质制粒时的颗粒温度可达120～180℃。颗粒结构疏松，结构牢固，能悬浮水面一定时间。其加工过程经过高温膨化，达到灭菌、干燥的效果，有利于长期保存。应用膨化饲料养草鱼、团头鲂等中上层鱼类效果良好。

（2）粉状饲料　将各种饲料原料粉碎，并按配方比例充分混合而成的一种饲料。使用时加适量水和油搅拌成团块状，在水中不易溶散，适于鳗鱼摄食。在生产上，常将颗粒饲料粉碎成粉状来投喂早期苗种。

（3）微粒饲料　也称微型饲料，是一种粒径微小的新型配合饲料，供饲养虾贝幼体和鱼类仔鱼用，也可供滤食性鱼类食用。微粒饲料按制备方法和性状不同又可分为微胶囊饲料、微黏饲料、微膜饲料。配合饲料蛋白质含量合理，氨基酸平衡，营养完全，质量好，饲料系数一般为1～2.5。由于鱼类的种类及规格、水体、水温、水质以及饲料的质量都会影响养殖鱼类的食欲和摄食，投饵量要适时调整，以鱼吃七八成饱为宜。

3. 配合饲料的配制原则

（1）符合养殖鱼类营养需要　设计饲料配方必须根据养殖鱼类的营养需要和饲料营养价值，这是首要的原则。由于养殖鱼类品种、年龄、体重、习性、生理状况及水质环境不同，对于各种营养物质的需要量与质的要求是不同的。配方时首先必须满足鱼类对饲料能量的要求，保持蛋白质与能量的最佳比例。其次是必须把重点放到饲料蛋白质与氨基酸含量的比率上，使之符合营养标准。再次是要考虑鱼的消化道特点，由于鱼的消化道简单而原始，难以消化吸收粗纤维，因此必须控制饲料中粗纤维的含量到最低范围，一般控制在3%～17%，糖类控制在20%～45%。我国主要养殖鱼类蛋白质、脂质、糖类和氨基酸的需要量分别见表3-9～表3-12。

表3-9　主要养殖鱼类蛋白质的需要量

鱼的种类	试验蛋白源	鱼体重/克	最适CP/%	参考文献
草鱼	酪蛋白	2.4～8.0	22.77～27.66	林鼎等，1980
草鱼	酪蛋白		36.70	毛永庆等，1985
草鱼	酪蛋白		41	陈茂松等，1976
草鱼	酪蛋白		28～32	廖朝兴等，1987

续表

鱼的种类	试验蛋白源	鱼体重/克	最适 CP/%	参考文献
草鱼	酪蛋白		41～43	Dabrowski,1977
青鱼	酪蛋白	1.0～1.6	41	杨国华等,1981
青鱼	酪蛋白	37.12～48.32	29～41	王道尊等,1984
鲮鱼	酪蛋白		36～38	毛永庆等,1985
团头鲂	酪蛋白	21.4～30.0	33.91	邹志清等,1987
团头鲂	酪蛋白	4.0	27.04～30.39	石文雷等,1985
团头鲂	酪蛋白	31.08～38.48	25.58～41.40	石文雷等,1985
鲤鱼	酪蛋白	7.0	31～38	Ogino 等,1970
斑点叉尾鮰	全卵蛋白		32～36	Garling 等,1976
日本鳗鲡	酪蛋白		44.5	Nose 等,1972
虹鳟	酪蛋白+浓缩鱼蛋白		30～40	Ogino 等,1976
小口鲈	鱼蛋白		45	Anderson 等,1981
大口鲈	酪蛋白+浓缩鱼蛋白		40	Anderson 等,1981
莫桑比克罗非鱼	白鱼粉		40	Jauncey,1982
奥利亚非鲫	酪蛋白+卵蛋白		56	Winfree 等,1981

注：引自刘焕亮等，2008。

表 3-10 不同的淡水鱼类对脂质的需求量

名称	脂肪水平/%	脂肪源	体重/克	参考文献
草鱼	8.8	鱼油/豆油/猪油(1/1/1)	4～7	刘玮等,1995
团头鲂	4～6	豆油鱼油	1.75	周文玉等,1997
青鱼	6.5	鱼肝油	37.12～48.32	王道尊,1989
鲤鱼	5～8	鱼肝油	鱼苗鱼种	Watanabe T,1975
异育银鲫	4.08～6.04	鱼油	17	王爱民等,2008
齐口裂腹鱼	7.18～8.21	菜油	1.45	段彪等,2007
鳜鱼	7～12	豆油/鱼油(2/1)	61	王贵英等,2003
史氏鲟	7.6～9.6	豆油鱼油	15.9	肖懿哲,2001
哲罗鱼	10～15	鱼油	7～8	徐奇友等,2007
奥尼罗非鱼	12	玉米油/鱼油/猪油(1/1/1)	1.31～1.36	Chou 等,1996
尼罗罗非鱼	10	豆油	120	庞思成,1994

表 3-11　几种鱼类饲料中糖类的需要量

鱼种类	糖类		数据来源
	可消化糖/%	纤维素/%	
罗非鱼	≤40		Luquet 等,1991
	30.0～40.0		手岛等,1986
草鱼	36.5～42.5		杨国华等,1983;王道尊等,1995
鲤鱼	37～56		Lin 等,1991
	40		杨国华等,1983
	38.5	≤3.0～10.0	吴遵霖等,1992
青鱼	25.0～38.0		杨国华等,1981
	9.5～18.6		杨国华等,1984
	20		王道尊等,1995
团头鲂	25.0～28.0		杨国华等,1985;王道尊等,1995
斑点叉尾鮰	25.0		王吉桥等,1985
	25.0～30.0		Wilson,1991
黄颡鱼	20.0～23.0	5.0～6.0	沈庭栋,2003
	33.0～41.0		韩庆等,2002
中华鳖	21.0～28.0		毛吉墅等,1992
	20.0～25.0		涂涝等,1995
	18.2		王凤累等,1996
红鳍东方鲀	20		杨家新,2002
中华鲟	25.56		肖慧等,1999
鳗鲡	20.0～30.0		Nose 等,1991
虹鳟	18.0～27.0	1.0～3.0	前苏联
虹鳟	≤20.0		NRC,1981
大马哈鱼	≤20.0		Hardy,1991
南方鲇	12.0～18		付世建等,2005

表 3-12 我国主要养殖鱼类的氨基酸推荐量

营养物质	青鱼			草鱼		团头鲂		鲤鱼			罗非鱼	
	1 龄	2 龄	成鱼	鱼种	成鱼	鱼种	成鱼	1 龄	2 龄	成鱼	鱼种	成鱼
粗蛋白质/%	40.0	35.0	30.0	25.0	22.0	30.0	25.0	38.0	35.0	32.0	30.0	28.0
精氨酸/%	2.20	2.10	1.90	1.75	1.40	2.04	1.52	1.60	1.47	1.34	1.75	1.50
组氨酸/%	0.90	0.74	0.65	0.50	0.46	0.61	0.51	0.80	0.74	0.67	0.68	0.60
异亮氨酸/%	1.30	1.20	1.16	1.23	1.00	1.40	1.10	0.88	0.81	0.74	1.15	1.02
亮氨酸/%	2.40	2.10	1.90	2.13	1.70	2.02	1.55	1.29	1.19	1.09	1.91	1.76
赖氨酸/%	2.20	2.00	1.80	2.00	1.70	1.92	1.60	2.17	2.00	1.82	1.60	1.40
蛋氨酸/%	0.80	0.70	0.60	0.60	0.50	0.62	0.52	[a]1.18	[a]1.09	[a]0.99	0.90	0.80
苯丙氨酸/%	1.20	1.10	1.08	1.58	1.42	1.43	1.26	[b]2.47	[b]2.38	[b]2.08	1.09	0.98
苏氨酸/%	1.35	1.30	1.10	1.00	0.84	1.10	0.90	1.48	1.30	1.25	0.97	0.90
色氨酸/%	0.35	0.28	0.24	0.28	0.16	0.20	0.17	0.30	0.28	0.26	0.31	0.28
缬氨酸/%	2.10	1.71	1.45	1.08	0.86	1.44	1.15	1.37	1.26	1.15	1.33	1.20

注：1. 引自石文雷等，1998。

2. a 指蛋氨酸＋胱氨酸；b 指苯丙氨酸＋酪氨酸。

（2）注重适口性和可消化性　根据不同鱼类的消化生理特点、摄食习性和嗜好，选择适宜的饲料。如血粉含蛋白质高达 83.3%，但可消化蛋白质仅 19.3%；肉骨粉蛋白质仅为 48.6%，但因其消化率为 75%，可消化蛋白质为 36.5%，高出血粉 1 倍。又如菜籽饼的适口性差，可能会导致摄食量不足，造成饲料浪费。

（3）平衡配方中蛋白质与氨基酸　设计鱼料配方要考虑蛋白质氨基酸的平衡，即必须选择多种原料配合，取长补短，达到营养标准所规定的要求。

（4）降低原料成本　所选的原料除考虑营养特性外，还须考虑经济因素，要因地制宜，以取得最大的经济效益。

（5）选用适当的添加剂　配合饲料的原料主要是动物性的原料和植物性的原料，为了改善营养成分和提高饲料效率，还要考虑添加混合维生素、混合无机盐、着色剂、引诱物质、黏合剂等添加剂。

4. 配合饲料的加工

由于鱼类的生活条件、生活习性等因素，与加工畜、禽饲料相比，加工鱼类配合饲料的条件要求更高，原因如下。

① 鱼类生活在水中，要求饲料在水中有较好的稳定性，以防很快溃散、溶解和流失。

② 鱼类消化道较短，消化能力较差，要求原料粉碎的粒度要细，以便饲料加工后营养物质的消化吸收。

③ 不同品种和生长阶段的鱼类，对饲料形态的要求也不同。因此在饲料的加工过程中要选用合适的加工机械，采用合理的加工工艺，以保证饲料质量。

配合饲料加工一般要经过饲料原料的清理、粉碎、混合、制粒和成品的包装等加工工序。目前，我国鱼类配合饲料的加工主要采用先粉碎后配合、先配合后粉碎这两种加工工艺。

（1）先粉碎后配合加工工艺　先将需要粉碎的原料通过粉碎设备逐级粉碎，再按饲料配方进行配料，通过混合设备进行充分混合，即成粉状配合饲料。如需制粒，则通过制粒设备加工成颗粒饲料。

这种加工工艺的特点是可根据不同原料的物理特性充分粉碎，使所得粉状配合饲料的粒度质量较高。缺点则是生产工艺复杂，操作繁琐，建设投资大。这种加工工艺多用于生产规模较大、配比要求和混合均匀度高、原料品种多的大型饲料厂。

（2）先配合后粉碎加工工艺　先将各种原料（不包括维生素和微量元素）按饲料配方配比，然后进行粉碎，粉碎后的粉料进入混合设备进行分批混合或连续混合。并在混合开始时加入被稀释过的维生素、微量元素等添加剂，混合均匀后即为粉状配合饲料。如需制粒，则将粉状饲料经蒸气调质，加热使之软化后进入制粒机进行制粒，然后再经冷却即为颗粒饲料。

这种加工工艺的优点是工艺流程简单、结构紧凑、投资少、节省动力。其缺点是部分粉状饲料要经粉碎，造成粒度过细，影响粉碎机产量，且浪费电能。这种工艺适用于小型饲料加工厂。

5. 配合饲料的储藏

全价颗粒饲料因用蒸汽调质或加水挤压而成，能杀死大部分微生物和害虫，且间隙大，含水量低，糊化淀粉包住维生素，故储藏性能较好，只要防潮，通风，避光储藏，短期内不会霉变，维生素破坏较少。

全价粉状饲料表面积大，孔隙度小，导热性差，容易返潮，脂肪和维生素接触空气多，易被氧化和受到光的破坏，此种饲料不宜久存。

浓缩饲料含蛋白质丰富，含有微量元素和维生素，其导热性差，易吸湿，微生物和害虫容易滋生，维生素也易被光、热、氧等因素破坏失效。浓缩料中应加入防霉剂和抗氧化剂，一般可储藏3～4周。

添加剂一般要求在低湿、干燥，应避光处储藏，包装要密封。许多矿物盐能促使维生素分解，因此矿物质添加剂不宜和维生素混在一起储存；添加剂预混料为避免氧化，降低效价，应加入抗氧化剂；某些维生素添加剂每月损失量达5%～10%，所以各种添加剂最好能在短期内用完。

在饲料的储藏过程通常要注意以下几点。

（1）水分和湿度　配合饲料的水分一般要求在12%以下，如果将水分控制在10%以下，即水分活度不大于0.6，则任何微生物都不能生长；配合饲料的水分大于12%，或空气中湿度大，配合饲料会返潮，在常温下易发霉。因此，配合饲料在储藏期间必须保持干燥，包装要用双层袋，内用不透气的塑料袋，外用编织袋包装。储藏仓库应干燥、通风。通风的方法有自然通风和机械通气。自然通风经济简便，但通风量小，机械通风是用风机鼓风入饲料垛中，效果好，但要消耗能源，仓内堆放，地面要铺垫防潮物，一般在地面上铺一层经过清洁消毒的稻壳、麦麸或秸秆，再在上面铺上草席或竹席，即可堆放配合饲料。

（2）虫害和鼠害　害虫能吃绝大多数配饵成分，由于害虫的粪便、躯体网状物和恶味，而使配饵质量下降，影响大多数害虫生长的主要因素是温度、相对湿度和配饵的含水量。这类虫的适宜生长温度为26～27℃，相对湿度10%～50%，低于17℃时，其繁殖即受到影响。一般蛾类吃配饵的表面，甲虫类则吃整个配饵，在适宜温度下，害虫大量繁殖，消耗饲料和氧气，产生二氧化碳和水，同时放出热量，在害虫集中区域温度可达45℃，所产生之水气凝集于配饵表层，而使配饵结块、生霉，导致混合饵料严重变质，由于温度过高，也可能导致自燃。鼠类啮吃饲料，破坏仓房，传染病菌，污染饲料，是危害较大的一类动物。为避免虫害和鼠害，在储藏饲料前，应彻底清除仓库内壁、夹缝及死角，堵塞墙角漏洞，并进行密封熏蒸处理，以减少虫害和鼠害。

（3）温度　温度对储藏饲料的影响较大，温度低于10℃时，霉菌生长缓慢，高于30℃则生长迅速，使饲料质量迅速变坏；饲料中高度不饱和脂肪酸在温度高、湿度大的情况下，也容易氧化变质。因此配合饲料应储于低温通风处。库房应具有防热性能，防止日光辐射热之透入，仓顶要加隔热层；墙壁涂成白色，以减少吸热；仓库周围可种树遮阳，以避日光照射，缩短日晒时间。

第二节　饲料质量安全

一、饲料质量安全的重要性

水产饲料安全是指饲料产品（包括饲料和饲料添加剂）中不含有对养殖水产动物的健康造成实际危害，而且不会在水产品中残留、蓄积和转移有毒、有害物质或因素；饲料产品以及利用饲料产品生产的水产品，不会危害人体健康或对人类的生存环境产生负面影响。水产饲料安全是水产品安全的前提和关键，饲喂不安全的饲料，往往成为众多病原菌、病毒及毒素的重要传播途径，农药、兽药、各种添加剂、激素和放射性元素等，在饲养过程中可能危害水产动物，在水产品中的残留则会危害人体健康并随着水产动物的排泄污染水源、土壤和空气，形成更大的新的污染源。近几年来，由于我国水产饲料标准、法规不尽完善，加上有些饲料生产厂家为追求高额利润，在渔用饲料中滥用药物和饲料添加剂，造成水产品药物残留等有害成分指标超标，引起了消费者的恐慌，不仅制约渔用饲料的健康发展，同时也给水产养殖业带来不利影响，严重危害着消费者的健康。检验项目及重要程度分类（水产配合饲料部分）见表 3-13。

表 3-13　检验项目及重要程度分类（水产配合饲料部分）

检验项目	依据法律法规或标准条款	强制性/推荐性	检测方法	重要程度分类	
				A 类	B 类
粗蛋白质	饲料中粗蛋白质测定方法	推荐	GB/T 6432	•	
水分	饲料中水分的测定方法	推荐	GB/T 6435		•
钙	饲料中钙的测定方法	推荐	GB/T 6436		•
总磷	饲料中总磷的测定	推荐	GB/T 6437		•
粗灰分	饲料中粗灰分的测定方法	推荐	GB/T 6438		•
氟	饲料中氟的测定	推荐	GB/T 13083	•	
黄曲霉毒素 B_1	饲料中黄曲霉毒素 B_1 的测定	强制/强制	GB/T 17480 /GB 8381	•	
铅	饲料中铅的测定方法	推荐	GB/T 13080	•	
镉	饲料中镉的测定方法	推荐	GB/T 13082	•	
沙门菌	饲料中沙门菌的检验方法	推荐	GB/T 13091	•	
氯霉素	饲料中氯霉素的测定	推荐	GB/T 8381.9	•	
饲料标签	2014 年新版饲料标签国家标准	强制	GB 10648		•

注：引自《产品质量监督抽查实施规范　配合饲料　2008—CCGF 403.1—2008》。

饲料安全关系到水产品的质量安全和人们的健康，关系到水产品的出口创汇和养殖的经济效益，关系到水产养殖对环境的污染，饲料安全将受到人们越来越多的关注。当务之急，我们要加强水产动物营养基础研究和饲料技术的开发，积极开展饲料中有毒有害物质的含量与分布及其与自然地理地质关系的研究，完善水产饲料安全法律法规体系，加强对水产饲料生产以及养殖企业从业人员的定期培训，完善水产饲料检测体系，加大执法力度。要逐步实施对水产饲料原料、生产、经营和使用环节的全程监督，坚决查处在饲料生产、经营和使用中添加违禁药物的行为。渔用配合饲料的安全指标限量见表 3-14。

表 3-14 渔用配合饲料的安全指标限量

项目	限量	适用范围
铅(以 Pb 计)/(毫克/千克)	≤5.0	各类渔用配合饲料
汞(以 Hg 计)/(毫克/千克)	≤0.5	各类渔用配合饲料
无机砷(以 As 计)/(毫克/千克)	≤3	各类渔用配合饲料
镉(以 Cd 计)/(毫克/千克)	≤3	海水鱼类、虾类配合饲料
	≤0.5	其他渔用配合饲料
铬(以 Cr 计)/(毫克/千克)	≤10	各类渔用配合饲料
氟(以 F 计)/(毫克/千克)	≤350	各类渔用配合饲料
游离棉酚/(毫克/千克)	≤300	温水杂食性鱼类、虾类配合饲料
	≤150	冷水性鱼类、海水鱼类配合饲料
氰化物/(毫克/千克)	≤50	各类渔用配合饲料
多氯联苯/(毫克/千克)	≤0.3	各类渔用配合饲料
异硫氰酸酯/(毫克/千克)	≤500	各类渔用配合饲料
噁唑烷硫酮/(毫克/千克)	≤500	各类渔用配合饲料
油脂酸价(KOH)/(毫克/千克)	≤2	渔用育苗配合饲料
	≤6	渔用育成配合饲料
	≤3	鳗鲡育成配合饲料
黄曲霉毒素 B_1/(毫克/千克)	≤0.01	各类渔用配合饲料
六六六/(毫克/千克)	≤0.3	各类渔用配合饲料
滴滴涕/(毫克/千克)	≤0.2	各类渔用配合饲料
沙氏菌/(cfu/25 克)	不得检出	各类渔用配合饲料
霉菌/(cfu/克)	$\leq 3\times10^4$	各类渔用配合饲料

注：引自 NY 5072—2002《无公害食品 渔用配合饲料安全限量》。

二、渔用配合饲料质量评价

目前，市场上销售的商品水产饲料说明书中仅给出常规营养成分数值，有的甚至只给出粗蛋白质含量。而水产饲料的优劣不仅取决于这类饲料自身的营养成分，还要看饲养对象对它的转化率和饲养效果及其在水中的溶失率等。因此，水产饲料的评价指标除了常规营养成分（粗蛋白质、粗脂肪、粗纤维等）指标外，还应有以下几个参数。

1. 养殖鱼类生长性能指标

（1）必需氨基酸指数（*EAAI*） *EAAI* 可用于评价饲料（或饲料原料）的必需氨基酸（EAA）含量与饲养对象必需氨基酸含量的符合程度。

胡国宏等（1995）提出了用 *EAAI* 评价水产饲料蛋白源的标准：$EAAI \geqslant 0.90$ 的为优质蛋白源；$0.80 \leqslant EAAI < 0.90$ 的为良好蛋白源；$0.70 \leqslant EAAI < 0.80$ 的为可用蛋白源；$EAAI < 0.70$ 的为不适宜蛋白源。据此，水产饲料（成品）的 *EAAI* 应 $\geqslant 0.70$。

EAAI 的计算公式：$EAAI = [(aa1 \times aa2 \times \cdots \times aan)/(AA1 \times AA2 \times \cdots \times AAn)]1/n$

式中，aan 为某种 EAA 在饲料中的 EAA 比率（即某种 EAA 占氨基酸总量的百分比 A/E）；AAn 为这种 EAA 在参比蛋白（通常用饲养对象肌肉）中的 EAA 比率；n 为 EAA 种类数目（鱼类一般为 10）。

（2）表观消化率（*ADR*） *ADR* 是评定饲料利用效果的重要参数之一。营养价值再高的饲料，若不能被饲养对象很好地消化吸收，也不能算是好饲料。所以，对配制成的饲料还要通过试验，测定饲养对象对它的消化率。目前，测定 *ADR* 的方法有两种，一种是外源指示剂法，另一种是内源指示剂法。

外源指示剂法，就是采取在饲料中添加外源指示剂（通常为 Cr_2O_3），然后进行饲养实验，来测定 *ADR* 的方法。

计算公式：$ADR(\%) = (1 - Cd/Cf) \times 100$

式中，Cd 和 Cf 分别为饲料和粪便中 Cr_2O_3 含量。

内源指示剂法，就是用饲料和粪便中不溶于酸的灰分作为指示剂，来测定 ADR 的方法。

计算公式：$ADR=(1-Ad/Af)\times100$

式中，Ad 和 Af 分别为饲料和粪便中不溶于酸的灰分的含量。

水产饲料表观消化率指标应为 $ADR\geqslant75\%$。

(3) 表观饲料转化率（FCR） FCR 即我们常用的饲料系数的倒数。FCR 越大表明饲料越好。对规格较小的水产动物（如鱼种）而言，FCR 应$\geqslant70\%$；对规格较大的水产动物（如成鱼）而言，FCR 应$\geqslant55\%$。

计算公式：$FCR(\%)=\Delta W/CD\times100$

式中，ΔW 为鱼体净增重（克）（湿重）；CD 为饲料消耗量（克）（干重）。

(4) 蛋白质积累率（PDR） 对饲养对象而言，优质蛋白质的氨基酸平衡并适合其需求。优质饲料是指优质蛋白质含量较高的饲料。水产动物只有摄食优质饲料，才能获得较高的 PDR。优质饲料的 PDR 应$\geqslant80\%$。

其计算公式：$PDR(\%)=100\times(Wf\times CPf-Wi\times CPi)/(TF\times CP)$

式中，Wf 和 Wi 分别为试验动物的终重（克）和始重（克）；CPf 和 CPi 分别为试验结束时和开始时试验动物的粗蛋白质含量（克/100 克）；CP 为饲料中粗蛋白质含量（克/100 克）；TF 为平均每尾鱼所食饲料总量（克）。

(5) 特定生长率（SGR） SGR 能够比较真实地反映生物生长速度。因此，水产动物在一般条件下，摄食某种饲料所能获得的生长速度用 SGR 来表示，要好于其他生长速度指标。SGR 在不同种水产动物之间、同种水产动物摄食不同饲料以及不同发育阶段，均有差异。因此，在给出这个指标时，应注明水产动物的种类和规格。

SGR 的计算公式：$SGR(\%)=100\times(\ln Wf-\ln Wi)/T$

式中，Wf 和 Wi 分别为试验动物的终重（克）和始重（克）；

T 为饲养时间（天）。

（6）能量储存率（ER） 鱼体内储存的能量，为其生命活动所用。试验表明，鱼体内积累能量可节省饲料蛋白质。因此，鱼类摄食 ER 较高的饲料，可使更多的饲料蛋白质用于生长。

ER 的计算公式：$ER(\%)=100\times(Ef-Ei)/(TF\times FE)$

式中，Ef 和 Ei 分别为试验结束时和开始时鱼体中的能量（千焦）；TF 为平均每尾鱼所食饲料总量（克）；FE 为饲料中的能量（千焦）。

（7）营养溶失率（DLR） DLR 是指饲料在水中浸泡 1 小时后，可溶性营养物质的损失率。

其计算公式：$DLR(\%)=100\times(NB-NA)/NB$

式中，NB 和 NA 分别为浸泡前、后饲料中可溶性营养物质的含量。

优质饲料的 DLR 应$\leqslant 5\%$。

2. 饲料对水质的影响

鱼饲料对水质的污染包括两个方面。第一方面是鱼饲料没有被鱼摄食到，直接在水中溶散，饲料变成肥料，造成污染。第二方面是鱼饲料被鱼摄食后没有被充分消化吸收排入水体中，造成污染。第一方面往往是由于鱼饲料耐水溶性差或鱼摄食驯化不成功造成的。鱼饲料要求一定的耐水溶性，若摄食驯化良好的鱼能上浮抢食，鱼饲料在水中只需保形 3～5 分钟即可，不需太长时间，时间太长反而不利于消化吸收。第二方面往往是由于投喂消化率低的高蛋白质低档饲料造成水质的污染。选择浮性膨化饲料有效地解决以上两方面的问题，浮性膨化饲料保证水面漂浮 12 小时不下沉，投饵管理方便，能根据摄食情况掌握投饵量，保证投喂的饲料能被鱼摄食，不存在未被鱼摄食溶散造成浪费。饲料经膨化后蛋白质、糖类、粗纤维的消化率分别可提高 11%、5%、6%，吸收更容易，同蛋白质的浮性膨化饲料比沉性颗粒饲料养鱼效果要好得多，排泄物减少，减少了水质的污染，可提高池塘载鱼能力。用浮性膨化饲料养鱼，能在沉性颗粒料基础上增加载鱼能力 20%以上，增加养殖密度20%以上，从而提高了水体利用率，降低了养鱼总成本，提高了养殖经济效益。

3. 体形、体色、风味和耐运输能力

随着人们生活水平的提高，人们消费更注重鱼的体形、体色、肉质风味，要求鱼的体形、体色、肉质风味和野生鱼相近。大肚鱼、油脂多、体色发黄的商品鱼将不受消费者欢迎。商品鱼的流通要求拉网时鱼不易死亡，商品鲜鱼具有较强耐运输能力。这些都要求鱼饲料营养全面、不能添加违禁药品。

三、渔用饲料安全问题的特点

1. 隐蔽性

由于技术手段的限制，一些饲料中的有毒、有害物质在投入使用之初，其危害性并不能被充分认识。对一些物质的不良反应，利用常规的检测方法不能进行有效鉴别，对其影响程度在一定时期内得不到研究证明。在一般情况下，饲料中有害物质的危害性不能通过观察饲养水产动物及时发现，因为影响饲料安全的各种因素往往是潜移默化地进入水产品，并通过水产品转移到人体或环境中，对人体健康和环境造成危害。

2. 复杂性

饲料产品中不安全因素众多，而且复杂多变。有些是人为因素，有些是客观因素；有些是偶然因素，有些则是长期积累的结果。在已有的问题逐步得到解决的同时，还会有新的问题不断出现。因此，渔用饲料安全性比较复杂。

3. 长期性

饲料产品中的不安全因素是长期存在的，虽然通过加强监督管理和提高安全意识，危害发生的程度和范围会减小，但在短时间内不可能被完全消除。在使用饲料投喂过程中蓄积在水产动物体内的有毒、有害物质直接污染环境或通过人体蓄积所造成的影响也是长期存在的。

第三节 投喂技术

集约化水产养殖模式逐步取代传统养鱼方式，全价鱼用颗粒饲料在水产养殖中所占份额越来越重，颗粒饲料投饵机越来越普及，而在一般养殖方式中，饲料成本占总成本的70%，因此掌握科学合理的投喂技术，对于降低养殖成本，增加经济效益，有积极作用。

一、选择优质饲料

饲料的质量标准包括感官指标、物理指标和不同生长阶段的饲料营养成分标准。优质高效饲料对原料选购、配方设计、生产工艺等都有很高的要求。不能选用发霉变质的饲料，因为发霉变质的饲料产生的毒素（如黄曲霉毒素）会导致养殖对象生病，甚至造成死亡。优质高效的饲料可以提高其利用率，降低饲料系数，显著降低生产成本。配制方法主要有典型体系法和模拟法两类。典型体系法是在基本饲料中分别增加试验的营养成分，制成配合饲料养鱼，从养殖效果来判断鱼对营养成分的需要量。模拟法是以鱼喜食的一种鲜饵（如野杂鱼、虾等）的营养成分，制成配合饲料。这两种方法各有千秋，在研究配合饲料的营养成分时，宜采用两种方法同时进行试验，以便取得更准确的数据，提高配合饲料的质量。

二、选择合理的颗粒粒径

国外渔用饲料的生产，按照不同阶段与不同大小的鱼类，除营养成分差异外，在颗粒大小上分为十几种，使产品系列化。国内生产的规格较少，一般为3～4种。选用饲料时应根据养殖对象的口径选择粒度。若粒度太小，鱼要进行多次摄食才能达到饱食。鱼类长期处于觅食状态不利于生长，有些鱼类还不情愿摄食粒度太小的饲料，这样投喂的饲料效果差。鱼种放养时，水温低、生长慢、规格小，颗粒饲料粒径控制在 2 毫米较为适宜。随着气温回升和鱼种生长，养殖中期饲料粒径为 3～3.5 毫米，养殖后期粒径为 4～4.5 毫米。

三、驯化投喂

投喂配合饲料时，在投饵前 5 分钟用同一频率的音响（如敲击饲料桶的声音）对鱼类进行驯化，时间一般 5～10 天。驯化方法是先停食 1 天；然后在第 2 天喂食，先将一瓢颗粒饲料慢慢地呈扇形撒放水中，力求饲料同时到达水面，分布范围要小，第 2 次以同样的方法投料，2 次投料时间相隔 5 分钟左右，保持此频率不变，驯化 1.5 小时；第 3 天重复头 1 天的动作，驯化 1 小时；第 4 天以后每天保持 1 小时的驯化时间，直到吃食性鱼类全部上浮到水面抢食，饲料在水表层 20 厘米的深度内全部吃完并养成在水面争食的习惯为止。在驯化投喂过程中，注意掌握好“慢—快—慢”的节奏和“少—多—少”的投喂量，一般连续驯化 10 天左右便可进行正常投喂。

四、“四定”投饵

1. 定点

一般选在饵料台上进行投喂。最好在池塘中间离池埂 3～4 米处搭设好饵料台，一般每亩池塘搭建 1～2 个，以便定点投喂。

2. 定时

选择每天溶解氧含量较高的时段，根据水温情况定时投喂，当水温在 20℃以下时，每天投喂 1 次，时间在上午 9 时或下午 4 时；当水温在 20～25℃时，每天投喂 2 次，在上午 8 时和下午 5 时；当水温在 25～30℃时，每天投喂 3 次，分别在上午 8 时、下午 2 时和下午 6 时；当水温在 30℃以上时，每天投喂 1 次，选在上午 9 时。

3. 定量

按饲料使用说明，根据池塘条件及鱼类品种、规格、重量等确定日投喂量，每次投饵以80%～85%的鱼群食后游走为准。

4. 定质

蛋白质是鱼类生长所必需的最主要营养物质，蛋白质含量也是鱼饲料质量的主要指标。对于同一种鱼类，蛋白质含量高的饲料可适当减少投喂量，而蛋白质含量低的饲料就应增加投喂量。应选择正规厂家生产的饲料，其中各种成分的含量都能满足鱼类生长之需，且要求配方科学，配比合理，质量过硬。

五、确定合理的投喂量

饲料投喂技术，首先是确定投喂量，既要满足鱼生长的营养需求，又不能过量，过量投喂不仅造成饲料浪费，增加成本，且污染水质，影响鱼的正常生长。因此，饲料投喂量的确定是投喂技术中的重要环节。

1. 日投喂量的确定

在生产中，确定日投喂量有两种方法：饲料全年分配法和投喂率表法。

（1）饲料全年分配法　首先按池塘或网箱等不同养殖方式估算全年净产量，再确定所用饲料的饲料系数，估算出全年饲料总需要量，然后根据季节、水温、水质与养殖对象的生长特点，逐月、逐旬甚至逐天分配投饲量。

（2）投喂率表法　即参考投喂率和池塘中鱼的重量来确定日投喂量（即日投喂量＝池塘鱼的重量×投喂率，池中鱼的重量可通过抽样计算获得）。此外，还应根据鱼的生长情况和各阶段的营养需求，可在7日左右对日投喂量进行1次调整，这样才能较好地满足鱼的生长需求。

2. 次投喂量的确定

对一些抢食不快或驯化不好的养殖鱼，一般用平均法确定每次的投喂量［即（每次投喂量一日投喂量）÷日投喂次数］。驯化较好的鱼摄食一般是先急速，后缓和，直到平静；先水面，后水底；先大鱼，后小鱼；先中间，后周边。每次投喂应注意观察鱼的摄食情况，当水面平静，没有明显的抢食现象，80％的鱼已经离去或在周边漫游没有摄食欲望时，停止投喂，这就是所谓的“八成饱”，即养殖鱼80％的饱食量，八成吃饱，两成不很饱。用此法确定每次的投喂量比较实际，它有如下好处。

（1）可靠性强　由于鱼存量抽样存在误差，可造成日投喂量的计算误差，如实际投喂量与日投喂量相差较大，可能是计算的投喂量不准确。

（2）减少饲料损失　掌握好“八成饱”的投喂原则，不仅提高鱼的食欲，且减少饲料损失，降低养殖成本。

（3）提高饲料的消化吸收率　鱼摄食过饱，饲料营养成分的吸收率低，消化不彻底。若投喂量太少，鱼会因饥饿而不停地觅食，影响鱼的生长。

实践证明，“八成饱”时饲料营养成分的消化吸收率较好。

3. 投喂量与水质理化因子的关系

影响鱼摄食的因素很多，如光线强弱、人类活动等。但从水质理化环境分析，在水质环境良好的条件下，影响投喂量的主要因子是水温和溶解氧含量。

（1）水温与投喂量　鱼类是变温动物，水温对鱼类的摄食强度有重要影响。在适宜范围内，水温升高时对养殖鱼类摄食强度有显著促进作用。水温降低，鱼体代谢水平也随之降低，导致食欲减退，生长受阻。我国主要养殖鱼类（如四大家鱼、鲤鱼、鲫鱼、鲂鱼等）都是广温性鱼类，对水温的适应幅度较大，在1～38℃水温中都能生存，但适宜生长水温为20～32℃。如鲤鱼在水温23～29℃时摄食最旺盛，降至3～4℃时，便停止摄食。水温在13℃以下，则觅食能动性大为降低。在13℃以上，当温度增高10℃，则其摄食量增加2～3倍。草鱼在水温27～30℃时，其代谢水平最高，而摄食强度也最大。当水温降到20℃时，其生长速度明显下降。虹鳟鱼生存水温0～25℃，最适生长水温16～18℃，低于7℃或高于20℃，食欲减退，生长缓慢，超过24℃即停止摄食。在实际生产中，有条件的地方，高温季节抽井水降温，冬季引温泉水升温，使池水温度保持在16～18℃，能大大提高虹鳟鱼的增肉率和饲料的利用率。所以，在掌握好基础投喂率的前提下，日投喂量应根据水温的变化情况加以增减。一般情况下，水温25～30℃时，日投喂率3%；20～25℃时，日投喂率2%。

（2）溶解氧含量与投喂量　水体溶解氧含量的高低直接影响鱼类的摄食量和消化吸收能力的大小。水中的溶解氧含量高，鱼类的摄食旺盛、消化率高，生长快，饲料利用率也高；水中的溶解氧含量低，鱼类由于生理上的不适应，使摄食和消化率降低，并消耗较多的能量，因此生长缓慢，饲料利用率低下。根据前苏联学者B.符拉索夫测定溶解氧与鲤鱼饲料消耗的关系，发现鱼类的摄食率随水体中的溶解氧含量增加而增加。

在池塘养殖中，因为放养密度大，而且水体交换差，池中溶解氧含量一般在夜间至早晨时最低；阴天浮游植物光合作用停止，若无风时，水中溶解氧含量也低。在流水和网箱养殖中，由于放养密度大，水的交换量不足也会造成水中含氧量偏低。此时我们可以使用增氧泵来增加水体中溶解氧含量。

有资料表明，鱼在最适生长水温时，水中溶解氧含量3.5毫克/升以下比3.5毫克/升以上时饲料系数要增加1倍。如草鱼在水中溶解氧含量2.5～3.4毫克/升时要比5～7毫克/升时饲料系数增加1.34倍，摄食量下降35.9%，饲料消化率下降61.2%，生长率下降64.4%；鲤鱼在水温20～30℃时，要保证其正常摄食和生长，水中含解氧含量不能低于4～6毫克/升。当水中含氧量为2～5毫克/升时，鲤鱼每天摄食量将减少一半。水中溶解氧含量一般达4毫克/升以上时，鱼的食欲增强，饲料消化率提高。虹鳟在溶解氧含量9毫克/升以上时，代谢旺盛，生长良好，饲料利用率高；低于5毫克/升时，呼吸频率加快；低于4.3毫克/升时，出现浮头，不摄食。因此，投喂时应注意水中溶解氧含量和天气的变化。水中溶解氧含量低，鱼浮头，一般不要投喂。待水中溶解氧含量改善后投喂。在池塘养殖中一般天气正常，太阳出来后2小时后（9～10时），池塘水中溶解氧含量可达4毫克/升以上时，这时投喂效果较好。

六、投喂次数和投喂方法

1. 投喂次数

投喂次数是指当日投饲确定以后，一天之中分几次来投喂。这同样关系到饲料的利用率和鱼类的生长。投喂过频，饲料利用率低；投喂次数少，每次投喂量必然很大，饲料损失率也大。投喂次数主要取决于鱼类消化器官的发育特征、摄食特征、环境条件。我国主要淡水养殖鱼类多属鲤科鱼类的“无胃鱼”，摄食饲料由食管直接进入肠内消化，一次容纳的食物量远不及肉食性有胃鱼类。因此，对草鱼、团头鲂、鲤鱼、鲫鱼等无胃鱼，采取多次投喂，有助于提高消化吸收和提高饲料效率，一般每日投喂4～5次，肉食性鱼类对食物有较好的储存能力，日投喂量应控制在2～3次。同种鱼类，鱼苗阶段投喂次数适当多些，鱼种次之，成鱼可适量少些；饲料的营养价值高可适当少些，营养价值低可适当多些；水温和溶解氧含量高时，可适当多些，反之则减少投喂或停止投喂。

2. 投喂方式

配合饲料投喂一般有人工投喂和机械投喂两种。一般人工投喂需控制投喂速度，投喂时要掌握两头慢、中间快，即开始投喂时慢，当鱼绝大多数已集中抢食时快速投喂，当鱼摄食趋于缓和，大部分鱼几乎吃饱后要慢投，投喂时间一般不少于30分钟，对于池塘养鱼和网箱养鱼人工投喂可以灵活掌握投喂量，能够做到精心投喂，有利于提高饲料效率，但费时、费工。大水面养殖最好采用机械投喂，即用自动投饲机投喂，这种方式可以定时、定量、定位，同时具有省时、省工等优点，但是，利用机械投饲机不易掌握摄食状态，不能灵活控制投喂量。

七、其他需要考虑的因素

当然，影响投喂的因素还包括上市的要求、生长速度的要求、气候状态、水质情况和疾病状况等。如果行情好，想让成鱼快速上市，缩短养殖周期，这时需要生长速度更快，可以适当增加投饵量。当然这可能会带来饵料系数的偏高。当遇到阴雨、闷热天气等异常气候，以及鱼体出现明显的患病情况时，也应该适当地控制投喂量，降低投饵率。根据经验，在投饵率推荐数值基础上，根据不同情况，上下浮动0.3%～0.5%均是合适的。

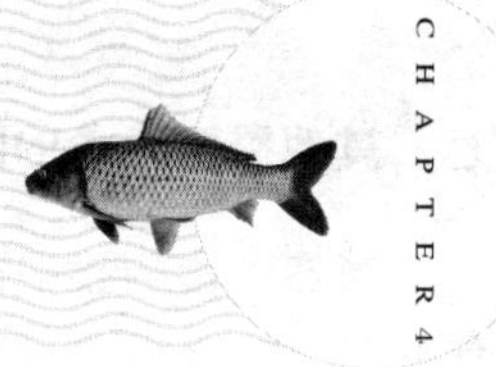

CHAPTER 4

第四章

淡水鱼养殖安全管理技术

第一节 人工繁殖技术

一、亲鱼培育

亲鱼培育是指在人工饲养条件下，促使亲鱼性腺发育至成熟的过程。亲鱼性腺发育得好坏，直接影响到催产效果，是家鱼人工繁殖成败的关键，因此，要切实抓好。

1. 亲鱼的来源与选择

四大家鱼亲鱼来自国家四大家鱼原良种场培育的亲本，其他鱼类应尽量选用人工培育的新品种。

要得到产卵量大、受精率高、出苗率多、质量好的鱼苗，保持养殖鱼类生长快、肉质好、抗逆性强、经济性状稳定的特性，必须认真挑选合格的亲鱼。挑选时，应注意如下几点。

第一，所选用的亲鱼，外部形态一定要符合鱼类分类学上的外形特征，这是保证这种亲鱼确属良种的最简单方法。

第二，由于温度、光照、食物等生态条件对个体的影响，以及种间差异，鱼类性成熟的年龄和体重有所不同，有时甚至差异很大。

第三，为了杜绝个体小、早熟的近亲繁殖后代被选作亲鱼，一定要根据国家和行业已颁布的标准选择（表 4-1）。

第四，雌雄鉴别。总的来说，养殖鱼类两性的外形差异不大，细小的差别，有的终身保持，有的只在繁殖季节才出现，所以雌雄不易分辨。目前主要根据追星（也叫珠星，是由表皮特化形成的小突起）、胸鳍和生殖孔的外形特征来鉴别雌雄（表 4-2）。

表 4-1　常规养殖鱼类的成熟年龄和体重

鱼类名称 \ 年龄 \ 性别 \ 项目	开始用于繁殖的年龄(足龄)		开始用于繁殖的最小体重/千克		用于人工繁殖的最高年龄(足龄)
	雌	雄	雌	雄	
青鱼	7	6	15	13	25
草鱼	5	4	7	5	18
鲢鱼	4	3	5	3	15
鳙鱼	6	5	10	8	22
鲤鱼	2	1	1.5	1.0	5
鲫鱼	2	2	0.3	0.25	
团头鲂	3	3	1.5	1.5	4～6

注：我国幅员辽阔，南北各地的鱼类成熟年龄和体重并不一样。南方成熟早，个体小；北方成熟晚，个体较大。表中数据是长江流域的标准，南方或北方可酌情增减。

表 4-2　常规养殖鱼类雌雄特征比较

鱼类名称	生殖季节		非生殖季节	
	雄性	雌性	雄性	雌性
青鱼	胸鳍及鳃盖有细密的锥状追星，触摸时，感觉粗糙；发育好的，头部也有追星；轻压成熟个体的腹部，可见白色精液流出	无追星，手摸头、鳃盖、胸鳍时，有光滑感；成熟个体腹部膨大，当腹部朝天时，可见明显的卵巢轮廓	胸鳍一般较大，且长	胸鳍比雄性小
草鱼	与青鱼基本相同，胸鳍鳍条粗大，狭长，自然张开时，呈尖刀形	仅胸鳍鳍条末梢有少数追星，手感仍光滑；胸鳍张开时，呈扇状	胸鳍狭长，长度超过胸鳍至腹鳍之间距离的一半；腹部鳞小而尖，排列紧密	胸鳍略宽且短，长度小于胸鳍、腹鳍之间距离的一半，腹部鳞大而圆，排列疏松
鲢鱼	胸鳍前面几根鳍条上，有锯齿状突起，手感很粗糙；鳃盖、眼眶边缘有细小的追星	胸鳍鳍条光滑，仅鳍条末梢有少数锯齿状突起，无追星；生殖孔长稍凸，有时红润	同生殖季节，但无追星	同生殖季节

续表

鱼类名称	生殖季节		非生殖季节	
	雄性	雌性	雄性	雌性
鳙鱼	胸鳍内侧有骨质刀状突起，有割手感；鳃盖、眼眶边缘有细小的追星	手摸胸鳍，有光滑感	同生殖季节，但无追星	同生殖季节
鲂鱼	胸鳍第一鳍条较厚，团头鲂呈"S"形弯曲；胸鳍的前几根鳍条，头背部、鳃盖、尾柄背面等处，均有密集的追星	胸鳍第一鳍条薄而直，仅眼眶及体背部有少数追星，泄殖孔稍凸，有时红润	胸鳍第一鳍条厚而曲	胸鳍第一鳍条薄而直
鲤鱼	胸鳍、鳃盖等处有明显的追星，手感粗糙；泄殖孔呈长形下凹，不红润	有少数追星，或无；泄殖孔红肿，呈圆形、外凸	体狭长，头较大，肛门内凹，肛门前区无纵褶	背高、体短而宽；头小，近于椭圆形；肛门微凸，肛门前区有辐射状纵褶
鲫鱼	头背部、尾柄部及鳃盖两侧有追星，手感粗糙；泄殖孔内陷，呈三角形	无追星，手感光滑；泄殖孔呈圆形，稍凸出	泄殖孔形状同生殖季节	泄殖孔形状同生殖季节

第五，亲鱼必须健壮无病，无畸形缺陷，鱼体光滑，体色正常，鳞片、鳍条完整无损，因捕捞、运输等原因造成的擦伤面积越小越好。

第六，根据生产鱼苗的任务，确定亲鱼的数量，常按每千克亲鱼产卵5万～10万粒估计所需雌亲鱼数量，再以1∶(1～1.5)的雌雄比，得出雄亲鱼数。亲鱼不要留养过多，以节约开支。

2. 亲鱼培育池的条件与清整

亲鱼培育池，应靠近产卵池，环境安静，便于管理，有充足的水源，排灌方便，水质良好，无污染，池底平坦，水深为1.5～2.5米，面积为1333～3333平方米。鲢、鳙培育池可以有一些淤泥，既增强保水性，又利于培肥水质；鲤、鲫培育池池底也可有少许淤泥；青鱼、草鱼，以沙质壤土为好，且允许有少许渗漏。

鱼池清整是改善池鱼生活环境和改良池水水质的一项重要措施。每年在人工繁殖生产结束前，抓紧时间干池1次，清除过多的淤泥，并进行整修，再用生石灰彻底清塘，以便再次使用。

培育产黏性卵鱼类的亲鱼池，开春后应彻底清除岸边和池中杂草，以免存在鱼卵附着物而发生漏产。注水会带入较多野杂鱼的塘，可运用混养少量肉食性鱼类的方法进行除野。

清塘后，视放养的亲鱼种类，决定是否施放基肥。鲢、鳙培育池应施基肥，鲤、鲫、鲂培育池可酌施基肥，青鱼、草鱼培育池则不必施肥。施肥量由鱼池情况、肥料种类和质量决定。

3. 亲鱼的培育方法

（1）放养方式和放养密度　亲鱼培育，多采用以1～2种鱼为主养鱼的混养方式；少数种类使用单养方式。混养时，不宜套养同种鱼种，或配养相似食性的鱼类、后备亲鱼，以免争食，影响主养亲鱼的性腺发育。搭配混养鱼的数量为主养鱼的20%～30%，它们的食性和习性与主养鱼不同，能利用种间互利促进亲鱼性腺的正常发育。混养肉食性鱼类时，应注意放养规格，避免危害。除鲤、鲫、鲂等鱼在早春至产前的培育时间外，亲鱼应雌雄混合放养，放养密度因塘、因种而异。通常666.7平方米放养量为150～200千克。几种亲鱼的放养情况见表4-3。

表4-3　亲鱼放养密度和放养方式

鱼类名称	水深/米	666.7米^{2}的放养量		放养方式
		重量/千克	尾数/尾	
青鱼	1.5～2.5	200以内	8～10	主养青鱼池中，可混养鲢鱼亲鱼4～6尾，或鳙鱼亲鱼1～2尾；不得混放小青鱼、鲤、鲫等肉食性或杂食性鱼类，雌雄比为1∶1
草鱼	1.5～2.5	150～200	15～25	草鱼亲鱼池中，可混养鲢鱼亲鱼或鳙鱼亲鱼3～4尾，或鲢、鳙后备亲鱼，还可加肉食性的鳜鱼或乌鳢2～3尾，池中螺、蚬多，可配放2～3尾青鱼，雌雄比为1∶(1～1.5)

续表

鱼类名称	水深/米	666.7 米^{2}的放养量		放养方式
		重量/千克	尾数/尾	
鲢鱼	1.5～2.5	100～150	20～30	鲢鱼亲鱼池中，可混养鳙鱼亲鱼 2～3 尾；为清除池中杂草、螺、蚬和野杂鱼，可配放适量的草鱼、青鱼及其他肉食性鱼类，雌雄比为 1∶(1～1.5)
鳙鱼	1.5～2.5	80～100	10～15	鳙鱼亲鱼池中，不得混养鲢鱼。其他方面，可参照鲢鱼池情况
鲂鱼	1.5～2.5	100～150	70～100	混放的鲢、鳙，可占放养总量的 20%～30%；雌雄比为 1∶(1～2)，春季一定要雌雄分养
鲤鱼	1.5～2.0	100～150	不超过 120	可混养少量鲢、鳙，控制浮游生物的量，雌雄比为 1∶(1～2)，如雌雄体形差异大时，雄鱼数还可酌增；早春就要雌雄分养，不同源的亲鱼，不可混放，以保持品系纯正
鲫鱼	1.5～2.0	150 以内		以单养为好；不同源的亲鱼，不可混合放养，以保持品种纯正；雌雄比要求为 1∶1，早春应雌雄分养

注：表中的放养量已到上限，不得超过。如适当降低，培养效果更佳。

(2) 亲鱼培育的一般要点

① 产后及秋季培育（产后到 11 月中下旬）。生殖后无论是雌鱼或雄鱼，其体力都损耗很大。因此，生殖结束后，亲鱼经几天在清水水质中暂养后，应立即给予充足和较好的营养，使其体力迅速恢复。如能抓紧这个阶段的饲养管理，对性腺后阶段的发育甚为有利。越冬前使亲鱼有较多的脂肪储存，这对性腺发育很有好处，故入冬前仍要抓紧培育。有些苗种场往往忽视产后和秋季培育，平时放松饲养管理，只在临产前一两个月抓一下，形成“产后松，产前紧”的现象，结果亲鱼成熟率低，催产效果不理想。

② 冬季培育和越冬管理（11 月中下旬至翌年 2 月）。水温 5℃以上，鱼还摄食，应适量投喂饵料和施以肥料，以维持亲鱼体质健壮，不使落膘。

③ 春季和产前培育。亲鱼越冬后，体内积累的脂肪大部分转

化到性腺，而这时水温已日渐上升，鱼类摄食逐渐旺盛，同时又是性腺迅速发育时期。此时期所需的食物，在数量和质量上都超过其他季节，故此时是亲鱼培育至关重要的季节。

④ 亲鱼整理和放养。亲鱼产卵后，应抓紧亲鱼整理和放养工作，这有利于亲鱼的产后恢复和性腺发育。亲鱼池不宜套养鱼种。

（3）日常管理　亲鱼培育是一项常年细致的工作，必须专人管理。管理人员要经常巡塘，掌握每个池塘的情况和变化规律。根据亲鱼性腺发育的规律，合理地进行饲养管理。亲鱼的日常管理工作主要有巡塘、喂食、施肥、调节水质以及鱼病防治等。

① 巡塘。一般每天清晨和傍晚各1次。由于4～9月的高温季节易泛池，所以夜间也应巡塘，特别是闷热天气和雷雨时更应如此。

② 喂食。投食做到“四定”，即定位、定时、定质、定量。要均匀喂食，并根据季节和亲鱼的摄食量，灵活掌握投喂量。饲料要求清洁、新鲜。对于草鱼亲鱼，每天投喂1次青饲料，投喂量以当天略有剩余为准。精饲料可每天喂1次或上午、下午各1次，投喂量以在2～3小时内吃完为度。青饲料一般投放在草料架内，精饲料投放在饲料台或鱼池的斜坡上，以便亲鱼摄食和防治鱼病。对于鲢、鳙鱼，可将精饲料磨成粉状，直接均匀地撒在水面上。当天吃不完的饲料要及时清除。

③ 施肥。鲢、鳙亲鱼放养前，结合清塘施足基肥。基肥量根据池塘底质的肥瘦而定。放养后，要经常追肥，追肥应以勤施、少施为原则，做到冬夏少施，暑热稳施，春秋重施。施肥时注意天气、水色和鱼的动态。天气晴朗，气压高且稳定，水不肥或透明度大，鱼活动正常，可适当多施；天气闷热，气压低或阴雨天，应少施或停施。水呈铜绿色或浓绿色，水色变化不明显，透明度过低（25厘米以下），则属“老水”，必须及时更换部分新水，并适量施有机肥。通常采用堆肥或泼洒等方式施肥，但以泼洒为好。

④ 水质调节。当水色太浓，水质老化，水位下降或鱼严重浮头时，要及时加注新水，或更换部分塘水。在亲鱼培育过程中，特

别是培育的后期，应常给亲鱼池注水或微流水刺激。

⑤ 鱼病防治。要特别加强亲鱼的防病工作，一旦亲鱼发病，当年的人工繁殖就会受到影响，因此对鱼病要以防为主，防与治结合，常年进行，特别在鱼病流行季节（5～9月）更应予以重视。

二、人工催产

亲鱼经过培育后，性腺已发育成熟，但在池塘内仍不能自行产卵，须经过人工注射催产激素后方能产卵繁殖。因此，催产是家鱼人工繁殖中的一个重要环节。

1. 催产剂的种类和效果

目前用于鱼类繁殖的催产剂主要有绒毛膜促性腺激素（HCG）、鱼类脑垂体（PG）、促黄体素释放激素类似物（LRH-A）等。

（1）绒毛膜促性腺激素（Hormone Chorionic Gonadotropin，HCG） HCG是从怀孕2～4个月的孕妇尿中提取出来的一种糖蛋白激素，分子量为36000左右。HCG直接作用于性腺，具有诱导排卵作用，同时也具有促进性腺发育，促使雌、雄性激素产生的作用。

HCG是一种白色粉状物，市场上销售的鱼（兽）用HCG一般都封装于安培瓶中，以国际单位（IU）计量。HCG易吸潮而变质，因此要在低温干燥避光处保存，临近催产时取出备用。储量不宜过多，以当年用完为好，隔年产品影响催产效果。

（2）鱼类脑垂体（Pituitary Gland，PG）

① 鱼脑垂体的位置、结构和作用。鱼脑垂体位于间脑的腹面，与下丘脑相连，近似圆形或椭圆形，乳白色。整个垂体分为神经部和腺体部，神经部与间脑相连，并深入到腺体部。腺体部又分前叶、间叶和后叶三部分（图4-1）。鱼类脑垂体内含多种激素，对鱼类催产最有效的成分是促性腺激素（GtH）。GtH含有两种激素，即促滤泡激素（FSH）和促黄体素（LH），它们直接作用于性腺，可以促使鱼类性腺发育；促进性腺成熟、排卵、产卵或排

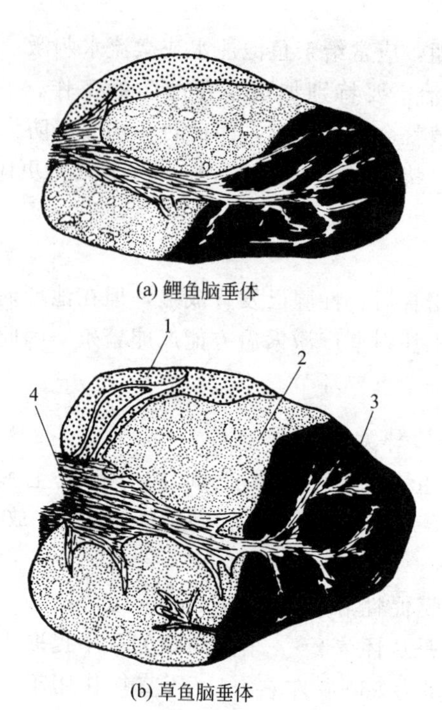

(a) 鲤鱼脑垂体

(b) 草鱼脑垂体

图 4-1 脑垂体

1—前叶；2—间叶；3—后叶；4—神经部

精；并控制性腺分泌性激素。一般采用在分类上较接近的鱼类，如同属或同科的鱼类脑垂体作为催产剂，效果较显著，所以在家鱼人工繁殖生产中，广泛应用鲤科鱼类（如鲤鱼、鲫鱼）的脑垂体，效果显著。

② 脑垂体的摘取和保存。摘取鲤鱼、鲫鱼脑垂体的时间通常选择在产卵前的冬季或春季为最好。脑垂体位于间脑下面的碟骨鞍里，用刀沿眼上缘至鳃盖后缘的头盖骨水平切开（图 4-2），除去脂肪，露出鱼脑，用镊子将鱼脑的一端轻轻掀起，在头骨的凹窝内有一个白色近圆形的垂体，小心地用镊子将垂体外面的被膜挑破，然后用镊子从垂体两边插入，慢慢挑出垂体，应尽量保持垂体完整不破损。

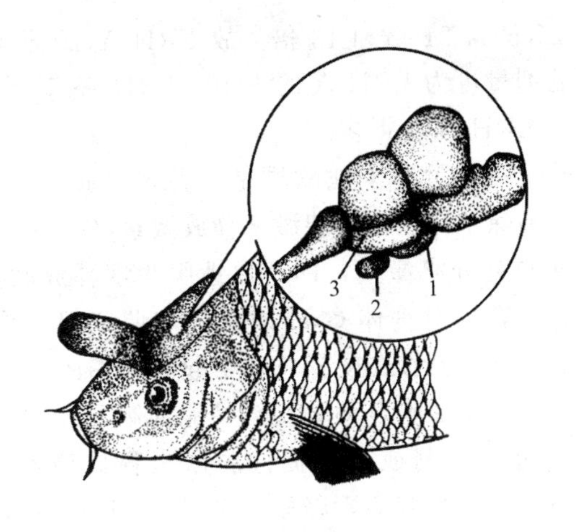

图 4-2 脑垂体摘除方法

1—间脑；2—下丘脑；3—脑垂体

也可将鱼的鳃盖掀起，用自制的“挖耳勺”（即将一段 8 号铁丝的一段锤扁，略弯曲成铲形）压下鳃弭，并插入鱼头的碟骨缝中，将碟骨挑起，便可露出垂体，然后将垂体挖去。此法取垂体速度快，不会损伤鱼体外形，值得推广。

取出的脑垂体应去除黏附在上的附着物，并浸泡在 20～30 倍体积的丙酮或乙醇中脱水脱脂，过夜后，更换同样体积的丙酮或无水乙醇，再经 24 小时后取出，在阴凉通风处彻底吹干，密封干燥，4℃下保存。

（3）促黄体素释放激素类似物（Luteotropin Releasing Hormone-Analogue，LRH-A） LRH-A 是一种人工合成的九肽激素，分子量约 1167。由于它的分子量小，反复使用，不会产生抗药性，并对温度的变化敏感性较低。应用 LRH-A 作催产剂，不易造成难产等现象发生，不仅价格比 HCG 和 PG 便宜，操作简便，而且催产效果大大提高，亲鱼死亡率也大大下降。

近年来，我国又在研制 LRH-A 的基础上，研制出 $LRH\text{-}A_2$ 和 $LRH\text{-}A_3$。实践证明，$LRH\text{-}A_2$ 对促进 FSH 和 LH 释放的活性分别高于 LRH-A 12 倍和 16 倍；$LRH\text{-}A_3$ 对促进 FSH 和 LH 释放的活

性分别高于 LRH-A 21 倍和 13 倍。故 LRH-A_2 的催产效果显著，而且其使用的剂量可为 LRH-A 的 1/10；LRH-A_3 对促进亲鱼性腺成熟的作用比 LRH-A 好得多。

(4) 地欧酮（DOM） 地欧酮是一种多巴胺抑制剂。研究表明，鱼类下丘脑除了存在促性腺激素释放激素（GnRH）外，还存在相对应的抑制它分泌激素，即“促性腺激素释放激素的抑制激素”（GRIH）。它们对垂体 GtH 的释放和调节起了重要的作用。目前的试验表明，多巴胺在硬骨鱼类中起着与 GRIH 同样的作用。它既能直接抑制垂体细胞自动分泌，又能抑制下丘脑分泌 GnRH。采用地欧酮就可以抑制或消除促性腺激素释放激素的抑制激素（GRIH）对下丘脑促性腺激素释放激素（GnRH）的影响，从而增加脑垂体的分泌，促使性腺发育成熟。生产上地欧酮不单独使用，主要与 LRH-A 混合使用，以进一步增加其活性。

2. 常用催产激素效果的比较

促黄体素释放激素类似物、垂体、绒毛膜促性腺激素等都可用于草鱼、鲢、鳙、青鱼、鲤、鲫、鲂、鳊等主要养殖鱼类的催产，但对不同的鱼类，其实际催产效果各不相同。

垂体对多种养殖鱼类的催产效果都很好，并有显著的催熟作用。在水温较低的催产早期或亲鱼 1 年催产 2 次时，使用垂体的催产效果比绒毛膜促性腺激素好，但若使用不当，常易出现难产。

绒毛膜促性腺激素对鲢、鳙鱼的催产效果与脑垂体相同。催熟作用不及垂体和释放激素类似物。催产草鱼时，单用效果不佳。

促黄体素释放激素类似物对草鱼、青鱼、鲢、鳙等多种养殖鱼类的催熟和催产效果都很好，草鱼对其尤为敏感。对已经催产过几次的鲢、鳙，其效果不及绒毛膜促性腺激素和脑垂体。对鲤、鲫、鲂、鳊等鱼类的有效剂量也较草鱼大。促黄体素释放激素类似物为小分子物质，不良反应小，并可人工合成，药源丰富，现已成为主要的催产剂。

上述几种激素互相混合使用，可以提高催产率，且效应时间短、稳定，不易发生半产和难产。

3. 催产季节

在最适宜的季节进行催产，是家鱼人工繁殖取得成功的关键之一。长江中、下游地区适宜催产的季节是5月上中旬至6月中旬，华南地区约提前1个月。鲮的催情产卵时期相对比较集中，每年5月上中旬进行，过了此时期卵巢即趋向退化。华北地区是5月底至6月底，东北地区是6月底至7月上旬。催产水温18～30℃，而以22～28℃最适宜（催产率、出苗率高）。生产上可采取以下判断依据来确定最适催产季节。

① 如果当年气温、水温回升快，催产日期可提早些。反之催产日期相应推迟。

② 草鱼、青鱼、鲢、鳙的催产程序，一般是先进行草鱼和鲢，再进行鳙和青鱼的催产繁殖。

③ 亲鱼培育工作做得好，亲鱼性腺发育成熟就会早些，催产时期也可早些。

通常在计划催产前1个月至1.5个月，对典型的亲鱼培育池进行拉网，检查亲鱼性腺发育情况。根据亲鱼性腺发育，推断其他培育池亲鱼性腺发育情况，确定催产季节和亲鱼催产先后。

4. 催产前的准备

（1）产卵池　要求靠近水源，排灌方便，又近培育池和孵化场地。产飘浮性卵鱼类的产卵池为流水池，在进行鱼类繁殖前，应对产卵池进行检修，即铲除池水积泥，捡出杂物；认真检查进、排水口和管道、闸阀，以保畅通，无渗漏；装好拦鱼网栅、排污网栅，严防松动逃鱼。产黏性卵鱼类的产卵池，面积常以少于600平方米为宜，水深1米左右，进、排水方便（忌用肥水作水源），池底淤泥甚少或无，环境安静，背风向阳。鲤、鲫鱼产卵池和孵化池大多是兼用池，使用前要彻底清塘，尤其是池边和水中的杂草、敌害生物，必须彻底除尽或杀灭。

（2）工具

① 亲鱼网。苗种场可配置专用亲鱼网。亲鱼网与一般成鱼网

的不同在于：网目小，为 1.0～1.5 厘米，以减少鳞片脱落和撕伤鳍膜；网线要粗而轻，用 2 毫米×3 毫米或 3 毫米×3 毫米的尼龙线或维尼纶线，不用聚乙烯线或胶丝；需加盖网，网高 0.8～1.0 米，装在上纲上，用短竹竿等撑起，防止亲鱼跳出。产卵池的专用亲鱼网，长度与产卵池相配，网衣可用聚乙烯网布，形似夏花网。

② 布夹（担架）。以细帆布或厚白布做成，长 0.8～1.0 米、宽 0.7～0.8 米。宽边两侧，布边向内折转少许，并缝合，供穿竹、木提杆用；长的一端，有时左右相连，作亲鱼头部的放置位置（也有两端都相连的，或都不连的）。在布的中间，即布夹的底部中央，是否开孔，视各地习惯与操作而定。详见示意图 4-3。

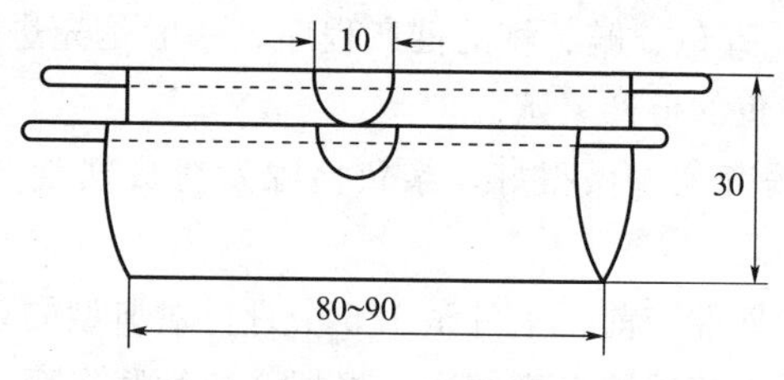

图 4-3　亲鱼布夹（单位：厘米）

③ 卵箱。卵箱有集卵箱和存卵箱两种，均形似一般网箱，用不漏卵、光滑耐用的材料作箱布（如尼龙筛绢等）。集卵箱从产卵池直接收集鱼卵，大小为 0.25～0.5 平方米，深 0.3～0.4 米，箱的一侧留一直径 10 厘米的孔，供连接导卵布管用。导卵布管的另一端，与圆形产卵池底部的出卵管相连，是卵的通道。存卵箱，把集卵箱已收集的卵，移入箱内，让卵继续吸水膨胀。集中一定数量后，经过数日再移入孵化箱。箱体比集卵箱大，常用规格是 1000 毫米×700 毫米×600 毫米左右。

④ 鱼巢。是专供收集黏性鱼卵的人工附着物。制作的材料很多，以纤细多枝、在水中易散开、不易腐烂、无毒害浸出物的材料为好。常用杨柳树根、冬青树须根、棕榈树树皮、水草及一些陆草（如稻草、黑麦草等）。根须和棕皮含鞣质等有害物质，用前需蒸煮除掉，晒干后再用；水、陆草要洗净，严防夹带有害生物进入产卵

池；稻草最好先锤软。处理后的材料经整理，用细绳扎成束，每束大小与3～4张棕皮所扎的束相仿。一般每尾1～2千克的亲鱼，每次需配鱼巢4～5束。亲鱼常有连续产卵2～3天的习性，鱼巢也要悬挂2～3次，所以鱼巢用量颇多，须事前做好充分准备。

⑤ 其他。如亲鱼暂养网箱，卵和苗计数用的白碟、量杯等常用工具，催产用的研钵、注射器以及人工授精所需的受精盆、吸管等。

(3) 成熟亲鱼的选择和制订合理的催产计划　亲鱼成熟度的鉴别方法，以手摸、目测为主。轻压雄鱼下腹部，见乳白色、黏稠的精液流出，且遇水后立即迅速散开的，是成熟好的雄鱼；当轻压时挤不出精液，增大挤压力才能挤出，或挤出的为黄白色精液，或虽呈乳白色但遇水不化，都是成熟欠佳的雄鱼。当用手在水中抚摸雌鱼腹部，凡前、中、后三部分均已柔软的，可认为已成熟；如前、中腹部柔软，表明还不成熟；如腹部已过软，则已过度成熟或已退化。为进一步确认，可把鱼腹部向上仰卧水中，轻抚腹部出水，凡腹壁两侧明显胀大，腹中线微凹的，是卵巢体积增大，现出卵巢下垂轮廓所致；此时轻拍鱼腹可见卵巢晃动，手摸下腹部具柔软而有弹性的感觉，生殖孔常微红稍凸，这些都表明成熟好。如腹部虽大，但卵巢轮廓不明显，说明成熟欠佳，尚需继续培育；如生殖孔红褐色，是有低度炎症；生殖孔紫红色，是红肿发炎严重所致，需清水暂养，及时治疗。鉴别时，为防止误差，凡摄食量大的鱼类，要停食2天后再检查。

生产上也可利用挖卵器（图4-4）直接挖出卵子进行观察，以鉴别雌亲鱼的成熟度。挖卵器用铜制成，头部用直径0.4厘米、长2厘米的铜棒，挖成空槽，空槽的尺寸为槽长1.7厘米、宽0.3厘米、深0.25厘米，再将头部锉成钝圆形，槽两边锉成刀刃状，便于刮取卵块。柄长18厘米，握手处卷成弯曲状，易于握紧。挖卵器的头部也可用薄铜片卷成凹槽，再将两头用焊锡封住。简单的挖卵器也可用较长的羽毛切削而成。操作时将挖卵器准确而缓慢地插入生殖孔内，然后向左或向右偏少许，伸入一侧的卵巢约5厘米，旋转几下抽出，即可得到少量卵粒。将卵粒放在玻璃片上，观察大小、颜色和核的位置，若大小整齐、大卵占绝大部分、有光泽、较饱满或略扁塌、全部或大部分核偏位，则表明亲鱼成熟较好；若卵大小不齐、互相集结成块状、卵不易脱落，表明尚未成熟；若卵过于扁塌或糊状、无光泽，则表明亲鱼卵巢已趋退化，凡属此类亲鱼，催产效果和孵化率均较差。

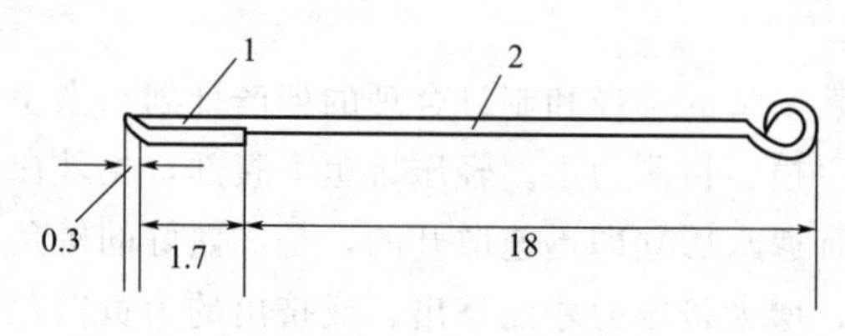

图 4-4 挖卵器（单位：厘米）

1—槽；2—柄

鱼类在繁殖季节内成熟繁殖，无论先后均属正常。由于个体发育的速度差异，整个亲鱼群常会陆续成熟，前后的时间差可达 2 个月左右。为合理利用亲鱼，常在繁殖季节里把亲鱼分成 3 批进行人工繁殖。早期水温低，选用成熟度好的鱼，先行催产；中期，绝大多数亲鱼都已相当成熟，只要腹部膨大的皆可催产；晚期，由于都是发育差的亲鱼，怀卵量少，凡腹部稍大，皆可催产。这样安排，既避免错过繁殖时间，出现性细胞过熟而退化，又保证不同发育程度的亲鱼都能适时催产，把生产计划落实在可靠的基础上。

（4）催产剂的制备　鱼类脑垂体、LRH-A 和 HCG，必须用注射用水（一般用 0.6%氯化钠溶液，近似于鱼的生理盐水）溶解或制成悬浊液。注射液量控制在每尾亲鱼注射 2～3 毫升为度，亲鱼个体小，注射液量还可适当减少。应当注意不宜过浓或过稀。过浓，注射液稍有浪费会造成剂量不足；过稀，大量的水分进入鱼体，对鱼不利。

配置 HCG 和 LRH-A 注射液时，将其直接溶解于生理盐水中即可。配置脑垂体注射液时，将脑垂体置于干燥的研钵中充分研碎，然后加入注射用水制成悬浊液备用。若进一步离心，弃去沉渣取上清液使用更好，可避免堵塞针头，并可减少异体蛋白质所起的不良反应。注射器及配置用具使用前要煮沸消毒。

5. 催产

（1）雌雄亲鱼配组　催产时，每尾雌鱼需搭配一定数量的雄鱼。如果采用催产后由雌雄鱼自由交配产卵方式，雄鱼要稍多于雌鱼，一般采用 1∶1.5 比较好；若雄鱼较少，雌雄比例不应低于 1∶1。如果采用人工授精方式，雄鱼可少于雌鱼，1 尾雄鱼的精液可供 2～3 尾同样大小的雌鱼受精。同时，应注意同一批催产的雌雄鱼，个体重量应大致相同，以保证繁殖动作的协调。

（2）确定催产剂和注射方式　凡成熟好的亲鱼，只要一次注射，就能顺利产卵，成熟度尚欠理想的可用两次注射法，即先注射少量的催产剂催熟，然后再行催产。对青鱼或成熟度稍差的草鱼，有时在催熟注射前，再增加 1 次催熟注射，即三次注射。有的注射四五次，实际没有必要。成熟差的亲鱼应继续强化培育，不应依赖药物作用，且注入过多的药剂并不一定能起催熟作用；相反，轻则影响亲鱼今后对药物的敏感性，重则会造成药害或死亡。

亲鱼对不同药物的敏感程度，存在着种的差异。鲢、鳙、鲂鱼对 HCG 较敏感，而草鱼对 LRH-A 敏感，故选用何种催产剂，应视鱼而异。

催产剂的用量，除与药物种类、亲鱼的种类和性别有关外，还与催产时间、成熟度、个体大小等有关系。早期，因水温稍低，卵巢膜对激素不够敏感，用量需比中期增加 20％～25％。成熟度差的鱼，或增大注射量，或增加注射次数。成熟好的鱼，则可减少用量，对雄性亲鱼甚至可不用催产剂。性别不同，注射剂量可不同，雄鱼常只注射雌鱼用量的一半。体形大的鱼，当按体重用药时，可按低剂量使用。在使用 PG 催产时，过多的垂体个数，会造成注入过多的异体蛋白质而引起不良影响，所以常改用复合催产剂。为避免药物可能产生的不良反应，在增加药物用量时，增大的药剂量常用 PG 作催产剂。催产剂的用量见表 4-4。

表 4-4 催产剂的使用方法与常用剂量

<table>
<tr><td rowspan="3">鱼类</td><td colspan="4">雌鱼</td><td rowspan="3">备注</td></tr>
<tr><td rowspan="2">一次注射法（每千克体重用量）</td><td colspan="3">两次注射法（每千克体重用量）</td></tr>
<tr><td>第 1 次注射</td><td>第 2 次注射</td><td>间隔时间/小时</td></tr>
<tr><td>鲢、鳙、三角鲂</td><td>① PG 3～5 毫克
② HCG 1000～1200 国际单位
③LRH-A 15～20 微克＋PG 1 毫克（或 HCG 200 国际单位）</td><td>①LRH-A 1～2 微克
②PG 0.3～0.5 毫克</td><td>① PG 3～5 毫克
② HCG 1000～1200 国际单位
③LRH-A 15～20 微克</td><td>12～24</td><td>①雄鱼用量为雌鱼的一半
②一次注射法，雌雄鱼同时注射；两次注射法，在第 2 次注射时，雌雄鱼才同时注射
③左列药物只任选一项</td></tr>
<tr><td>草鱼</td><td>①LRH-A 15～20 微克
② PG 3～5 毫克</td><td>①LRH-A 1～2 微克
②PG 0.3～0.5 毫克</td><td>同一次注射法的催产剂剂量</td><td>6～12</td><td>①雄鱼用量为雌鱼的一半
②一次注射法，雌雄鱼同时注射；两次注射法，在第 2 次注射时，雌雄鱼才同时注射
③左列药物只任选一项</td></tr>
<tr><td>青鱼</td><td></td><td>①HCG 1000～1250 国际单位
②LRH-A 5 微克
③LRH-A 5 微克</td><td>①PG 0.5～1 毫克
②LRH-A 10 微克＋HCG 500 国际单位＋PG 0.5～1 毫克
③LRH-A 10 微克＋PG 0.5～1 毫克</td><td>12</td><td>①雄鱼用量为雌鱼的一半
②一次注射法，雌雄鱼同时注射；两次注射法，在第 2 次注射时，雌雄鱼才同时注射
③左列药物只任选一项
④如需三次注射时，雌鱼首次用 LRH-A 2～5 微克，在催产前 1～5 天注射</td></tr>
</table>

续表

鱼类	雌鱼				备注
	一次注射法（每千克体重用量）	两次注射法（每千克体重用量）			
		第 1 次注射	第 2 次注射	间隔时间/小时	
团头鲂	①PG 7～10 毫克 ②HCG 1000～1500 国际单位 ③HCG 600～1000国际单位＋PG 2毫克	为一次注射法所用剂量的 1/10	为一次注射法所用剂量的 9/10	5～6	①雄鱼用量为雌鱼的一半 ②一次注射法，雌雄鱼同时注射；两次注射法，在第 2 次时，雌雄鱼才同时注射 ③左列药物只任选一项
鲤鱼	①PG 4～6 毫克 ②PG 2～4 毫克＋HCG 100～300 国际单位 ③PG 2～4 毫克＋LRH-A 10～20 微克 ④LRH-A 10～20 微克＋HCG 500～600 国际单位				①雄鱼用量为雌鱼的一半 ②一次注射法，雌雄鱼同时注射；两次注射法，在第 2 次时，雌雄鱼才同时注射 ③左列药物只任选一项
鲫鱼	①PG 3 毫克 ②HCG 800～1000 国际单位 ③LRH-A 25 微克				①雄鱼用量为雌鱼的一半 ②一次注射法，雌雄鱼同时注射；两次注射法，在第 2 次注射时，雌雄鱼才同时注射 ③左列药物只任选一项

注：剂量、药剂组合及间隔时间等，均按标准化要求制表。

（3）效应时间　从末次注射到开始发情所需的时间，叫效应时间。效应时间与药物种类、鱼的种类、水温、注射次数、成熟度等因素有关。一般温度高，效应时间短；反之，则长。草鱼效应时间短，青鱼效应时间长，其他鱼类居中。使用 PG 效应时间最短，使用 LRH-A 效应时间最长，而使用 HCG 效应时间在两者之间。

（4）注射方法和时间　家鱼注射分体腔注射和肌内注射两种。目前生产上多采用前法。注射时，使鱼夹中的鱼侧卧在水中，把鱼上半部托出水面，在胸鳍基部无鳞片的凹入部位，将针头朝向头部前上方与体轴成45°～60°角刺入1.5～2.0厘米，然后把注射液徐徐注入鱼体。肌内注射部位是在侧线与背鳍间的背部肌肉。注射时，把针头向头部方向稍挑起鳞片刺入2厘米左右，然后把注射液徐徐注入。注射完毕迅速拔出针头，把亲鱼放入产卵池中。在注射过程中，当针头刺入后，若亲鱼突然挣扎扭动，应迅速拔出针头，不要强行注射，以免针头弯曲，或划开肌肤造成出血发炎。可待鱼安定后再行注射。

催产时一般控制在早晨或上午产卵，有利于工作。为此，须根据水温和催情剂的种类等计算好效应时间，掌握适当的注射时间。如要求清晨6时产卵，药物的效应时间是10～12小时，那么可安排在前1天的晚上6～8时注射。当采用两次注射法时，应再增加2次注射的间隔时间。

6. 产卵

（1）自然产卵　选好适宜催产的成熟亲鱼后，考虑雌雄配组，雄鱼数应大于雌鱼，一般雌雄比为 $x:(x+1)$，以保证较高的受精率。倘若配组亲鱼的个体大小悬殊（常雌大雄小），会影响受精率，故遇雌大雄小时，应适当增加雄鱼数量予以弥补。

经催产注射后的草鱼、鲢、鳙等鱼类，即可放入产卵池。在环境安静和缓慢的水流下，激素逐步产生反应，等到发情前2小时左右，需冲水0.5～1小时，促进亲鱼追逐、产卵、排精等生殖活动。发情产卵开始后可逐渐降低流速。不过，如遇发情中断、产卵停滞时，仍应立即加大水流刺激，予以促进。所以促产水流虽原则上按慢—快—慢的方式调控流速，但仍应注意观察池鱼动态，随时采取相应的调控措施。

至于鲤鱼、鲫鱼、鲂鱼，因产黏性鱼卵，产卵池中需布置供卵附着的鱼巢。池中鱼巢总数，由配组的雌鱼数决定。鱼巢总量，决定鱼巢的布置方式。目前。悬吊式使用较普遍。当鱼巢数量少时，可用竹竿等物，每竿悬吊几束鱼巢，在产卵池背风处的池边插上一排即可。鱼巢用量大时，池边不够插放，可改用吊架。吊架作平行安放，或组成三角形、方形、长方形、多角形、圆形，视池形而异。由于吊架上每隔一段距离就能悬吊几束鱼巢，故可布置大量的鱼巢。悬吊式鱼巢，应浮于水面，以提高集卵效果。如用水草作材料，可不扎束悬吊，而用高 25～40 厘米的稀竹帘围成环形，帘的上端稍高出水面，以竹竿固定帘子的水平于垂直位置，然后把水草铺撒在圈内即成。如鱼巢量适宜，布置较匀，所用鱼巢材料能在水中散开，则鱼卵的附着效果较佳，收集也较简单。鱼巢在亲鱼配组的当天下午布置，以便及时收集鱼卵。如遇亲鱼不产，需将鱼巢取出，以免浸泡过久而腐烂或附着上淤泥，影响卵的附着和孵化。鲤、鲫鱼常连续产卵多次，鱼巢至少要布置 2 次。集卵后的鱼巢，应及时取出送去孵化，防止产后亲鱼及未产亲鱼吞食鱼卵。有时配组数日未见产卵，可采用浅水晒背法或流水刺激，或两种方法结合来促进产卵。浅水晒背法是早晨排出池水，仅留 15～17 厘米的浅水，让鱼背露在阳光下晒 5～7 小时，傍晚再注入新水至原水位，或从傍晚起，用微流水刺激，下半夜加大水流，促进发情产卵。通常上述方法，一次生效，最多重复 1 次。否则，改用流水与晒背结合方法或注射催产剂促产。如未成熟，应继续培育。

（2）人工授精　用人工的方法使精卵相遇，完成受精过程，称为人工授精。青鱼由于个体大，在产卵池中较难自然产卵，常用人工授精方法。另外，在鱼类杂交和鱼类选育中一般也采用人工授精的方法。常用的人工授精的方法有干法、半干法和湿法。

① 干法人工授精。当发现亲鱼发情进入产卵时刻（用流水产卵方法最好在集卵箱中发现刚产出的鱼卵时），立即捕捞亲鱼检查。

若轻压雌鱼腹部卵子能自动流出，则一人用手压住生殖孔，将鱼提出水面，擦去鱼体水分，另一人将卵挤入擦干的脸盆中（每一脸盆约可放卵50万粒）。用同样方法立即向脸盆内挤入雄鱼精液，用手或羽毛轻轻搅拌1～2分钟，使精子、卵子充分混合。然后徐徐加入清水，再轻轻搅拌1～2分钟。静置1分钟左右，倒去污水。如此重复用清水洗卵2～3次，即可移入孵化器中孵化。

② 半干法人工授精。将精液挤出或用吸管吸出，用0.3%～0.5%生理盐水稀释，然后倒在卵上，按干法授精方法进行。

③ 湿法人工授精。将精子和卵子挤在盛有清水的盆中，然后再按干法授精方法操作。

在进行人工授精过程中，应避免精子、卵子受阳光直射。操作人员要配合协调，做到动作轻、快。否则，易造成亲鱼受伤，引起亲鱼产后死亡。

（3）自然产卵与人工授精的比较　自然产卵与人工授精都是当前生产中常用的方式，两种方式各有利弊，比较情况见表4-5。各地可根据当时的实际情况选择适宜的方法。

表4-5　自然产卵与人工授精利弊比较

序数	自然产卵	人工授精
1	因自找配偶，能在最适时间自行产卵，故操作简便，卵质好，亲鱼少受伤	人工选配，操作繁多，鱼易受伤，甚至造成死亡，且难掌握适宜的受精时间，卵质受到一定影响
2	性比为$x:(x+1)$，所需雄鱼量多，否则受精率不高	性比为$x:(x-1)$，雄鱼需要量少，且受精率常高
3	受伤亲鱼难利用	体质差或受伤亲鱼易利用，甚至亲鱼成熟度稍差时，也可能使催产成功
4	鱼卵陆续产出，故集卵时间长。所集之卵，卵中杂物多	因挤压采卵，集卵时间短，卵干净
5	需流水刺激	可在静水下进行
6	较难按人的主观意志进行杂交	可种间杂交或进行新品种选育
7	适合进行大规模生产，所需劳力稍少，但设备多，动力消耗也多些	动力消耗少，设备也简单，但因操作多，所需劳力也多

（4）鱼卵质量的鉴别　鱼卵质量的优劣，用肉眼是不难判别的，鉴别方法见表4-6。卵质优劣对受精率、孵化率影响甚大，未熟或过熟的卵受精率低，即使已受精，孵化率也常较低，且畸形胚胎多。卵膜韧性和弹性差时，孵化中易出现提早出膜，需采取增固措施加以预防。因此，通过对卵质的鉴别，不但使鱼卵孵化工作事前就能心中有底，而且还有利确立卵质优劣关键在于培育的思想，认真总结亲鱼培育的经验，以求改进和提高。

表4-6　家鱼卵子质量的鉴别

性状＼质量	成熟卵子	不成熟或过熟卵子
颜色	鲜明	暗淡
吸水情况	吸水膨胀速度快	吸水膨胀速度慢,卵子吸水不足
弹性状况	卵球饱满,弹性强	卵球扁塌,弹性差
鱼卵在盘中静止时胚胎所在的位置	胚体动物极侧卧	胚体动物极朝上,植物极向下
胚胎的发育	卵裂整齐,分裂清晰,发育正常	卵裂不规则,发育不正常

注：引自《中国池塘养鱼学》。

（5）亲鱼产卵的几种情况及处理　催情产卵后，雌鱼通常有以下几种情况。

① 全产（产空）。雌鱼腹壁松弛，腹部空瘪，轻压腹部没有或仅有少量卵粒流出，说明卵子已基本产空。

② 半产。雌鱼腹部有所减少，但没有空瘪。这有两种情况：一是已经排卵，但没全部产出，轻压鱼腹仍有较多的卵子流出。这可能是由于雄鱼成熟差或个体太小或亲鱼受伤较重、水温低等原因所致。若挤出的卵没有过熟，可做人工授精。若已过熟，也应将卵挤出后再把亲鱼放入暂养池中暂养，以免卵子在鱼腹内吸水膨胀，造成危害。二是没有完全排卵，排除的卵已基本产出，轻压腹部没有或只有少量卵粒流出，其余的还没成熟。这可能是雌鱼成熟较差

或是催产剂量不足。放回产卵池，过一会可能再产。但也有不会再产的，这应属于部分难产的类型。其原因可能是多方面的，如亲鱼成熟较差或已趋过熟、生态条件不良等。

③ 难产。可分为以下三种情况。

其一，雌鱼腹部变化不大或无变化，挤压腹部时没有卵粒流出。这可能是亲鱼成熟差或已严重退化，对催产剂无反应。如果催产前检查亲鱼确是好的，那就可能是催产剂失效或是未将药物全部注入鱼体，这种情况可补针。对于成熟差的，可送回亲鱼池培育几天后再催产。若是过熟退化，应放入亲鱼产后护理池中暂养。

其二，雌鱼腹部异常膨大、变硬，轻挤腹部时，有混浊略带黄色的液体或血水流出，但无卵粒，有时卵巢块突出在生殖孔外。取卵检查，卵子无光泽，失去弹性，易与容器粘连。这可能是卵巢已退化，由于催产剂的作用，使卵巢组织吸水膨胀，这样的鱼当年不会再产，且容易死亡，应放入水质清新的池中暂养。

其三，已排卵，但没有产出。卵子已过熟、糜烂。这主要是由于雌鱼生殖孔阻塞或亲鱼受伤，也可能雄鱼不成熟或是环境条件不适宜所致。

(6) 产后亲鱼的护理　要特别加强对产后亲鱼的护理，产后亲鱼往往因多次捕捞及催产操作等缘故而受伤，所以需进行必要的创伤治疗。产卵后亲鱼的护理，首先应该把产后过度疲劳的亲鱼放入水质清新的池塘里，让其充分休息，并精养细喂，使它们迅速恢复体质，增强对病菌的抵抗力。为了防止亲鱼伤口感染，可对产后亲鱼加强防病措施，进行伤口涂药和注射抗菌药物。轻度外伤，用5%食盐水，或10毫克/升亚甲基蓝，或饱和高锰酸钾液药浴，并在伤处涂抹广谱抗生素油膏；创伤严重时，要注射磺胺嘧啶钠，控制感染，加快康复。用法：体重10千克以下的亲鱼，每尾注射0.2克；体重超过10千克的亲鱼，注射0.4克。

三、孵化

孵化是指受精卵经胚胎发育至孵出鱼苗为止的全过程。人工孵

化就是根据受精卵胚胎发育的生物学特点，人工创造适宜的孵化条件，使胚胎能正常发育，孵出鱼苗。

1. 家鱼的胚胎发育

家鱼的胚胎期很短，在孵化的最适水温时，通常20～25小时就出膜。受精卵遇水后，卵膜吸水迅速膨胀，在10～20分钟内，其直径可增至4.8～5.5毫米，细胞质向动物极集中，并微微隆起形成胚盘（即一细胞），以后卵裂就在胚盘上进行。经过多次分裂后，形成囊胚期、原肠期……，最后发育成鱼苗（表4-7）。

表4-7 鲢鱼胚胎发育特征和进度（水温20～24℃）

序号	分期	外部特征	经历时间	备注
1	受精卵	圆球形、卵质均匀分布	0:00	
2	1细胞期	原生质集中在卵球一极，形成隆起的胚盘	30分	
3	2细胞期	胚盘经分裂为两个大小相等的细胞	1小时	
4	4细胞期	分裂球再次经分裂，分裂沟与第1次垂直，4个细胞大小相等	1小时10分	
5	8细胞期	有两个分裂面与第1次分裂面平行，8个细胞排列成两排，中间4个细胞大，两侧4个细胞小	1小时20分	
6	16细胞期	两个经裂面与第2次分裂面平行，16个细胞，中央4个细胞大，外围12个细胞小	1小时30分	
7	囊胚早期	分裂球很小，细胞界限不清楚，由很多分裂球组成囊胚层，高突在卵黄上	2小时27分	
8	囊胚中期	囊胚层较囊胚早期为低，看不出细胞界限，解剖观察，可见到囊胚腔	3小时	
9	囊胚晚期	囊胚表面细胞向卵黄部分下包约占整个胚胎的1/3，囊胚层变扁	5小时30分	
10	原肠早期	胚盘下包1/2，胚环出现，背唇呈新月形	6小时30分	
11	原肠中期	胚盘下包2/3，胚盾出现	7小时30分	计算受精率
12	原肠晚期	胚盘下包3/4，侧面观胚胎背面	9小时15分	
13	神经胚期	胚盘下包4/5，神经板形成，胚体转为侧卧	10小时	

续表

序号	分期	外部特征	经历时间	备注
14	胚孔封闭期	胚孔关闭,神经板中线略向下凹,脊索呈柱状	11 小时 33 分	
15	尾芽期	胚体后端腹面有一圆柱状的尾芽。眼囊变圆,体节 10 对,体长 1.7 毫米	16 小时 5 分	
16	肌肉效应期	胚体开始微微收缩,第四脑室出现,晶体很清楚	19 小时 35 分	
17	心跳期	在卵黄囊头脊前下方,可以看到管状的心脏开始跳动,起初搏动微弱,继而变为有力	25 小时 15 分	
18	出膜期	胚胎破卵膜而出,中脑和后脑膨大,全身无色素,心脏为长管状,鳃板三块,头仍弯向腹面,体节 40～42 对	31 小时 35 分	
19	鳔形成期	眼球色素增多,眼变黑。在胸鳍之后,可见囊状的鳔,胸鳍如扇状,伸向体两侧,体节 46～48 对	96 小时 35 分	
20	肠管形成期	身体色素增多,鳃盖形成,肠管直而细长。鳔膨大如气球,胸鳍活动。仔鱼有四五对外鳃,可作长期游动,并主动摄食,不再停于水底	125 小时 35 分	下塘

2. 漂浮性鱼卵的孵化

(1) 孵化设备　常用孵化设备有孵化缸（桶）和孵化环道等。

(2) 孵化管理　凡能影响鱼卵孵化的主观、客观因素，都是管理工作的内容，现分述如下。

① 水温。鱼卵孵化要求一定的温度。主要养殖鱼类，虽在 18～30℃的水温下可孵化，但最适温度因种而异，青、草、鲢、鳙“四大家鱼”受精卵的孵化水温为 (25±3)℃，而鲤、鲫、鲂等鱼的受精、孵化水温可稍低。不同温度下，孵化速度不同，详见表 4-8。当孵化水温低于或高于所需温度，或水温骤变，都会造成胚胎发育停滞，或畸形胚胎增多而夭折，影响孵化出苗率。

表 4-8 不同水温下的鱼卵孵化时间

鱼类 \ 时间/小时 \ 水温	18℃	20℃	25℃	30℃	备注
青鱼、草鱼、鲢、鳙鱼	61	50	24	16	草鱼、鲢鱼比青鱼、鳙鱼稍快些
鲤、鲫鱼	96～120	91	49	43	15～17℃，约需168小时(合7天)
鲂鱼	72	44	35～38	24	22℃约40小时；28℃为26～28小时

② 溶解氧。胚胎发育是要进行气体交换的，且随发育进程，需氧量渐增，后期可比早期增大10倍左右。鱼的种类不同，胚胎耗氧量不同，如鲢鱼胚胎耗氧量比鲤鱼胚胎耗氧量大3～4倍。孵化用水的含氧量高低，决定鱼卵的孵化密度。生产中不仅要求鳙鱼孵化的水中含氧量不低于4～5毫克/升，更需保证卵和苗不堆积；否则，即使在高溶解氧含量的水中也会出现缺氧窒息死亡，这是提高孵化率的一个关键。

③ 污染与酸碱度。未被污染的清新水质，对提高孵化率有很大的作用。孵化用水应过滤，防止敌害生物及污物流入。受工业和农药污染的水，不能用作孵化用水。偏酸或过于偏碱性的水必须经过处理后才可用来孵化鱼苗。一般孵化用水的酸碱度以pH值7.5最佳，偏酸或pH值超过9.5均易造成卵膜破裂。

④ 流速。流水孵化时，流速大小决定水中氧气的多少。但是，流速是有限度的，过缓，卵会沉积，窒息死亡；过快，卵膜破裂，也会死亡。所以，在孵化过程中，水流控制是一项很重要的工作。目前生产中，都按慢—快—慢—快—慢的方式调控，即刚放卵时，只要求卵能随水逐流，不发生沉积，水流可小些。随着胚胎的发育，逐步增大流速，保证胚胎对氧气的需要，流速在出膜前，应控制在允许的最大流速。出膜时，适当减缓流速，以提高孵化酶的浓度，加快出膜，不过要及时清除卵膜，防止堵塞水流（特别是在死

卵多时)。出膜后，鱼苗活动力弱，大部分时间生活在水体下层，为避免鱼苗堆积水底而窒息，流速要适当加大，以利苗的漂浮和均匀分布。待鱼苗平游后，流速又可稍缓，只要容器内无水流死角，不会闷死即可。初学调控者，可暂先排除进水的冲力影响，仅根据水的交换情况来掌握快慢，一般以每15分钟交换1次为快，每30～40分钟交换1次为慢。

⑤ 提早出膜。由于水质不良或卵质差，受精卵会比正常孵化提前5～6小时出膜，叫做提前出膜。提前出膜，畸形增多，死亡率高，所以生产中要采用高锰酸钾液处理鱼卵。方法：将所需量的高锰酸钾，先用水溶解，在适当减少水流的情况下，把已溶化的药液放入水底，依靠低速水流，使整个孵化水达到5毫克/升浓度（卵质差，药液浓；反之，则淡)，并保持1小时。经浸泡处理，卵膜韧性、弹性增加，孵化率得以提高。不过，卵膜增固后，孵化酶溶解卵膜的速度变慢，出苗时间会推迟几个小时。

⑥ 敌害生物。孵化中敌害生物由进水带入；或自然产卵时，收集的鱼卵未经清洗而带入；或因碎卵、死卵被水霉菌寄生后，水霉菌在孵化器中蔓延等原因造成危害。对于大型浮游动物（如剑水蚤等)，可用90%晶体敌百虫杀灭，使孵化水浓度达0.3～0.5毫克/升；或用粉剂敌百虫，使水体浓度达1毫克/升；或用敌敌畏乳剂，使水体浓度达0.5～1毫克/升。任选1种，进行药杀。不过，流水状态下，往往不能彻底杀灭，所以做好严防敌害侵入的工作才是根治措施。水霉菌寄生，是孵化中的常见现象，水质不良、温度低时尤甚。施用亚甲基蓝，使水体浓度为3毫克/升，调小流速，以卵不下沉为度，并维持一段时间，可抑制水霉生长。寄生严重时，间隔6小时，重复1次。

3. 黏性鱼卵的孵化

黏性鱼卵孵化的常用方法有池塘孵化、淋水孵化、流水孵化和脱黏孵化四种。

(1) 池塘孵化　是孵化的基本方法，也是使用最广的方法。从

产卵池取出鱼巢，经清水漂洗掉浮泥，用 3 毫克/升亚甲基蓝溶液浸泡 10～15 分钟，移入孵化池孵化。现大多由夏花培育池兼作孵化池，故孵化池面积为 333～1333 平方米，水深 1 米左右。孵化池的淤泥应少，使用先前用生石灰彻底清塘，水经过滤再放入池中，避免敌害残留或侵入。在背风向阳的一边，距池边 1～2 米处，用竹竿等物缚制孵化架，供放置鱼巢用。一般鱼巢放在水面下 10～15 厘米，要随天气、水温变化而升降。池底要铺芦席，铺设面积由所孵鱼卵的种类和池底淤泥量决定。鲂鱼和鳊鱼的卵黏性小，易脱落，且孵出的苗不附在巢上，会掉入泥中，所以铺设的面积至少要比孵化架大。鲤、鲫鱼的卵黏性大，孵出的苗常附于巢上，所铺面积比架略大或相当即可。如池底淤泥多，或水源夹带的泥沙多，浮泥会因水的流动、人员操作而沉积在鱼巢表面，妨碍胚胎和幼苗的呼吸，故铺设面积应更大。一般每 666.7 平方米水面放卵 20 万～30 万粒。卵应一次放足，以免出苗时间参差不齐。孵化过程中，遇恶劣天气，架上可覆盖草帘等物遮风避雨，尽量保持小环境的相对稳定。鱼苗孵出 2～3 天后，游动能力增强，可取出鱼巢。取巢时，要轻轻抖动，防止带走鱼苗。

（2）淋水孵化　采取间断淋水的方法，保持鱼巢湿润，使胚胎得以正常发育，当胚胎发育至出现眼点时，移鱼巢入池出苗。孵化的前段时间，可在室内进行，由此减少了环境变化的影响，保持了水温、气温的恒定，并用 3 毫克/升的亚甲基蓝药液淋卵，能够更为有效地抑制水霉的生长，从而能够提高孵化率。

（3）流水孵化　是把鱼巢悬吊在流水孵化设备中孵化，或在消除卵的黏性后移入孵化设备孵化。具体方法与流水孵化飘浮性卵相同，只是脱了黏性的卵，其卵的本质并未改变，密度大，耐水流冲击力大，可用较大流速的水孵化。但出苗后适应流水的能力反而减弱，因此，在即将出膜时，就应将水流流速调小。

（4）脱黏孵化　使用脱黏剂处理鱼卵，待黏性消失后，移入流水孵化设备中孵化，提高孵化设备的利用率。常用脱黏剂有黄泥浆和滑石粉。黄泥浆的制备：用敲碎并锤细的干黄土，加水调浆，然后用每平方毫米40目的筛绢过滤，除去杂质和粗粒，滤出的泥浆呈浓水汤状即可使用。滑石粉脱黏剂的制备：10升水，加100克滑石粉（有时再加20～30克食盐）而成的悬浮液。每10升滑石粉悬浮液可放卵1～1.5千克，边倒卵边用手搅拌，倒毕，再搅拌30分钟（指早期鲤鱼卵），检查的卵放入清水中能粒粒分开即可。脱黏时间长短与水温有关，水温高脱黏时间短；反之，则长。两种脱黏液，可任选一种使用。

4. 催产率、受精率和出苗率的计算

鱼类人工繁殖的目的是提高催产率（或产卵率）、受精率和出苗率。所有的人工繁殖的技术措施均围绕这“三率”展开的，其统计方法如下。

在亲鱼产卵后捕出时，统计产卵亲鱼数（以全产为单位，将半产雌鱼折算为全产）。考虑催产率可了解亲鱼培育水平和催产技术水平。计算公式为

$$催产率=\frac{产卵雌鱼数}{催产雌鱼数}\times100\%$$

当鱼卵发育到原肠中期，用小盆随机取鱼卵百余粒，放在白瓷盆中，用肉眼检查，统计受精（好卵）卵数和混浊、发白的坏卵（或空心卵），然后按下述公式可求出受精率。

$$受精率=\frac{受精卵数(好卵)}{总卵数(好卵+坏卵)}\times100\%$$

受精率的统计可衡量鱼催产技术高低，并可初步估算鱼苗生产量。

当鱼苗鳔充气、能主动开口摄食，即开始由体内营养转为混合营养时，鱼苗就可以转入池塘饲养。在移出孵化器时，统计鱼苗数。按下列公式计算出苗率。

$$出苗率=\frac{出苗数}{受精卵数}\times100\%$$

出苗率（或称下塘率）不仅反映生产单位的孵化工作优劣，而且也表明了整个家鱼人工繁殖的技术水平。

四、提早春繁

1. 提早春繁的意义和措施

我国东北和西北地区，地处高寒地带，气候寒冷，冰封期很长，均在100～150天。这些地区亲鱼春季培育要到4月下旬至5月上旬才能开始，人工繁殖时间要到6月底或7月中旬才能进行。这使鱼苗、鱼种生长期缩短到仅有2～3个月，要在如此短的时间内培育10厘米以上的鱼种就相当困难，更无法培育较大规格的鱼种，从而影响到东北和西北地区淡水渔业的发展。

提早进行养殖鱼类的春季繁殖，就是通过增温的手段，促使水温回升，提前开始亲鱼的产前强化培育，使鱼类繁殖时间相应提前的技术措施。采用这项措施，能延长当年苗种的培育期，增大育成规格。对北方寒冷地区，可提高鱼种的越冬成活率，有助于解决苗种自给；对其他地区，生长期的延长，为缩短养殖周期提供了有效的途径。以鲂、鲫鱼为例，长江流域，4月上旬虽已能满足它们的繁殖温度，但下旬的低温期却给夏花培育带来不利，为避免恶劣天气的影响，生产中常延迟人工繁殖时间。结果，人为地缩短了苗种培育期，当年的育成苗种规格小，常规养殖方式下一般要到第2年秋才能上市，且上市规格也不理想。倘若将鲂鱼和鲫鱼的人工繁殖时间提早到3月底、4月初。利用4月上中旬的有利时机进行夏花培育，就能延长培育时间1～2个月。当培育期采用稀放速长工艺时，1足龄鱼种可长到较理想的上市规格，这样，既缩短了培育时间，又可为优质食用鱼的均衡上市提供条件。提早春繁，可认为是鱼类人工繁殖技术加上增温、保温措施，所以较易掌握。提早春繁的主要技术措施如下。

① 用于养殖生产的增温方式主要是锅炉供热和地热、余热利用。地热和余热利用，成本较低。

② 除温室保温外，塑料大棚也可保温。大棚造价低，但通风性差，棚内棚外的温差易造成霜和露，对池水溶解氧与光照产生不良影响，使用时要注意调控。

③ 增温下的产前强化培育期，比常温下可多长15～20天。所以，从开始增温到亲鱼产卵，全期需2～2.5个月。

④ 增温的起始速度，可控制在每天升高1～1.5℃，当达到要求的温度后（草鱼、鲢鱼、鳙鱼为23～25℃，鲤鱼、鲫鱼、鲂鱼为20℃以上），维持稳定，只要增温不间断，水温不起伏，就能如期催产。

⑤ 水温达6～10℃后，开始投饲。以天然饲料与精料并举的原则供饲。草食性鱼类，前期的青料用量应不少于总饲量的一半；后期必须以青料为主。所用精料，是谷、麦芽和饼粕。日投喂率与常温培育相同，并以傍晚吃完的原则进行调节。

⑥ 放养密度，草鱼、鲢鱼、鳙鱼每平方米放养0.5千克，鲤鱼、鲫鱼、鲂鱼放养密度以每平方米0.25千克为宜。为多养雌鱼，可将雌雄比例控制在1∶(0.6～0.4)。

⑦ 为尽量缩小个体间发育的参差程度，在培育期内，可酌情注射微量LRH-A 1～2次的方法，促进同步发育。

⑧ 为确保提早春繁工作的顺利进行，必须狠抓产后至初冬的亲鱼培育。优质鱼中，不少种类是以Ⅳ期性腺越冬的（与青鱼、草鱼、鲢、鳙等鱼不同），因此秋季与越冬前的喂养尤为重要。

2. 西部地区鲤鱼早繁技术

西部地区，在自然条件下5月中下旬以后才能生产出适宜放养的乌仔鱼苗，这使得当年鱼种规格小，越冬成活率低。开展鲤鱼早春人工繁殖，以达到鱼苗早放、增产增收的目的。

（1）亲鱼培育及选择

① 培育池。培育池面积5000平方米左右，上盖东西走向的长方形塑料大棚，池底淤泥10～15厘米，池深2.0米，水深1.2米，注排水方便。放养前用生石灰干法清塘，每666.7平方米施生石灰100～150千克。

② 亲鱼的饲养管理。亲鱼于2月20日放入培育池，每666.7平方米放养50～80尾，水深1.2米，每天投喂精饲料（麦芽、谷芽及饼类等）1～2次，投喂量为鱼体重的5%～10%。经过30天

的强化培育，亲鱼性腺发育良好。

③ 亲鱼选择。选择个体发育良好，鱼体无伤，体表光滑且活动正常的1～3千克的个体为亲鱼。雌鱼腹部大而柔软，仰视可见有明显的卵巢轮廓，手摸有弹性感觉。雄鱼腹部明显比雌鱼小。

（2）人工催产及孵化

① 人工催产。催产池为3.8米×3.1米×1.2米的标准水泥池，水深50～60厘米。水源为黄河水，采用曝气增氧，暖气调温，繁殖期水温为22～26℃。

催产剂选用DOM+LRH-A_2，采取体腔一次注射的方法，注射剂量为（3毫克DOM+10微克LRH-A_2）/千克（催产剂量按每千克雌鱼计算，雄鱼减半），注射方法是将针头朝鱼胸鳍内侧向前并和鱼体表面成45°～60°角插入体腔，徐徐注入药液，针头不能刺入过深（刺入0.8～1.0厘米），以免刺伤内脏。

② 人工授精。采用干法授精，将发情到高潮或到了预计发情产卵时间的亲鱼捕出，一人抱住鱼，头向上尾向下并用手按住生殖孔（以免卵流入水中），另一人握尾柄并用毛巾将鱼体腹部擦干，随后用手柔和地挤压腹部（先后部，后前部），使卵流入事先准备好的瓷盆中（注意不要带入水，因为卵遇水膨胀后，受精率降低），然后将雄鱼精液挤于鱼卵上，用手均匀搅动1分钟左右，再加少量生理盐水激活精子、再搅拌，使卵全部受精。如此重复直至采完卵为止。采卵同时，根据卵重估算产卵量（盛卵盆放在电子天平上，每次加入的卵重可从增重量得知）。

③ 脱黏、流水孵化。先将细泥土与水混合成泥浆水，用稀眼网箱（40目）过滤，浓度像米汤水，倒入大瓷盆中，然后一人用双手不断翻动泥浆水，另一人每次将少量受精卵倒入手中，置于泥浆水中振荡几下，将卵散开在泥浆水中去黏。待卵全部撒完后，继续翻动水1～2分钟，再将泥浆水连同受精卵一起倒入网箱，用净水洗去泥浆，筛出卵粒放入1/1500亚甲基蓝水溶液消毒半分钟，过数后放入孵化环道流水孵化。每立方米水体可放卵约80万粒，流速以卵粒轻微翻动为度。孵化过程中从环道取卵100粒检查受精

率。待仔鱼孵出后，取样记数计算孵化率。

五、其他鱼类的人工繁殖

1. 罗非鱼人工繁殖技术

目前，我国养殖的罗非鱼，均属一雌一雄生殖关系，雄性掘巢，雌性口孵。繁殖温度为22～32℃，最适温度为25～30℃。可在静水池塘自行产卵，且繁殖周期短，长江流域1年内可繁殖4～5次。每次产卵量随鱼体大小及所养种类而异，有数百粒至千余粒或更多。一般每千克雌鱼1年内可产苗2万尾。

（1）繁殖特性　春季水温达20℃以上时，罗非鱼就有营造产卵巢的生殖行为。雌鱼产卵的适温范围为24～32℃，临界温度为20～38℃。在我国长江中下游地区，产卵时间一般发生在5～9月；在北方地区时间间隔要缩短；在南方产卵时间可能拉长，广东南部、海南等地则全年均可繁殖。罗非鱼是典型的一年多次产卵型鱼。南方地区夏、秋两季每25～30天可繁殖1次，每年能繁殖4～6次。在长江中下游地区和华东地区，夏、秋两季每30～35天可繁殖1次，每年能繁殖4～5次。华北地区每年能繁殖2～3次。

（2）鱼苗生产池塘的选择　要求交通便利，环境安静。池塘供水充沛，排灌方便，面积在666.7～2000平方米，形状为东西向的长方形，泥池埂要有一定的坡度，以利于亲鱼在浅水处挖窝产卵。水泥埂可在正常水位下20～30厘米处沿池埂周围垒一级宽30厘米的台阶，便于拉网操作和捞苗。池底平坦，沙土或壤土，淤泥厚度小于10厘米。亲鱼刚放入池塘时，水深保持在1.5米以上，开始产卵时，适当降低水位，保持在1米左右。水质无毒、无害。水温23～30℃时，亲本会一直保持产苗。进、排水口安置过滤网，严防罗非鱼串塘、逃跑和野杂鱼、有害昆虫进入，这对于生产奥尼杂交鱼苗尤其重要。亲鱼放养前要彻底清塘消毒、施肥。

（3）奥尼杂交鱼苗生产所需亲鱼的选择　挑选雌性尼罗罗非鱼作母本、雄性奥利亚罗非鱼作父本，如果雌雄鉴别不准确，则雄性比率必然不高。切勿混进雄性尼罗罗非鱼或雌性奥利亚罗非鱼，因为同种罗非鱼交配的雄性率只有 50%，另外同种罗非鱼交配的产卵率、受精率、出苗率比杂交要高，所以一旦混入雄性尼罗罗非鱼或雌性奥利亚罗非鱼，生产出的奥尼罗非鱼雄性率就会大大降低。为了获得规格整齐、体质健壮的奥尼罗非鱼苗种，亲鱼选择除了把好雌雄选择关，还要考虑亲鱼的体质状况。选中的亲鱼要求在 250 克以上，体质健壮，无病无伤残，性腺发育良好。亲鱼的使用年限不超过 5 年。按雌雄 3∶1 或 5∶2 的比例放入繁殖池内，每 666.7 平方米放养雌亲鱼 100 千克左右，雄亲鱼 25～30 千克。

（4）繁殖生产的日常管理　亲鱼下塘后，安排专人管理，建立池塘管理日志，健全岗位责任制，严格交接班制。在整个繁殖季节内，要为亲鱼提供充足的饵料。亲鱼每繁殖出一批鱼苗，需要补充大量营养，以迅速恢复体力，促使性腺再度发育成熟。为此，繁殖池的饵料组成和数量必须相当丰富多样，除适当施肥外，还要不断提供配合饵料来补充天然饵料的不足。加强水质调节，保持水质清新，溶解氧充沛，适时加注新水，保持一定的水位（1.2 米）。坚持昼夜巡塘，发现亲鱼浮头就开增氧机或加注新水。注意水温变化，特别是早春或繁殖中后期池水，由于受天气的影响而变化较大。罗非鱼产卵的适温范围为 24～32℃，在天气波动较大的时候，可通过调节池水的深度来维持池水温度的相对稳定。

（5）出苗操作　亲鱼进入繁殖池后 20 天左右，便陆续产苗。这时要加强巡塘，注意亲鱼活动和出苗情况。一旦发现有成群的鱼苗出现就要开始捞苗，在清晨或傍晚鱼苗集中在池塘周围时，用三角抄网沿池边捞取。趁小鱼苗游动能力还比较弱时加紧捞出鱼苗，尽量捞尽。刚放入繁殖池的越冬亲鱼，由于在越冬池内是在高密度条件下饲养，因此大部分卵巢发育程度基本接近，第 1 次产卵比较同步，产卵、出苗时间相对集中。第一批鱼苗规格较整齐，也容易捞尽。在随后的时间里，因亲鱼的个体差异，性腺发育水平不一致，产卵的时间也就参差不齐，从而造成出苗的时间也就不同。这时用捞苗法就很难捞尽鱼苗，没有捞尽的鱼苗长至 2～3 厘米就会出现大苗吃小苗的现象，使产苗量减少，为此需定期用被条网扦捕鱼苗，一般1周扦捕鱼苗1次。

(6) 鱼苗暂养　鱼苗在网箱中暂养，注意不能太密，否则会缺氧，也不能放太久，最好不超过1周，否则易造成营养不良、体质差，不利于长途运输和日后饲养。暂养期要每天用鸡蛋黄或豆浆投喂2次，防止网破和网翻，网箱要经常换洗。当网箱中鱼苗达一定数量后，过筛，然后转入苗种培育池培育或出售。

(7) 鱼苗计数　在大规模鱼苗种生产时，不管是放养或是出售都需计数。对每批鱼苗打样记数时，准备好若干个20毫升左右（小酒杯大小）的小杯、一个用筛绢制成的小勺、几个脸盆。先把暂养在网箱中的鱼苗慢慢集中，除去里面杂物，然后用小勺把鱼苗装入小杯打样，记好杯数。将其中一杯鱼苗放入盆中计数，再乘杯数就可知整批鱼苗的数量。注意在鱼苗集拢时打样动作要快，打样过程中，不断轻轻泼水。

(8) 鱼苗运输　目前广泛使用的是尼龙袋充氧后密封运输。尼龙袋充氧密封运输适宜于装运鱼苗和3厘米左右的夏花鱼种；特制的橡皮袋充氧可装运大规格鱼种。常用尼龙袋的规格为70厘米×(30～40)厘米，一般盛水为容积的1/5、充氧4/5。每只袋装运的密度，依苗种大小、温度高低和运输时间的长短而定。一般温度低、运程短、鱼体小，密度可大些；反之，则应小些。当水温25℃左右，运程20小时，可装鱼苗1万～1.5万尾，1.5厘米的鱼苗可装3500～5000尾，3厘米左右的夏花可装1500～2000尾，成活率达95%以上。运到目的地后放苗时，必须使袋中的水温与放养水体水温平衡后再放苗。

2. 鳜鱼人工繁殖技术

(1) 亲鱼的准备　目前亲鱼来源有两种途径：一是在冬春季节从天然水域中捕获；二是来自池塘养殖。繁殖季节来临前，从天然水域捕获直接用于生产的，其催产成功率很低，且卵质较好。生产上应尽可能在鳜鱼越冬前捕捉，延长其强化培育时间，以利提高繁殖效果。从天然水域捕捞亲鱼时，可用单层尼龙刺网、三角操网等工具。捕捞的亲鱼应逐尾进行选择，要求体质健壮，形体标准、无

病无伤，尽量选用个体大、2～3龄、体重1～2千克的为好，以确保繁殖效果。若条件限制，体重在0.5千克以上的雄鱼、0.75千克以上的雌鱼亦可进行人工繁殖。为提高鳜鱼苗种质量，近年无论是南方或是长江流域的人工繁殖单位多以采集长江野生鳜作为亲本。

(2) 亲鱼的培育　无论是天然捕捞或养留的亲鱼，都必须经过培育方可投入繁殖生产，其培育方法分两种情况，一是常规培育，二是早繁亲鱼培育。

① 亲鱼的常规培育。培育池宜用0.1～0.2公顷的土池，水深在1.5米左右，池埂坡度1∶(2～2.5)，水源符合养殖用水标准，注排水方便，并配备增氧机。

将采运来的种鳜经消毒处理后，一般是放入家鱼池或四大家鱼亲鱼池，与其混养，放养密度视池塘里小鱼、小虾的数量确定，每666.7平方米放养15～20尾［雌雄比例1∶(1.2～1.5)］。至繁殖前集中进行专池强化培育，培育期间应投喂小杂鱼、虾、鲢、鲫鱼等鱼种，饵料鱼投放要适时、足量，每3～5天定时冲换水1次，以保证水质清新，溶解氧充足。经40～60天的培育即可进行配对催产。条件允许，如能结合对亲鱼池进行降水增温，注水保温、流水刺激的生态催熟办法，或利用热水资源培育亲鱼，其性腺发育会更加理想。

② 早繁亲鱼的培育。整个培育过程分室外培育和室内培育两个阶段。

室外培育：用作早繁的鳜鱼室外培育的方式、方法及管理措施与常规培育相同。

室内培育：鳜鱼亲鱼在室外池塘培育至12月中旬，须转入温室培育，通过增温、增氧等措施来促进鳜鱼亲鱼性腺发育，以达到提早繁殖的目的。

③ 亲鱼放养。水泥培育池面积10～15平方米，池深0.6～0.8米。池内设循环热水加热系统、进排水系统、充气增氧设施。在亲鱼入池前半个月，对水泥池进行打扫、消毒、浸洗。亲鱼入池时用

15～20毫克/升的高锰酸钾溶液或3%～5%的食盐溶液浸浴3～5分钟，杀灭体表病原菌、寄生虫等。入池时的温差不宜超过3℃，放养密度为2～3尾/米³。雌雄配比为1∶(1～1.2)。

④ 日常管理。主要包括饵料投喂、水温调控、水质管理等工作。

⑤ 饵料投喂。一般采用鲫鱼、花白鲢等鱼种作饵料鱼，规格以60～80尾/千克为宜。3天左右投喂1次，以减轻亲鱼培育池的载鱼量，每次投饵量控制在亲鱼尾数的8倍左右。饵料鱼投喂前用5%食盐水浸洗3～5分钟，以防带入细菌和寄生虫。饵料鱼亲本使用常规饲料投喂，以配合饲料为佳，日投喂量为亲本体重的5%左右。

⑥ 水温调控。根据鳜鱼亲鱼在自然气候条件下性腺发育的周年变化规律和性腺发育成熟所需的自然积温，按照"循时渐增，合理调控"的原则进行加温，每10天提高水温1～2℃，在3月初达到21～23℃，产卵前10天提高到26℃左右。从3月起，每隔5～7天检查1次鳜鱼亲鱼的性腺发育状况，以便科学合理地调控水温，促使其能如期达到催产要求。

⑦ 水质管理。由于温室培育在水泥池中进行，故要特别注意池水的水质状况。采用间隙充气法，既能保证溶解氧充足，又可节约用电。培育池充气时间与停气时间之比为1∶(2～4)。水温在18℃以上时，鳜鱼活动能力强，摄食量大，排泄物多，水质极易恶化，要重点做好吸污、换水的管理工作，每天吸污1次，并视水质状况，每5～7天换水1次，每次换水量为池水的1/3。换水前，先将调温池的水温调节到与培育池的水温相一致，然后进行换水。从3月起，每天在池内冲水2小时左右，并定期检查亲鱼的性腺发育状况，根据其成熟度合理调节冲水次数和时间长短。冲水可利用培育池水进行内循环，以减少热能的损失。

(3) 人工催产　在催产前务必做好各项准备，不失时机地在最适宜的季节进行人工催产，是鳜鱼人工繁殖取得成功的关键。

① 催产时间。常规催产与早繁催产时间不同。天然水体或池

塘中的鳜鱼生殖季节一般在5月上旬至7月初。从解决好鳜鱼苗的开口饵料考虑，以5月上旬催产较为理想，但此时华北地区雌鳜的性腺成熟系数较小，故一般都选择5月中旬、6月上旬进行人工催产，其效果较好。温室内的鳜鱼亲本是经逐步升温强化培育的，一般在3月底至4月初达到性成熟，此时即可进行催产。

② 亲鱼的雌雄鉴别与选择。在生殖期内雄鱼无副性征出现，在外形上与雌鱼没有明显区别。但在肛门后有一白色圆柱状小突起，在这生殖突起上，雌鱼有两个开口，生殖孔开口于生殖突起的中间，泄尿孔开口于生殖突起的顶端；而雄鱼的生殖孔和泄尿孔重合为泄殖孔。根据这一特征，全年均可鉴别鳜鱼性别。此外，鳜鱼在性成熟之后，尤其在繁殖期，雌鱼下颌前端呈弧形，超过上颌不多，雄鱼下颌前端呈尖角形，超过上颌很多。

③ 催产剂的使用。

a. 使用剂量。一次注射，若单用PG，则雌鱼的注射量为14～16毫克/千克；若混用，每千克雌鳜注射量为PG1.5～2毫克加HCG 500～800国际单位；如果用LRH-A_2和HCG，每千克雌鱼注射量为LRH—$A_2$50微克加HCG500国际单位，雄鱼注射量减半，分2次注射；若使用PG，第1针剂量每千克雌鱼为0.8～1.6毫克，第2针剂量每千克雌鱼为10～15毫克，雄鱼减半；若使用PG加LRH-A_2时，第1针剂量每千克雌鱼用LRH-$A_2$20微克，第2针剂量每千克雌鱼用PG2.5毫克加LRH—$A_2$150微克，雄鱼减半；若使用DOM+LRH-A_2时，每千克雌鳜注射量为DOM5毫克加LRH—$A_2$100微克，雄鱼减半，分2次注射；若PG、HCG、LRH-A三种激素混合使用时，每千克雌鳜用PG2毫克加HCG800国际单位加LRH-A100微克，雄鱼减半，分2次注射。第1次注射与第2次注射相隔时间一般为8～12小时。水温较低时，相隔时间可适当延长，两次注射的效果一般好于一次注射。部位为胸腔注射，方法同家鱼人工繁殖。

b. 效应时间。具体见表4-9、表4-10。

表 4-9　一次性注射催产剂后鳜鱼发情和产卵时间表

水温/℃	注射至发情时间/小时	注射至产卵时间/小时
18～19	38～40	约 40
24～27	20～23	22～24
28～29	20～22	21～23
32	19～21	20～24

表 4-10　两次注射催产剂后鳜鱼发情和产卵时间表

水温/℃	注射至发情时间/小时	注射至产卵时间/小时
21～23	10～12	20～16
25～27	9～0	10～16
28～29	8～9	9～11
29～31	8～9	9～10

④ 发情与自然产卵。成熟的亲鱼注射催产剂后，可将雌雄鳜鱼配组放入产卵池中，让其自然产卵，雄鱼可略多于雌鱼，一般雌雄比例为 1∶(1～1.2)，亲鱼密度为 2～4 千克/米^2，亲鱼在催产剂的作用下，加上对产卵池内亲鱼进行定时冲水刺激，经过一段时间，就会出现兴奋发情的现象。初期，几尾鱼集聚紧靠在一起，并溯水游动，而后，雄鱼追逐雌鱼，并用身体剧烈摩擦雌鱼腹部，到了发情高潮时，雌鱼产卵，雄鱼射精，卵精结合成受精卵。此时，可进行集卵，即一面排水，一面不断冲水，使卵流入集卵箱内，分批收集取出鱼卵，并经漂洗处理，除去破卵、空卵、杂物后，随即移放到孵化容器内孵化。收卵工作要及时而快速，以免大量鱼卵积压池底（或集卵箱底）时间过长而窒息死亡。鱼卵收集完毕后，可捕出亲鱼回塘。

如果没有产卵池，也可将已注射催产剂的亲鱼放入筛绢制成的网箱内，经过一段时间，亲鱼也能自行发情、产卵。待亲鱼产完卵后将其移走，再将箱内的卵集中于孵化器中孵化，此法简便易行。

鳜鱼属分批产卵类型，自然产卵可减少产卵亲鱼的损伤和工作程序。

(4) 人工授精　在缺少雄鱼时，使用此法较好。即将到效应时间前，应注意产卵池中亲鱼的动态。当亲鱼开始发情，尚未达到高潮时，拉网检查。检查时应先检查雌鱼，将雌鱼腹部朝下，轻压腹部有卵粒流出时，立即捂住生殖孔，并将鱼体表的水擦净，裹上毛巾，将鱼轻轻握住，头朝上腹朝下，由上而下反复适度挤压，让卵流入干净的面盆中，同时挤入雄鱼精液，经充分搅拌后加入少量清水。再搅拌一下，静置1分钟后放入孵化环道或孵化缸孵化。

通常一条雌鱼可挤卵2～3次，每次挤卵后应稍停片刻再挤。为了提高受精率，在条件许可的情况下，1尾雌鱼的卵最好用1尾以上雄鱼的精液，以利提高受精率。

(5) 人工孵化

① 孵化条件。鳜鱼受精卵可利用家鱼人工繁殖所使用的孵化环道、孵化缸、孵化器，还可用密网箱孵化。受精卵与家鱼卵比较，其体积小、密度大，容易沉入水底而造成窒息死亡。因此，水流、溶解氧和水温是主要条件。鳜鱼胚胎正常要求水中溶解氧在6毫克/升以上，因此，要求水流比四大家鱼卵孵化时的速度要相应快些，一般流速要求达到25～30厘米/秒，以保持鱼卵不下沉堆积，尤其是在鱼苗将孵出至孵出期间掌握好流速、流量，必要时可以采取人工搅动的方法，可有效防止鱼卵沉积或鱼苗聚集，从而提高孵化率。水质清新、酸碱度适中也是孵化用水的必要条件。另外，水体中不能含有大型蚤类、小虾、水生昆虫、蝌蚪等敌害。故孵化用水必须通过筛绢过滤，网目规格90～100目。如条件具备，孵化用水最好通过二级处理（沉淀、沙过滤）后方可注入孵化设施，以利提高孵化效果。

② 孵化密度。利用环道孵化鳜鱼苗，每立方米水体可孵化受精卵5万～10万粒。用孵化缸或孵化器孵化鳜鱼苗，每立方米水体孵化受精卵10万～20万粒。用网箱孵化，密度为每立方米水体3万～5万粒。

③ 孵化时间。正常的胚胎发育所经历时间的长短，与水温和

溶解氧含量的高低有关。水温对孵化时间影响甚大。水温在23.5～25.5℃时，从受精至孵化出膜时间需40～52小时；水温26～28℃时，孵化时间需32～38小时；水温28～30℃时需30小时左右。孵化的最适水温是22～29℃。在适宜的温度范围内，温度越高，孵化时间越短，反之则长。水温能保持在最佳范围，可以缩短孵化时间和提高孵化率。

④ 孵化管理。在鳜鱼卵孵化过程中，应加强日常管理，必须做到以下几点。

a. 机电配套，防止停水。如停水，鱼卵就会下沉，堆积水底，导致底层缺氧，水质变坏，造成死亡。一般情况下，机电设备均配备两套，以防不测。

b. 控制水流。孵化时，应有较大的水流。一般可控制在0.3米/秒左右，使卵保持在中上层，脱膜期水流可适当加大，以便清除油污、卵膜等。但当鱼苗出膜后应减小水流，防止跑苗等。

c. 经常清洗筛绢。尤其是脱膜高峰期，更应防止卵膜等堵塞网孔，造成水流不畅，使水质变坏。

d. 做好病害防治工作。在鳜鱼苗孵化过程中，孵化用水中如果含有大量剑水蚤，就会直接伤害受精卵和出膜仔鱼，还会导致受精卵缺氧或使鱼卵受损而感染水霉病进而影响孵化率。为预防剑水蚤、车轮虫和水霉病的危害，孵化期间应及时用药灭菌、杀虫，防止病害的侵袭。

3. 斑点叉尾鮰人工繁殖

(1) 亲鱼培育

① 亲鱼的来源和选择。斑点叉尾鮰的亲鱼来源，主要是从饲养的商品鱼中挑选个体大、体质健壮、无病、身体完整、无损的成鱼。注意从不同水体中选择或外购，保持斑点叉尾鮰的优良性状，然后进行后备亲鱼培育，再进行筛选后作为亲鱼使用。在我国，斑点叉尾鮰亲鱼性成熟的年龄一般为4～5龄，体长45厘米，体重在1.2～3.7千克的个体能达到性腺成熟，并能正常进行繁殖。选择亲鱼年龄，以华南地区2龄以上、华中地区4龄、华北地区5龄以

上为好。

② 亲鱼的雌雄鉴别及配比。斑点叉尾鮰幼鱼和非生殖季节及第1次性成熟的鱼，难以鉴别雌雄。当鱼长到1千克左右时，则较易鉴别，可用麦秆或挖卵器试探，如有生殖孔即为雌鱼。生殖季节可根据生殖孔、鱼体外形和体色进行鉴别。外形上雄鱼的头部宽而扁平，头部两侧有发达的肌肉，接近产卵季节；雄鱼体形变得较瘦，头部较暗呈灰黑色。雌鱼头部小于雄鱼，近于圆形，吻稍尖，体色及头部呈淡灰色，体形较胖，腹部变得软而膨胀（图4-5）。检查生殖器官，雄鱼肥厚而突起，类似乳头状，腹部抬起生殖器有明显乳头状突起，膨胀而僵硬，生殖器末端的生殖孔明显，有一带红色点。雌鱼的生殖器类似长圆形，脂状和两个孔被瓣状皮肤分开，裂缝状形成沟形，生殖孔位于肛门与泌尿孔中间，通常微红膨胀，有黏膜覆盖，用手将鱼的腹部抬起，可见生殖器官有跳动现象（图4-6）。

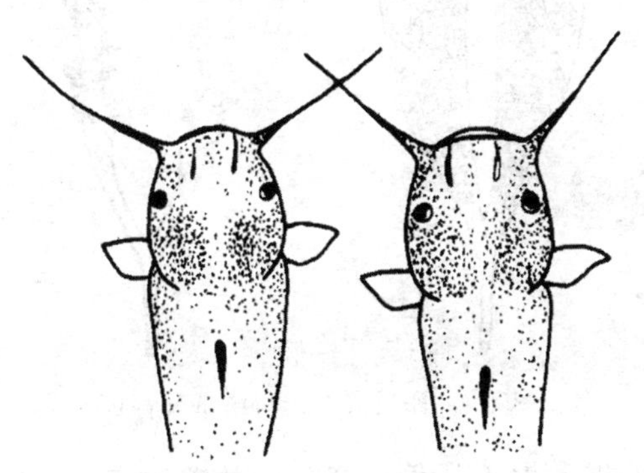

图4-5 雌（左）雄（右）鱼头部区别

③ 亲鱼成熟度的选择。选择性成熟的亲鱼时，要求其腹部膨大柔软，有弹性，将鱼的尾部向上提，卵巢似有流动现象及明显轮廓，生殖孔略圆，红肿稍大，微外突，用挖卵器检查，如卵核偏位的比例较大即可催产。雄鱼一般体呈深灰色或灰黑色，腹部窄平而瘦，生殖孔微红而膨大，表面较粗糙，精液似水状，精巢类似树根状，精液不易挤出（图4-7）。

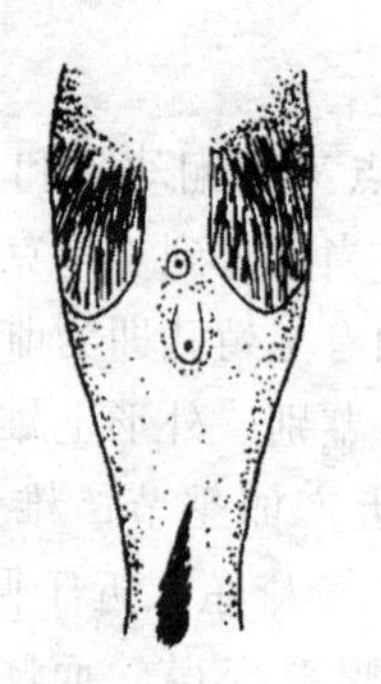
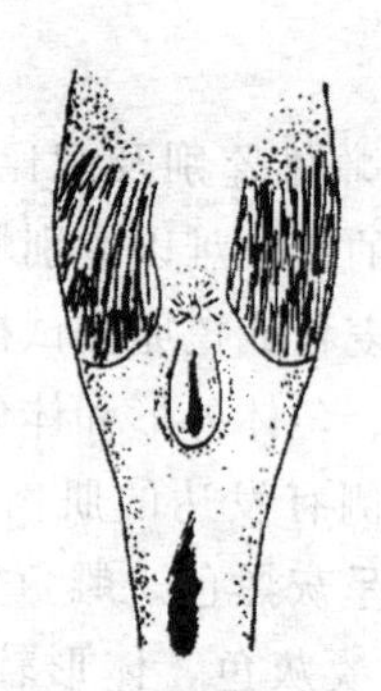

图 4-6 雌（左）雄（右）鱼生殖器

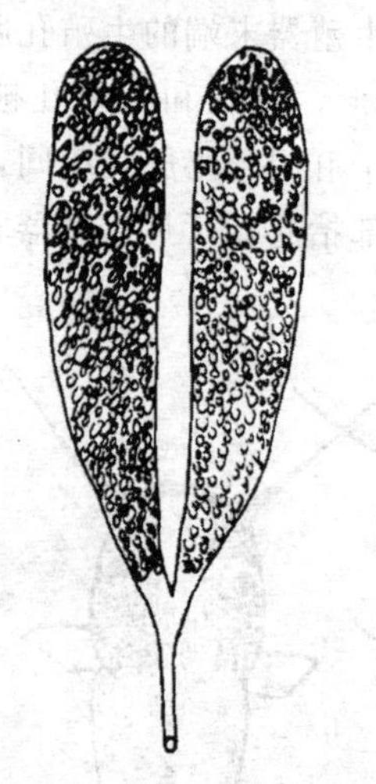
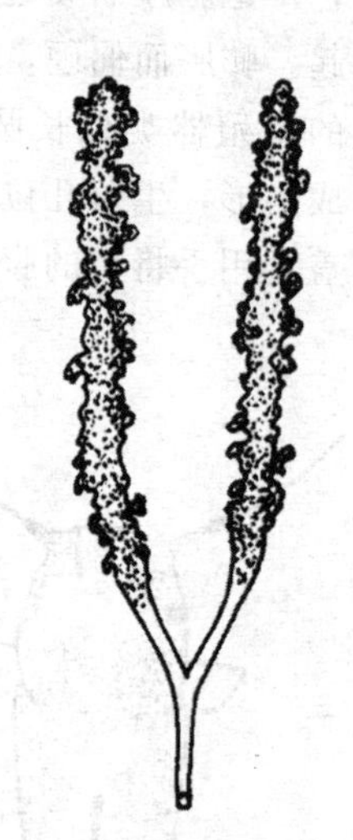

图 4-7 卵巢（左）与精巢（右）

④ 放养密度及混养比例。亲鱼的放养密度，一般为每 666.7 平方米 200 千克左右，根据池塘的面积大小和环境条件而有所差异。面积 1333～2000 平方米的亲鱼池，每 666.7 平方米放养110～130 尾；2667～4000 平方米的亲鱼池，每 666.7 平方米放养 100～110 尾，鱼体总重 225～250 千克。自然繁殖为雌、雄混养，如人工授精，则需进行雌、雄分养，否则性成熟的亲鱼在池塘中会自然产卵孵化。另外，一般在亲鱼池中要套养少量个体较小的鲢、鳙，以利于控制水质，放养量以 10～13 厘米鱼种 200～300 尾为宜。亲

鱼池中忌放鲤、鲫鱼，以免争食而影响亲鱼的正常发育。

⑤ 饲料投喂。亲鱼越冬前后，一定要采用精养强化培育措施。在亲鱼池中单靠天然饵料不能满足需要，必须投喂含蛋白质35%～36%的人工配合饲料。饲料中动物性、植物性蛋白质比例为1∶1.95，如动物性蛋白质含量低，对性腺发育和产卵影响较大，配合饲料主要原料为鱼粉 17%、玉米 12.5%、豆饼 42.5%、米糠 7%、麦麸 13.5%、过磷酸钙 1%，以及黏合剂维生素和矿物质添加剂。投喂量是根据水温和亲鱼体重而定，水温在 6～12℃时，投喂量占体重的 1%；当水温为 13～29℃时，为 2%；当水温为 20～35℃时，为 3%～4%。早晚各投喂 2 次，低温时可每天投喂 2 次，投喂地点稍集中，直接投入池塘中，以适应其集群摄食的习性，以 30 分钟摄食完为宜。有条件的地方，在亲鱼培育过程中，可于产卵前后 30 天左右，每 10 天投喂 1 次动物性饲料，如禽畜下脚料、死亡或冰鲜小杂鱼虾等，对亲鱼的性成熟更佳。如果条件许可，亲鱼可全部采用动物性饲料投喂，也能获得良好的产卵效果。

⑥ 饲养管理。斑点叉尾鮰亲鱼池饲养管理要求比较高，要保持水质清新；溶解氧含量在 4 毫克/升以上；pH 值 7.2～8.5；亲鱼池中要清除野杂鱼，以防与亲鱼争食、争氧而影响亲鱼的正常发育；要防止浮头泛塘，亲鱼出现严重浮头会造成不产卵；在春、秋季节要加强强化培育，每隔 10～15 天，需进行冲水刺激，既改善水质，又可增加溶解氧，对加速亲鱼性腺发育有良好作用；投喂饲料时，要注意观察鱼的摄食情况，投喂饲料不要过剩，以免造成浪费和影响水质。

（2）产卵繁殖　斑点叉尾鮰产卵孵化的方法有四种：一是在池中自产自孵，然后收集鱼苗；二是在池中自然产卵受精、人工孵化；三是人工注射催产剂，自然产卵受精、人工孵化；四是人工注射催产剂产卵、人工授精和人工孵化。目前生产中主要采用的是自然产卵受精、人工孵化；或人工催产、自然产卵受精。

① 自然产卵受精、人工孵化。斑点叉尾鮰的自然产卵受精、人工孵化，是在产卵池中放置产卵巢，亲鱼自然产卵受精后，将卵

块收集起来，经过消毒后进行人工孵化。这种繁殖方法适合于生产。

a. 产卵环境。亲鱼培育池要保持良好的水质，可作为亲鱼的产卵繁殖池。一般在生产中，性成熟好的亲鱼在水温 18～30℃、气候条件好的情况下产卵，产卵最适温度为 23～28.5℃。气候条件变化大，水温变化超过 5℃时，对产卵影响较大。产卵时要求溶解氧含量在 4 毫克/升以上，透明度为 40 厘米左右，pH 值在 7.2～8.5。产卵对水深有一定的要求，一般在 0.8～1.2 米为好。

b. 产卵巢。产卵巢一般采用旧牛奶桶、木桶、土瓦罐、旧橡胶抽水管、木盒等，产卵巢以能容纳一对产卵亲鱼正常活动的大小为宜。产卵巢的一端必须开口，大小以使亲鱼自由进出为度，另一端用 35～40 目的尼龙纱布封底，使亲鱼产卵后不漏卵（图 4-8）。

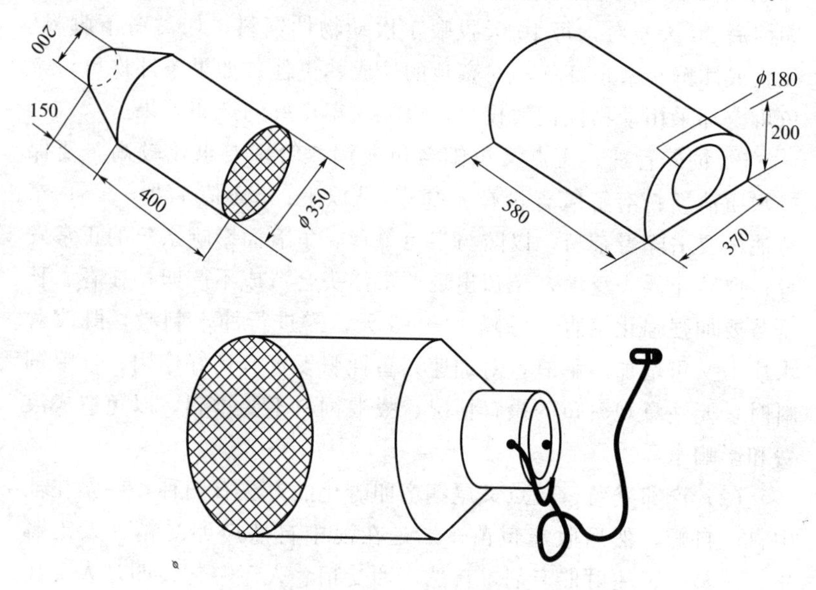

图 4-8　产卵巢的开口与封口（单位：厘米）

c. 产卵与卵块收集。当亲鱼完全达到性成熟，进入产卵季节，在下午 5～6 时雄鱼开始追逐雌鱼，产卵巢放入水中（图 4-9）并将雌鱼引诱到产卵巢中，待雌鱼进入巢中，即进行交配。产完卵后，

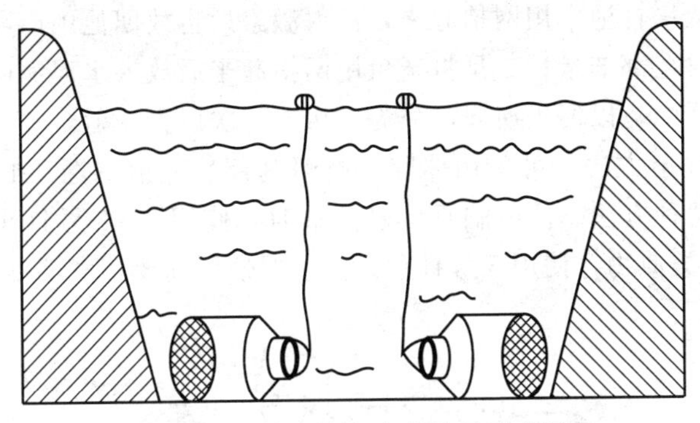

图 4-9 斑点叉尾鮰鱼巢放置示意图

雄鱼将雌鱼赶出产卵巢，开始护卵孵化。

待水温升到 20℃以上，一般每隔 2 天检查 1 次产卵巢，在产卵高峰期，要每天检查 1 次是否产卵，并将产卵巢内杂物清除后放回。检查时必须将产卵巢口向上轻轻地提出水面，如产卵巢中有亲鱼，须将产卵巢的开口端向上倾斜着放入水中，轻轻地将亲鱼赶出产卵巢，再检查是否有卵块。如有卵块，用手将卵块轻轻取出运回孵化处孵化，然后将产卵巢放入池底。检查及收集卵块必须在上午 10 时后进行。斑点叉尾鮰一般在晚上和清晨产卵，因此不要过早检查，以免影响亲鱼正常产卵，但也不能过晚，因阳光照射较强，受精卵易被紫外线杀死。

② 人工催产、自然产卵受精。这种方法在生产中已普遍采用。其方法是注射催产激素，与自然产卵受精、人工孵化不同之处在于，用网将池塘中的亲鱼捕捞起来，注射催产激素进行催产。

a. 催产激素的剂量。催产激素的用量，按每千克斑点叉尾鮰体重计算，脑垂体（PG）为 4.5～6.0 毫克，绒毛膜促性腺激素（HCG）为 1200～1400 国际单位，促黄体素释放激素类似物（LRH-A）为 25～30 微克。PG 和 HCG 混合使用量为脑垂体 2.0 毫克＋绒毛膜促性腺激素 700～800 国际单位。使用以上任何一种激素，雄鱼的用药量均减半。

b. 注射次数。注射次数要根据催产的方式而有所不同。一是将亲鱼从培育池中用网抬起来，注射激素后再放回池中产卵，为一次性注射全部剂量；二是将亲鱼用网抬起来后放入水泥池或网箱等暂养水体中，以便于捞起，分为二次或三次以上注射。

c. 注射方法。可采用体腔（胸鳍基部）注射（图 4-10）和肌内注射两种方法。注射脑垂体悬浊液时，使用 7～8 号针头，注射 HCG 及类似物，使用 5 号针头。注射器使用前要蒸煮消毒。

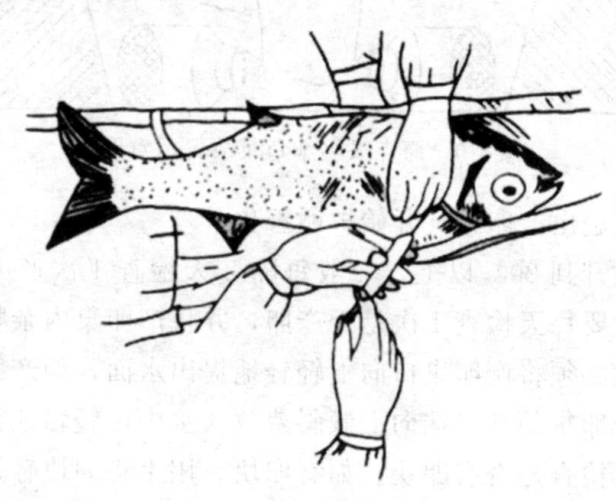

图 4-10　胸鳍基部注射法示意图

d. 效应时间。斑点叉尾鮰注射催产剂后 40～48 小时可交配产卵。二次注射催产剂，第 1 针与第 2 针相隔 24 小时，第 2 针离产卵时间为 24 小时。

（3）人工孵化

① 孵化方法。斑点叉尾鮰的孵化工具，常用生产中的孵化槽、流水水泥池、脚盆和其他容器；环道也可使用，但效果较差。孵化方法与我国的四大家鱼有所差异，不论采用哪种孵化工具，必须用孵化篓盛卵块孵化。

a. 孵化槽孵化。孵化槽（图 4-11）是一种适合斑点叉尾鮰卵块孵化的工具，在美国及其他国家都采用这种孵化系统。这种系统由水槽、搅动轴、电动机和进、排水管组成，一般孵化槽长约 200 厘米、宽 70 厘米、深 40 厘米，有进水和溢水管，水槽上方装有螺旋叶片的搅动轴，用电动机带动，转速为每分钟 28～30 转，叶片

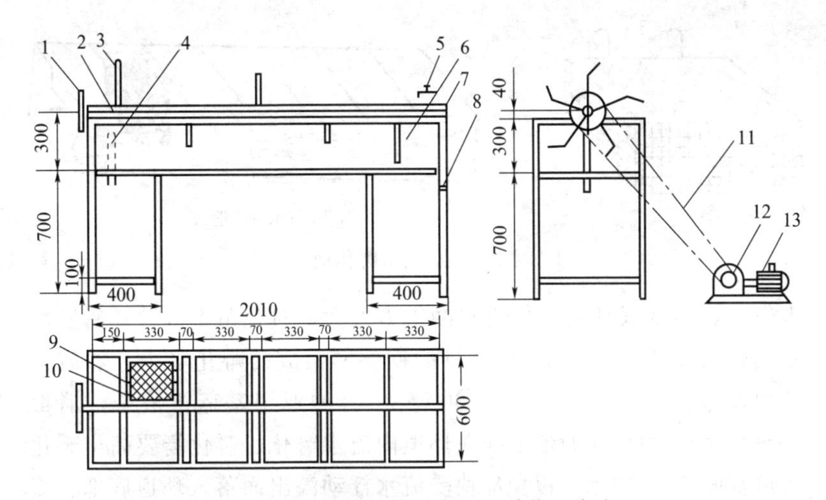

图 4-11　孵化槽结构示意图（单位：毫米）

1—链轮；2—搅水轴；3—搅水叶片；4—溢水管；5—进水阀；6—水槽；7—轴承座；8—槽架；9—卵篓；10—悬挂枝条；11—链条；12—涡轮减速器；13—电动机

把槽中的水体划动增氧及产生水的波动，水中的有机物随水的波动由溢水口排出，同时不断增加新鲜水，每分钟 15～20 升。

孵化槽为了便于搬动，可以放入室内孵化，而不受环境变化的影响，且鱼苗出槽方便，可以随时出槽。其方法是，将集群于槽底的鱼苗用虹吸法吸出。这种孵化器操作方便，便于孵化管理，能及时观察鱼苗的发育情况，而且孵化率高，适合于大批量生产使用。

b. 水泥池流水孵化。流水孵化池是一种水泥结构的长方形槽（图 4-12），底部及内壁贴瓷砖，一般规格为 180 厘米×70 厘米×40 厘米，槽的一头进水、一头出水，并配有充气机增加氧气。将卵块放在孵化篓中，篓挂在水池中，篓口高于水面 10～15 厘米，水池中有水体不断产生流动，流速每分钟 25～30 升，使卵块在篓中孵化。

c. 环道孵化。搅水式和喷水式环道均可，但前者优于后者，其原因是鱼苗出膜后喜欢集群沉入孵化器水底，此时的鱼苗游动能

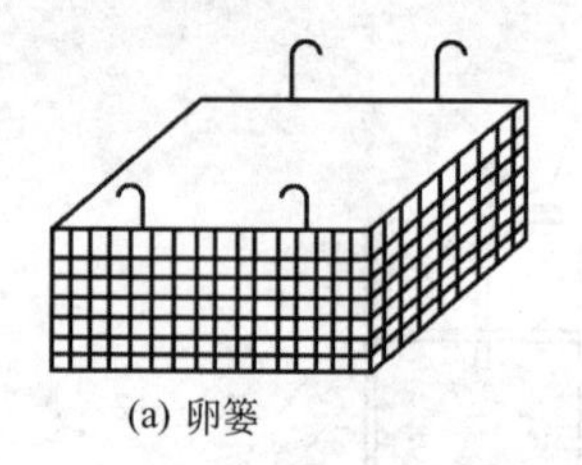
(a) 卵篓

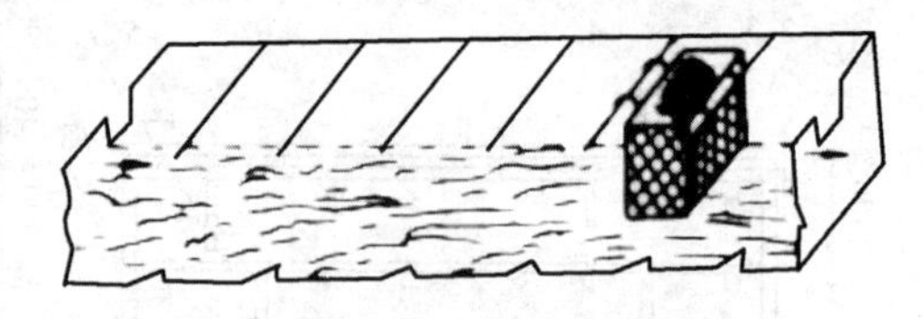
(b) 流水孵化池

图 4-12 流水孵化池

力较差，喷水式环道底部进水冲击力太大，对鱼苗集群及胚后发育不利。将卵块放入用 10～12 目的铁丝网做成的孵化篓中，然后将卵块及孵化篓一起放入 50～60 毫克/升的亚甲基蓝溶液中，消毒 10～15 秒，而后连卵带篓挂在环道内流水孵化，孵化篓要高出孵化环道水面 5～7 厘米，以免卵块受流水摇动溢出而落入环道底部。流水速度为 0.8～1.0 米/分钟。鱼苗出膜后，会穿过篓的网眼进入环道。待鱼苗卵黄囊消失，开始摄食 2～3 天后，即可出环道。此时的鱼苗已具备游泳能力，出环道后的鱼苗可直接放入培育池中培育。

② 孵化环境因素及管理。孵化环境因素影响斑点叉尾鮰的孵化，孵化环境因素主要有如下几点。

a. 水温。斑点叉尾鮰的孵化水温范围为 20～30℃，最适孵化水温为 23～28℃。胚胎发育的速度以及正常与否与水温有很大关系。在正常水温内，水温高，发育快；水温低，发育慢。水温过高、过低或急剧变化（±5）时，对胚胎发育都极为不利。

b. 流水及溶解氧。斑点叉尾鮰胚胎发育，需要较高的溶解氧含量，水体中的溶解氧含量要保持在 6 毫克/升以上。流水的作用，就是保证供给鱼卵足够的氧气，并溶解和带走鱼卵所排出的二氧化碳等废物。

c. 水质。在选用孵化用水时，应力求水质清新，含氧量充足，溶解氧含量在 5 毫克/升以上，无毒，酸碱度适中（pH 值为 7.2～8.0），无敌害生物。生产实践中，孵化用水一般经过 70～80 目的筛绢过滤，定时清除筛绢上的杂质，以保证过滤效果。必要时，以晶体敌百虫（90%）泼洒，使水体呈 0.1 毫克/升浓度，杀灭孵化水源中的剑水蚤、水蚤等主要敌害生物。

d. 鱼卵的防护。在孵化过程中，要防止阳光直接照射鱼卵。环道和流水水泥池上面，必须用竹席、草席加盖变为暗光，孵化槽可放在室内或工作棚内，因为强光对胚胎发育不利，紫外线能杀死鱼卵，所以需在弱光条件下孵化。斑点叉尾鮰属黏性卵，卵与卵之间粘连较紧，受精卵成块状，大小不一，如卵块过大超过500克，要用刀或手分成小块。卵块过大，中间的卵粒会因为缺氧引起窒息死亡，死卵发霉还会影响其他好卵。另外，卵块中有白色卵粒，这是未受精的卵，要及时剔除，防止发霉。

e. 鱼卵的消毒。受精卵块消毒，是一项必不可少的工作。因为块状鱼卵易受细菌、霉菌的侵害，所以从受精卵开始至眼的黑色素出现之前（鱼卵变成红色），每天需要用药物消毒1次。消毒的方法是将消毒药物配制成溶液（表4-11），放入一个容器中，然后将孵化篓和鱼卵一起放入消毒液中浸洗。消毒完毕，用新鲜水清洗后放入孵化槽中孵化。

表4-11 斑点叉尾鮰鱼卵消毒液

药物名称	药物浓度/(毫克/升)	浸泡时间/秒
亚甲基蓝	50～60	10～12
高锰酸钾	8	10～15
土霉素	8	50～60
福尔马林	100	240～300

③ 受精率及孵化率。

a. 受精率。斑点叉尾鮰只要亲鱼培育得好，均能自然产卵，且受精率较高。受精率变幅为91.3%～98.7%，平均为97.3%。

b. 孵化率。据生产试验统计，孵化槽的孵化率为89.4%～97.2%，平均值为95.1%；环道孵化率为83%～91%，平均值为87.2%。

斑点叉尾鮰仔鱼，在进入培育池之前要进行暂养，也就是要在鱼苗卵黄囊消失、鱼苗开食、自由游动后方可进入培育池。下塘规格为7～8日龄鱼，即出膜后7～8天可下池培育的鱼苗。鱼苗一般体长为12.1～13.6毫米。

第二节 苗种培育

鱼苗、鱼种的培育，就是从孵化后3～4天的鱼苗，养成供鱼池塘、湖泊、水库、河沟等水体放养的鱼种。一般分两个阶段：鱼苗经18～22天培养，养成3厘米左右的稚鱼，此时正值夏季，故通称夏花（又称火片、寸片）；夏花再经3～5个月的饲养，养成8～20厘米长的鱼种，此时正值冬季，故通称冬花（又称冬片），北方鱼种秋季出塘称秋花（秋片），经越冬后称春花（春片）。在江浙一带将1龄鱼种（冬花或秋花）通称为仔口鱼种；对青鱼、草鱼的仔口鱼种应再养1年，养成2龄鱼种，然后到第3年再养成成鱼上市，这种鱼种通称为过池鱼种或老口鱼种。

一、鱼苗培育

所谓鱼苗培育，就是将鱼苗养成夏花鱼种。为提高夏花鱼种的培育成活率，需要用专门的鱼池进行精心、细致的培育，这种由鱼苗培育至夏花的鱼池在生产上称为“发塘池”。

1. 鱼苗质量鉴定及计数方法

(1) 鱼苗质量鉴定　鉴定方法见表4-12。

表4-12　鱼苗鉴定方法

鉴别方法	优质苗	劣质苗
体色	体色一致，无白色死苗，体表清洁无污染，明亮处看体色，略带微黄色或稍红	体色不一致，具白色死苗，鱼体拖带污泥，呈灰黑色

续表

鉴别方法	优质苗	劣质苗
游泳情况	将鱼与水放在容器中，搅动水产生漩涡，鱼苗在漩涡边缘逆水游泳	大部分鱼苗被卷入漩涡
抽样检查	先将鱼苗盛入白瓷盆中，然后缓缓倒水看鱼，鱼苗逆水游泳，倒掉后鱼苗在盆底剧烈挣扎，头尾弯曲成圆圈状	倒水时，鱼苗顺水游泳，倒掉水后，鱼苗在盆底挣扎力弱，头、尾仅能扭动

（2）鱼苗计数方法　鱼苗计数方法一般分两步进行。第一步，一般是把鱼苗拉起后放入鱼苗网或专用网箱中，剔除伤苗、死苗和杂物等。截取一段鱼苗网，把其中的鱼苗集中于网或网箱的一角，慢慢搅动，使鱼苗分布均匀，先用一个较小的杯子作为标准杯，用手抄网捞取鱼苗放入标准杯中计数，计算出标准杯中的鱼苗数量。第二步，用一个较大的杯子作为售鱼苗用，用标准杯打取鱼苗倒入杯中，计算出大杯子能盛标准杯多少杯，据此计算出大杯一杯的鱼苗数量。然后根据一个塑料袋能盛多少大杯的鱼苗，计算出塑料袋中的鱼苗数量。例如，如果标准杯过数后鱼苗数量是 100 尾，一个大杯能盛标准杯 5 杯，则大杯的鱼苗数量是 500 尾，一个充氧塑料袋能盛 10 大杯鱼苗，则塑料袋中的鱼苗数量是 5000 尾。

2. 鱼苗培育方法

（1）鱼苗培育池的准备

① 鱼池修整。多年用于养鱼的池塘，由于淤泥过多，堤基受波浪冲击，一般都有不同程度的崩塌。根据鱼苗培育池所要求的条件，必须进行整塘。所谓整塘，就是将池水排干，清除过多淤泥，将塘底推平，并将塘泥敷贴在池壁上，使其平滑贴实，填好漏洞和裂缝，清除池底和池边杂草；将多余的塘泥清上池堤，为青饲料的种植提供肥料。除新开挖的鱼池外，旧的鱼池每 1～2 年必须修整 1 次，多半是在冬季进行，先排干池水，挖除过多的淤泥（留 6.6～10 厘米），修补倒塌的池堤，疏通进出水渠道。

② 清塘消毒。鱼苗下塘前 15～20 天进行池塘清理消毒，最好

是晴天进行，先将池塘水排干，清除淤泥和杂草等。池塘消毒可用生石灰、茶籽饼、漂白粉等。

a. 生石灰消毒。每666.7平方米池塘用生石灰75千克，池底有8～10厘米的浅水，将生石灰用桶加水溶化并搅均匀泼洒，次日，若有被杀死的野杂鱼必须捞净，并除尽池底表层淤泥，提高消毒效果。对有些难以排干的池塘，或排干没有水源灌水的鱼塘，水深1米，每666.7平方米用生石灰120～150千克，将生石灰化开成浆液，不待冷却，直接泼洒。生石灰清塘7～10天后，用活鱼放入小网箱在池塘中试水检查，池塘毒性过后，才可以放养鱼苗。

b. 茶饼“清塘”。因茶籽饼含有皂角苷，对野杂鱼、水生昆虫、蝌蚪及螺蛳等有毒杀作用，但对病原体细菌则无效果。使用方法是先将茶籽饼粉碎，用温水泡24小时，然后加水调均匀，全池泼洒，浅水消毒，每666.7平方米用25～30千克即可，如水深1米每666.7平方米要用茶籽饼90～100千克，清塘10天即可放鱼苗。

c. 漂白粉清塘。漂白粉含有效氯30%左右，加水后分解为次氯酸和氯化钙，其中次氯酸分解中释放出初生态氧，具有较强杀毒作用。水深1米的池塘，每666.7平方米用漂白粉12～15千克加水溶化后搅拌均匀，全池泼洒，清塘后5天可以放鱼苗。

d. 鱼藤精清塘。每立方米水体用鱼藤精2克加水稀释后，泼洒全池，7～8天药性消失即可放鱼苗。

除清塘消毒外，鱼苗放养前最好用密眼网拖2次，清除蝌蚪、蛙卵和水生昆虫等，以弥补清塘药物的不足。

③ 清除杂草。有些鱼苗池（也包括鱼种池）水草丛生，影响水质变肥，也影响拉网操作。因此，需将池塘的杂草清除，可用人工拔除或用刀割的方法，也可采用除草剂（如扑草净、除草剂一号等）进行除草。

④ 灌注新水。鱼苗池在清塘消毒后可注满新水，注水时一定要在进水口用纱网过滤，严防野杂鱼再次混入。第1次注水40～50厘米，便于升高水温，也容易肥水，有利于浮游生物的繁殖和鱼苗的生长。到夏花分塘后的池水可加深到1米左右，鱼种池则加

深到1.5～2米。

（2）鱼苗培育池的养殖管理

① 暂养鱼苗，调节温差，饱食下塘。塑料袋充氧运输的鱼苗，鱼体内往往含有较多的二氧化碳，特别是长途运输的鱼苗，血液中二氧化碳浓度很高，可使鱼苗处于麻醉甚至昏迷状态（肉眼观察，可见袋内鱼苗大多沉底打团）。如将这种鱼苗直接下塘，成活率极低。因此，凡是经运输来的鱼苗，必须先放在鱼苗箱中暂养。暂养前，先将鱼苗袋放入池内，当袋内外水温一致后（一般约需15分钟）再开袋放入池内的鱼苗箱中暂养。暂养时，应经常在箱外划动池水，以增加箱内水的溶解氧。一般经0.5～1小时暂养，鱼苗血液中过多的二氧化碳均已排出，鱼苗集群在网箱内逆水游泳。

鱼苗经暂养后，需泼洒鸭蛋黄水。待鱼苗饱食后，肉眼可见鱼体内有一条白线时，方可下塘。鸭蛋需在沸水中煮1小时以上，越老越好，以蛋白质起泡者为佳。取蛋黄掰成数块，用双层纱布包裹后，在脸盆内漂洗（不能用手捏出）出蛋黄水，淋洒于鱼苗箱内。一般1个蛋黄可供10万尾鱼苗摄食。

鱼苗下塘时，面临着适应新环境和尽快获得适口饵料两大问题。在下塘前投喂鸭蛋黄，使鱼苗饱食后放养下塘，实际上是保证了仔鱼的第1次摄食，其目的是加强鱼苗下塘后的觅食能力和提高鱼苗对不良环境的适应能力。据测定，饱食下塘的草鱼苗与空腹下塘的草鱼苗忍耐饥饿的能力差异很大（表4-13）。同样是孵出5天的鱼苗（5日龄苗），空腹下塘的鱼苗至13日龄全部死亡，而饱食下塘鱼苗此时仅死亡2.1%。

表4-13 饱食下塘草鱼苗与空腹下塘草鱼苗耐饥饿能力测定（13℃）

草鱼苗处理	仔鱼尾数	各日龄仔鱼的累计死亡率/%									
		5日龄	6日龄	7日龄	8日龄	9日龄	10日龄	11日龄	12日龄	13日龄	14日龄
试验前投1次鸭蛋黄	143	0	0	0	0	0	0	0.7	0.7	2.1	4.2
试验前不投鸭蛋黄	165	0	0.6	1.8	3.6	3.6	6.7	11.5	46.7	100	—

鱼苗下塘的安全水温不能低于13.5℃。如夜间水温较低，鱼苗到达目的地已是傍晚，应将鱼苗放在室内容器内暂养（每100升水放鱼苗8万～10万尾），并使水温保持20℃。投1次鸭蛋黄后，由专人值班，每小时换1次水（水温必须相同），或充气增氧，以防鱼苗浮头。待第2天上午9时以后，水温回升时，再投1次鸭蛋黄，并调节池塘水温温差后下塘。有风天要在上风处放苗，不可在下风处放苗，以免鱼苗被风吹到池塘一边造成密集死苗。大的鱼塘，可分2～3个位置放苗。

② 鱼苗的培育方法。我国各地饲养鱼苗的方法很多。浙江、江苏的传统方法是以豆浆泼入池中饲养鱼苗；广东、广西则用青草、牛粪等直接投入池中沤肥饲养鱼苗，并在草鱼、鲮鱼苗池中辅喂一些商品饲料（如花生饼、米糠等）。另外，还有混合堆肥饲养法、有机或无机肥料饲养法及综合饲养法等，现将这些方法分述如下。

a. 大草饲养法（又称绿肥、粪肥饲养法）。这是广东、广西的传统饲养方法。在鱼苗下塘前5～10天，池水深0.8米，投大草（一般为菊科、豆科植物，如野生艾属或人工栽培的柽麻等）200～300千克，再加入经过发酵的粪水100～150千克，或将大草和牛粪同时投放。草堆一角或每束15～25千克扎成1捆，放池边浅水处，隔2～3天翻动1次，去残渣，最好把大草捆放上风处，以使肥水易于扩散。追肥是每隔3～4天施肥1次，每666.7平方米每次投大草100～200千克、牛粪30～40千克和饼浆1.5～2.5千克，也有单用大草沤肥的。

投草的量一般根据培育鱼苗的种类来定，滤食性鱼类（如培育鲢、鳙鱼等），投草量可大些；而培育草鱼鱼苗的池塘，投草量可少些。这种方法的优点是肥料来源广，成本较低，操作简便，肥水的作用较强，浮游生物繁殖多；缺点是追肥时一次投放量和相隔时间仍较多和较长，导致浮游生物繁殖的数量不均衡，水质肥度不够稳定，并降低了水中的含氧量。

b. 豆浆饲养法。是浙江、江苏一带的传统饲养方法。用黄豆

磨成豆浆泼入池中进行肥水和喂鱼，目前已改单一的豆浆培育为豆浆和有机肥料相结合的培育方法。实践证明，豆浆一部分是直接被鱼苗摄食，而大部分则起肥料的作用繁殖浮游生物，间接作为鱼苗的饵料。鱼苗下池后，即开始喂豆浆。黄豆先用水浸泡，每 1.5～1.75 千克黄豆加水 20～22.5 千克。18℃时浸泡 10～12 小时，25～30℃时浸泡 6～7 小时。将浸泡后的黄豆与水一起磨浆，磨好的浆要及时投喂，过久要发酵变质。一般每天喂 2 次，分别在上午 8～9 时和下午 1～2 时。豆渣要先用布袋滤去，泼洒要均匀，应做到“细如雾、匀如雨”，塘边塘中都要泼到，让全池鱼都能吃到食物。鱼苗初下池时，每 666.7 平方米每天用黄豆 3～4 千克，5 天后增至 5～6 千克，以后随水质的肥度而适当调整。经泼洒豆浆 10 余天后，水质转肥，这时，草鱼、青鱼开始缺乏饲料，可投喂浓厚的豆糊或磨细的酒糟。豆浆培育鱼苗方法较简单，水质肥度较稳定，夏花体质强壮，但黄豆使用量较多，成本相对较高。

c. 混合堆肥法。堆肥的配合比例有多种：青草 4 份，牛粪 2 份，人粪 1 份，加 1%的生石灰；青草 8 份，牛粪 8 份，加 1%的生石灰；青草 1 份，牛粪 1 份，加 1%的生石灰。制作堆肥的方法：在池边挖建发酵坑，要求不渗漏，将青草、牛粪层层相间放入坑内，将生石灰加水成乳状泼洒在每层草上，注水至全部肥料浸入水中为止，然后用泥密封，让其分解腐烂。堆肥发酵时间随外界温度高低而定，一般在 20～30℃时，20～30 天即可使用。肉眼观察，腐熟的堆肥呈黑褐色，放手中揉成团状不松散。放养前 3～5 天塘边堆放 2 次基肥，每次用堆肥 150～200 千克。鱼苗下塘后每天上午、下午各施追肥 1 次，一般每 666.7 平方米施堆肥 75～100 千克，全池泼洒。

d. 有机肥料和豆浆混合饲养法。在鱼苗下塘前 3～4 天，先用牛粪、青草等作为基肥，以培育水质，每 666.7 平方米放青草 200～250 千克、牛粪 125～150 千克。待鱼苗下池后，每天投喂豆浆，但用量较苏浙地区豆浆饲养法为少，每天每 666.7 平方米施黄豆（磨成浆）1～3 千克。同时，在饲养过程中还适当投放几次牛粪和青草。本法实际上是两广地区的大草法和江浙地区的豆浆法的混合法。

e. 无机肥料饲养法。在鱼苗入池前 20 天左右即可施化肥作基肥，通常每 666.7 平方米施硫酸铵 2.5～5 千克、过磷酸钙 2.5 千克，施肥后如水质不肥或暂不放鱼苗，则每隔 2～3 天再施硫酸铵 1 千克和过磷酸钙 0.75 千克，可直接泼洒池中。一般施追肥时，每 2～3 天施硫酸铵 1.5 千克、过磷酸钙 0.25 千克。作追肥时，硫酸铵要溶解均匀，否则鱼苗易误食引起死亡。一般每 666.7 平方米水面培育鱼苗的总量为硫酸铵 32.5 千克、过磷酸钙 22.5 千克。

f. 有机肥料和无机肥料混合饲养法。鱼苗下塘前 2 天，每 666.7 平方米施混合基肥，包括堆肥 50 千克、粪肥 35 千克、硫酸铵 2.5 千克、过磷酸钙 3 千克。鱼苗入池后，每天施混合追肥 1 次，并适当投喂少量鱼粉和豆饼。

g. 综合饲养法。其要点如下：作为池塘清整工作，鱼苗放养前 10～15 天，用生石灰带水清塘；青鱼、草鱼、鲢、鳙鱼苗分别培育；肥水下塘，鱼苗放养前 3～5 天用混合堆肥作基肥；用麻布网在放养前网去水生昆虫、蛙卵、蝌蚪等，或用 1 毫克/升敌百虫杀灭水蜈蚣；改一级塘饲养为二级塘饲养，即鱼苗先育成 1.65～2.64 厘米火片（每 666.7 平方米放 15 万～20 万尾），然后再分稀（每 666.7 平方米放 3 万～5 万尾），育成 3.96～4.95 厘米夏花，二级塘也要先施基肥；供足食料，每天用混合堆肥追肥，保持适当肥度，到后期食料不足时，辅以一些人工饲料（如豆浆饼等）；分期注水，随着鱼体增长，隔几天注新水 10～16.5 厘米；及时防治病虫害，每隔 4～5 天检查鱼病 1 次，及时采取防治措施；做好鱼体锻炼和分塘出鱼工作。

分析上述各种鱼苗的培育方法，其中以综合饲养法和混合堆肥法的经济效果、饲养效果较好，但其他方法也各有一定的长处，因此各地可因地制宜加以选用。

二、鱼种培育

鱼种培育的目的是提高鱼种的成活率和培养大规格鱼种，大规格鱼种与小规格鱼种相比，其食谱范围、对疾病和对不良环境的抵抗力以及逃避敌害生物的能力均有不同程度的增大和增强。培育鱼种的鱼池条件和发花塘基本相同，但面积要稍大一些，一般以1333～5333平方米为宜。水深一般1.5～2米，高产塘水深可达2.5米。在夏花放养前必须和鱼苗池一样用药物消毒清塘。清塘后适当施基肥，培肥水质，一般每666.7平方米施发酵后的畜（禽）粪肥150～300千克，培养红虫，以保证夏花下塘后就有充分的天然饵料。

1. 夏花放养

鱼种阶段由于各种鱼的活动水层、食性、生活习性已有明显差异，因此可以混养，以充分利用池塘水体和天然饵料资源，发挥池塘的生产潜力。几种搭配混养的夏花不能同时下塘，应先放主养鱼，后放配养鱼。尤其是以青鱼、草鱼和团头鲂为主的塘，以保证主养鱼优先生长，防止被鲢、鳙鱼挤掉，同时通过投喂饲料、排泄粪便来培肥水质，过20天左右再放鲢、鳙鱼等配养鱼。这样既可使青鱼、草鱼、编鱼逐步适应肥水环境，提高争食能力，也为鲢、鳙鱼准备天然饵料。

在生活环境和饲养条件相同的情况下，放养密度取决于出塘规格，出塘规格又取决于成鱼池放养的需要。一般每666.7平方放养1万尾左右。具体放养密度根据下列几方面因素来决定。

① 池塘面积大、水较深、排灌水条件好，或有增氧机、水质肥沃、饲料充足，放养密度可以大些。

② 夏花分塘时间早（在7月初之前），放养密度可以大些。

③ 要求鱼种出塘规格大，放养密度应稀些。

④ 以青鱼和草鱼为主的塘，放养密度应稀些。以鲢、鳙鱼为主的塘，放养密度可适当密些。

根据出塘规格要求，可参考表4-14决定放养密度。

表 4-14　鱼种培育池 666.7 平方米放养量参考

主养鱼	放养量/尾	出塘规格/厘米	配养鱼	放养量/尾	出塘规格/厘米	放养总数/尾
草鱼	2000	50～100 克	鲢鱼	1000	100～125 克	4000
			鲤鱼	1000	13～15	
	5000	10～12	鲢鱼	2000	50 克	8000
			鲤鱼	1000	12～13	
	8000	8～10	鲢鱼	3000	13～15	11000
	10000	8～10	鲢鱼	5000	12～13	15000
青鱼	3000	50～100 克	鳙鱼	2500	13～15	5500
	6000	13	鳙鱼	800	125～150 克	6800
	10000	10～12	鳙鱼	4000	12～13	14000
鲢鱼	5000		草鱼	1500	50～100 克	7000
		13～15	鳙鱼	500	15～17	
	10000	12～13	团头鲂	2000	10～12	12000
	15000	10～12	草鱼	5000	12～13	20000
鳙鱼	4000	13～15	草鱼	2000	50～100 克	6000
	8000	12～13	草鱼	2000	13～15	10000
	12000	10～12	草鱼	2000	12～13	14000
鲤鱼	5000		鳙鱼	4000	12～13	10000
		10～12	草鱼	1000	12～13	
团头鲂	5000	10～12	鳙鱼	4000	12～13	9000
	9000	10	鳙鱼	1000	13～15	10000
	25000	6～7	鳙鱼	100	500 克	25100

表 4-15 为 1 龄大规格鱼种高效混养培育模式。

表 4-15　每平方米培育 1 龄大规格鱼种高效混养培育模式

品种（夏花）	数量/(尾/666.7 米^2)	放养规格/厘米	放养比例/%	成活率/%	规格/克	产量/千克
青鱼	200	5～6	4.8	98	350～500	68.6

续表

品种（夏花）	数量/（尾/666.7米^2）	放养规格/厘米	放养比例/%	成活率/%	规格/克	产量/千克
草鱼	1000	5～6	23.8	93	250～400	314.8
鳙鱼	400	4～5	9.5	98	250～280	137.2
鲢鱼	600	4～5	14.3	92	200～250	139.5
鳊鱼	1000	3～4	23.8	91	40～60	36.8
鲫鱼	1000	3～4	23.8	95	50～80	47.5
合计	4200					744.4

2. 鱼种饲养方法

鱼种饲养过程中，由于采用的饲料、肥料不同，形成不同的饲养方法。主要分为以下三种。

(1) 以天然饵料为主、配合饲料为辅的饲养方法　天然饵料除了浮游动物外，投喂草鱼的饵料主要有芜萍、小浮萍、紫背浮萍、苦草、轮叶黑藻等水生植物及幼嫩的禾本植物；投喂青鱼的饵料主要有粉碎的螺蛳、蚬子以及蚕蛹等动物性饲料。现以草鱼为代表介绍其饲养方法。

① 苗种放养。选择投放鱼体丰满、体色发亮、鳞片完整、顶水能力强、离开水后鳃盖不立即张开的优质夏花鱼苗。例如，5月23日放养投放2～2.5厘米草鱼、鲤、鲢、鳙鱼夏花。放养模式见表4-16。

表4-16　以草鱼夏花为主体鱼666.7平方米放养及收获情况

鱼苗品种	放养情况/尾	年投饲量		成活率/%	收获情况		
		青饲料/千克	配合饲料/千克		尾数	重量/千克	平均规格/(千克/尾)
草鱼	3800	4300	780	77	2926	390	0.133
白鲢	420			78	328	72	0.22
花鲢	100			73	73	26	0.36
鲤鱼	420			73	306	98	0.32

② 天然饵料的培育。那么，5 月 15 日给池塘施有机肥（施腐熟的鸡粪 75 千克/667.7 米^2）培育水中的浮游生物枝角类，草鱼夏花下塘正好是枝角类繁殖的高峰期。

③ 饲养管理。

a. 豆浆喂养。夏花鱼苗入池后即 5 月 24 日～6 月 14 日主要采用豆浆喂养。由于豆浆营养丰富，能够满足鱼苗的营养需求，多余部分落入水中，水质易肥而肥度稳定，容易掌握，浮游生物数量较多。每天每 666.7 平方米用黄豆 1.5 千克分 2 次磨浆并全池泼洒。

b. 青饲料投喂。用豆浆喂养 20 天以后，草鱼苗便开始摄食鲜嫩青饲料，即从 6 月 15 日就开始给池中投放芜萍，10～15 天草鱼苗就可长到 7～8 厘米。以后改投浮萍或嫩水草，平均每天投喂 200～300 千克。具体应根据天气、水温、水质和鱼苗摄食活动情况等灵活掌握。天气晴朗、水温适宜、水质良好、鱼类摄食活动旺盛，可适当加大投饲量；反之，天气阴雨、水温低或过高、水质较差、鱼类摄食活动较弱，则应减少投饲量。青饲料的投放一般选择下午，投喂量以草鱼苗第 2 天吃完略有剩余为度，如发现投放的青饲料有剩余，应适当减少投饲量，在盛夏高温季节，要适当控制投放量，避免草鱼因贪食而引发肠炎。

c. 配合饲料投喂。在投喂青饲料的同时适当搭配投喂颗粒饲料。6 月 15 日进行鱼苗摄食驯化，待大部分鱼皆可上浮抢食时，便可进行正常投喂。投喂应采取少量多次，日投喂次数一般为 2～3 次，每次投喂时间控制在 10 分钟以内。在配合饲料投喂中一定要坚持“四定”“四看”原则。“四定”：定质、定量、定时、定位。“四看”：一看鱼，根据鱼的吃食情况来投饵，当鱼群活动正常和摄食旺盛时要适当增加饵料，当鱼群活动不正常时则要减饵少投；二看水，水质好时要多投，水质差时要少投，水色过淡应增加投饵量，水色过浓转黑应少投，水色油绿或酱红，可正常投喂；三看天气，天气晴朗有风时多投，阴天或雨天时少投，天气闷热且无风欲下雷阵雨时应停止投喂；四看季节，盛夏高温时要控制投饵量，水温低时要少投。

投喂时还要把握好“慢—快—慢”“少—多—少”的原则。在鱼群还未全部到齐，投喂速度要慢，投饵量少；鱼群集中抢食时，投喂速度要快，饵料抛撒的面积要放大（扇形最好），饵料投放量也要加大；部分鱼已吃饱离去，此时要放慢投喂速度，减少投喂量。

④ 水质调节。6 月鱼苗摄食量少，池水不肥，无须加注新水；在 7 月、8 月、9 月三个月水温高，鱼类摄食旺盛，残饵和鱼类排泄物增加，因而每 10 天加注新水 1 次（20 厘米），每月换水 1 次，每次换去 30%～40%的老水，以调节水质。特别在 8 月的高温、闷热天气除了给池塘补充新水外，还采用 4 英寸潜水泵进行扬水临时增氧，使池水始终保持“肥、活、嫩、爽”。

⑤ 日常管理。每天坚持早、中、晚 3 次巡塘，勤打捞鱼吃剩的杂草和残饵，观察池鱼动态，摄食、生长情况、有无病死鱼等，并做好养殖日志，记录每天水温、水质、投饲、死鱼及病害防治情况，以便发现问题，及时解决；同时还要做到“五防”，即防浮头、防逃、防盗、防毒、防鸟害。

⑥ 病害防治。在 6～9 月生长旺季，每隔 15 天左右使用生石灰，1 米水深 1 克/米^3 漂白粉轮换全池泼洒 1 次进行消毒；在鱼苗摄食旺季每隔 10 天左右投喂药饵（饲料中添加大蒜素、三黄粉等）1 次，连用 3～5 天，以预防鱼体内的寄生虫。

（2）以颗粒饲料为主的饲养方法　现以三角鲂为例，介绍饲养方法。其主要技术如下。

① 鱼种放养。三角鲂鱼种是原种场培育、规格为 4 厘米/尾左右的夏花鱼种，放养密度 0.8 万～1 万尾/666.7 米^2，培育池分别套养规格为 4～8 尾/千克的花鲢、白鲢老口鱼种 10 尾/公顷、150 尾/公顷和规格为 4～5 厘米/尾的花鳕夏花鱼种 1000 尾/666.7 米^2。所放鱼种规格整齐、体质健壮无病灶。

② 饲料投喂。饲料为普通鱼用颗粒配合饲料，饲料粗蛋白质含量 30%～35%。每只池设一台投饵机，投饵机通过栈桥伸入池中 2 米，利于投喂喷洒均匀。驯化投饵在鱼下塘 3 天后进行，初始

用破碎料，每次投饵前先开启投饵机 3～5 分钟，之后按 5 千克/次的饲料量投喂，每天驯食投喂 3 次，每次开机 20～30 分钟，如此反复，7～10 天后三角鲂便形成定点摄食的习惯。养殖全程采用定时、定点投饵。日投喂 2 次，一般在每天上午 7:30～9:00、下午 4:30～6:00，饲料日投喂量占池塘鱼载量的 0.5%～3.5%，期间主要视鱼的生长、吃食、水质及天气变化等情况灵活掌握，每次投喂至鱼体基本不来抢食为止，一般掌握时间在 60 分钟左右。

③ 水质调节。在鱼种放养时池塘水深控制在 80 厘米左右，以后逐渐加深，至 7 月中旬池水深保持在 1.6～1.8 米。整个养殖过程保持池塘水质“新、活、爽”，池水透明度在 20～30 厘米。7 月下旬开始，随着高温季节的到来，养殖池隔天加注 1 次新水，每次 10 厘米左右；8～10 月，鱼体摄食量大，投饵量及鱼体排泄量大，每半月用生石灰 10～15 千克/666.7 米^2 化浆全塘泼洒 1 次。

根据池水溶解氧变化规律和天气、水质情况，科学使用增氧机增氧。7 月底开始，晴天坚持凌晨开增氧机，同时晴天午后开机 1～2 小时，如遇天气闷热或突变、阴雨天及时开启增氧机以补充水体溶解氧。

④ 日常管理。坚持每天早、晚巡塘，观察鱼群活动、水色与天气变化情况及鱼是否有浮头迹象等，发现问题及时采取措施。9 月、10 月为防止出血病发生，各池可定期投喂水产用氟苯尼考药饵，每日 1 次，每次用氟苯尼考 50 克，3 天为 1 个疗程，同时隔天洒投池塘底改制剂 1 次，连续施投 3 次，以改善池塘底质。

⑤ 收获情况。12 月底起捕出售，三角鲂冬片鱼种规格 16～22 尾/千克，养殖平均成活率 89.2%，平均产量 500 千克/666.7 米^2；花白鲢成鱼平均规格 1.25～1.75 千克/尾，平均产量 25 千克/米^2；花鲋冬片鱼种规格 30～35 尾/千克，养殖平均成活率 70%，平均产量 18 千克/米^2；全程累计投喂配合饲料 27.8 吨，平均饲料系数 1.67。

（3）以施肥为主的饲养方法　这种方法以施肥为主，适当辅以精饲料。通常适用于以饲养鲢、鳙为主的池塘。施肥方法和数量应掌握少量勤施的原则。因夏花放养后正值天气转热的季节，施肥时应特别注意水质的变化，不可施肥过多，以免遇天气变化而发生鱼池严重缺氧，造成死鱼事故。施粪肥可每天或每2～3天全池泼洒1次，数量根据天气、水质等情况灵活掌握。通常每次每666.7平方米施粪肥100～200千克。养成1龄鱼种，每666.7平方米共需粪肥1500～1750千克。每万尾鱼种需用精饲料75千克左右。

3. 管理措施

每天早上巡塘1次，观察水色和鱼的动态，特别是浮头情况。如池鱼浮头时间过久，应及时注水。还要注意水质变化，了解施肥、投饲的效果。下午可结合投饲或检查吃食情况巡视鱼塘。

经常清扫食台、食场，一般2～3天清塘1次；每半月用漂白粉消毒1次，用量为每666.7平方米0.3～0.5千克；经常清除池边杂草和池中草渣、腐败污物，保持池塘环境卫生。定期检查鱼种生长情况，如发现生长缓慢，须加强投饵。如个体生长不均匀，应及时拉网，用鱼筛将个体大的鱼筛出分塘饲养。做好防洪、防逃、防治鱼病工作，以及防止水鸟的危害。

搞好水质管理，这是日常管理的中心环节。通常每月注水2～3次。以草鱼为主养鱼的池塘更要勤注水。在饲养早期和后期每3～5天加水1次，每次加水5～10厘米；7～8月每隔2天加1次水，每次加水5～10厘米；入伏后最好天天冲1次水，以保持水质清新。由于鱼池载鱼量高，故必须配备增氧机，并做到合理使用增氧机。

4. 并塘越冬

秋末冬初，水温降至10℃以下，鱼的摄食量大大减少。为了便于来年放养和出售，这时便可将鱼种捕捞出塘，按种类、规格分别集中蓄养在池水较深的池塘内越冬（可用鱼筛分开不同规格）。

在长流流域一带，鱼种并塘越冬的方法是在并塘前1周左右停止投饲，选天气晴朗的日子拉网出塘。因冬季水温较低，鱼不太活动，所以不要像夏花出塘时那样进行拉网锻炼。出塘后经过鱼筛分

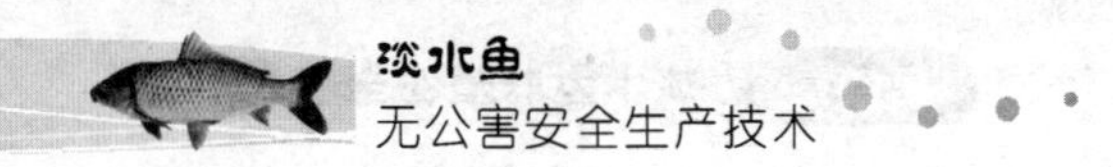

类、分规格和计数后即行并塘蓄养，群众习惯叫“囤塘”。并塘时拉网操作要细致，以免碰伤鱼体和在越冬期间发生水霉病。蓄养塘面积为1333～2000平方米，水深2米以上，向阳背风，少淤泥。鱼种规格为10～13厘米，每666.7平方米可放养5万～6万尾。并塘池在冬季仍必须加强管理，适当施放一些肥料，晴天中午较暖和，可少量投饲。越冬池应加强饲养管理，严防水鸟危害。并塘越多不仅有保膘增强鱼种体质及提高成活率的作用，而且还能略有增产。

第三节 商品鱼安全生产

商品鱼生产是将鱼种养成商品鱼的过程，也是养鱼生产的最后环节和主要环节。我国目前饲养食用鱼的方式有池塘养鱼、网箱（包括网围和网拦）养鱼、天然水域（湖泊、水库、海湾、河道等）鱼类增殖和养殖等。

一、池塘养殖

1. 池塘主养技术

（1）池塘准备　在春节前成鱼干塘捕捞后，紧接着进行池塘清淤。清除塘内黑色淤泥和杂草、野生杂鱼，平整塘底，清出的淤泥可用于修整填补垮塌的塘壁和加固加高塘埂。同时，池塘清淤后，最好能让池底接受充分的风吹日晒和霜冻，这样既可杀灭病原菌和害虫，又可以使底质淤泥变得疏松，促进有机物质分解，提高池塘肥力。

用生石灰或漂白粉对池塘进行药物消毒。消毒方法和鱼种塘相同。在清塘消毒后5～6天，投施猪粪或牛粪300～500千克/亩作基肥，新改造或新开挖的池塘更要多施，以培肥水质，增加水中饵料生物，从而保证养殖鱼类天然饵料供给及水体生物、理化指标的

良性循环。

（2）鱼种放养

① 鱼种规格。鱼种规格大小是根据食用鱼池放养的要求所确定的。通常仔口鱼种的规格应大，而老口鱼种的规格应偏小，这是高产的措施之一。但由于各种鱼的生长性能、各地的气候条件和饲养方法不同，鱼类生长速度也不一样，加之市场要求的食用鱼上市规格不同，因此，各地对鱼种的放养规格也不同。如青鱼市场要求达2.5千克以上才能上市，其鱼种的放养规格需500～1000克的2龄或3龄鱼种；又如鲢鱼、鳙鱼市场要求的上市规格为750～1000克，则需放养100～150克的1龄大规格鱼种，为使鲢、鳙鱼做到均衡上市，上半年就有750克以上的成鱼上市，可将1龄和2龄鲢、鳙鱼密养，使其第2年达到特大规格（250～450克）鱼种，供鲢鱼、鳙鱼第3年放养用。广东地区鱼类生长期长，可采用稀养方法，使鲢鱼、鳙鱼当年长到150～500克，供翌年放养用。

② 放养密度的确定方法。在养鱼工作中确定鱼种放养密度的方法有经验法和计算法两种。

a. 经验法。是根据前一年某池塘所养鱼的成活率与实际养成规格和当年有关条件的变动，确定这个池塘当年的放养量。例如，某池塘前一年养成规格偏小，当年又没有采取什么新措施，那么就应当将放养量适当调低；反之，如果前一年成活率正常而规格偏大，则应适当调高。如果采取了新的养殖技术和措施，那么放养密度应当相应地提高。

b. 计算法。放养密度计算公式是根据鱼产量、养殖的成活率、放养鱼苗或鱼种的规格和计划养成的规格等参数，计算这个池塘某种鱼的适宜放养密度。

计算鱼苗、鱼种的需求量不但要考虑当年成鱼池的放养量，还要为明年、后年成鱼池所需的鱼种做好准备。鱼种需求量可按下列公式计算。

鱼种放养量（尾）＝成鱼池中这种鱼类的产量÷这种鱼平均出塘规格÷这种鱼的成活率

对一些生产不稳定、成活率和产量波动范围较大的鱼种（如草鱼、团头鲂等），都应按上述公式计算后，再增加25％的数量，作为安全系数，列入鱼种生产计划。

根据各类鱼苗、鱼种总需要数量，按成鱼池所要求的放养规格以及当地主客观条件，制订出鱼苗、鱼种放养模式，再加上成鱼池套养数量，计算出鱼苗、鱼种池所需的面积。

一般主养青鱼池塘，每666.7平方米放养规格为500～1000克的青鱼种800～1000尾、套养800克/尾的花白鲢150尾、150克/尾的鲫400尾；主养草鱼的池塘每666.7平方米放养规格350～400克/尾的草鱼600尾、100～150克的鲤鱼100尾、30～50克/尾的鲫鱼100尾、600～750克/尾的鲢鱼150尾、500～750克/尾的鳙鱼30尾；主养鲤鱼的池塘每666.7平方米放养规格25～150克/尾的鲤鱼1000～1500尾、规格50～100克/尾的鲢鱼250～400尾、规格75～150克/尾的鳙鱼30～50尾；主养鲫鱼的池塘每666.7平方米放养规格为150克左右的鲫鱼2500～3000尾、规格150克左右的鲢、鳙、草鱼各300尾；主养团头鲂的池塘每666.7平方米放养80～100克/尾的团头鲂1200～1500尾、规格30～50克/尾的鲫鱼400尾、规格150克/尾的鲢150～200尾、规格200克/尾的鳙50尾。鲢、鳙鱼较少作为主养品种，一般作为池塘的套养品种。

③ 鱼种放养时间。提早放养鱼种是争取高产的措施之一。长江流域一般在春节前放养完毕，东北和华北地区可在解冻后，水温稳定在5～6℃时放养。在水温较低的季节放养，有以下好处：鱼的活动能力弱，容易捕捞；在捕捞和放养操作过程中，不易受伤，可减少饲养期间的发病率和死亡率；提早放养也就可以早开食，延长了鱼类的生长期。近年来，北方条件好的池塘已将春天放养改为秋天放养鱼种，鱼种成活率明显提高。鱼种放养前必须整塘，再用药物清塘（方法与鱼苗培育池的清塘相同）。清整好的池塘，注入新水时应采用密网过滤，防止野杂鱼进入池内，待池塘药效消失后，方可放入鱼种。鱼种放养必须在晴天进行。严寒、风雪天气不

能放养，以免鱼种在捕捞和运输途中冻伤。

池塘的管理工作是池塘养鱼生产的主要实施过程。一切养鱼的物质条件和技术措施，最后都要通过池塘日常管理，才能发挥效能，获得高产。

（3）池塘管理　池塘管理工作的基本要求是保持良好的池塘生态环境促进鱼类快速生长，达到高产低耗和安全生产。

池塘养鱼是一项较复杂的生产活动，它牵涉到气候、饵料、水质、营养、鱼类个体和群体之间的变动情况等各方面的因素，这些因素又时刻变化、相互影响。因此，管理人员既要全面了解养鱼的全过程，了解各因素之间的关系，又要抓住管理中的主要矛盾，以便控制池塘生态环境，取得稳产高产。

① 水质管理。通过合理的投饵和施肥来控制水质变化，并通过加注新水、使用增氧机等方法调节水质。有“要想养好一塘鱼，先要养好一塘水”的说法，反映了池塘养鱼对水质的管理是十分重要的。

养鱼生产中所指的水质，是一个综合性的指标，往往是通过水的呈色情况来判断，实际上水质既包含了理化指标，也表示了水的浮游生物状态。对养鱼来说，优良的水质可用“肥、活、嫩、爽”来形容。其相应的生物学含义如下。

a. 肥，指水色浓，浮游植物含量（现存量）高，且常常形成水华。透明度25～35厘米，浮游植物含量为20～50毫克/升。

b. 活，指水色和透明度有变化。以膝口藻等鞭毛藻类为主构成的水华水，藻类的聚集和分散和光照强度变化密切相关。一般的“活水”在清晨时由于藻类分布均匀，所以透明度较大，天亮以后藻类因趋光移动而聚集到表层，使透明度下降，呈现出水的浓淡变化，说明鱼类容易消化的种类多。如果水色还有10天或半月左右的周期变化，更说明藻类的种群处于不断被利用和增长的良性循环之中，有利于鱼类的生长。

c. 嫩，是与“老水”相对而言的一种水质状态。“老水”有两个主要特征：一是水色发黄或发褐色；一是水色发白。水色发黄或褐色，往往表明水中浮游植物细胞老化，水体内的物质循环受阻，不利于鱼类生长。水色发白，是小型蓝藻滋生的征象，也不利于鱼类生长。

d. 爽，指水质清爽，透明度适中。浮游植物的含量不超过100毫克/升。水中泥沙或其他悬浮物质少。

综上所述，对养鱼高产有利的水质指标应该是，浮游植物量20～100毫克/升；隐藻等鞭毛藻类丰富，蓝藻较少；藻类的种群处于增长期；浮游生物之外的其他悬浮物质不多。

鱼类在池塘中的生活、生长情况是通过水环境的变化来反映的，各种养鱼措施也都是通过水环境作用于鱼体的。因此，水环境成了养鱼者和鱼类之间的“桥梁”。人们研究和处理养鱼生产中的各种矛盾，主要从鱼类的生活环境着手，根据鱼类对池塘水质的要求，人为地控制池塘水质，使它符合鱼类生长的需要。池塘水质管理，除了前述的施肥、投饵培育和控制水质外，还应及时加注新水。

② 增氧机的合理使用。近年来，我国水产养殖已逐步向高密度、集约化方向发展，水产养殖总产量逐年上升，这与水产养殖业逐步实现机械化，特别是增氧机的广泛使用是密不可分的。可以说，增氧机是我国实现渔业现代化必不可少的基本装备。

许多养鱼户使用池塘增氧机缺乏科学性，直接影响增氧机的使用效果。合理使用增氧机可有效增加池水中的溶解氧，加速池塘水体物质循环，消除有害物质，促进浮游生物繁殖。同时可以预防和减轻鱼类浮头，防止泛池以及改善池塘水质条件，增加鱼类摄食量及提高单位面积产量。所以，在这里说明一下正确使用增氧机需注意的事项。

a. 如何确定增氧机类型和装载负荷。确定装载负荷一般考虑水深、面积和池形。长方形池以水车式最佳，正方形或圆形池以叶轮式为好；叶轮式增氧机每千瓦动力基本能满足2500平方米水面成鱼池塘的增氧需要，3000平方米以上的鱼池应考虑装配两台以上的增氧机。

b. 安装位置。增氧机应安装于池塘中央或偏上风的位置。一般距离池堤 5 米以上，并用插杆或抛锚固定。安装叶轮式增氧机时应保证增氧机在工作时产生的水流不会将池底淤泥搅起。另外，安装时要注意安全用电，做好安全使用保护措施，并经常检查维修。

c. 开机时间和运行时间。增氧机一定要在安全的情况下运行，并结合池塘中鱼的放养密度、生长季节、池塘的水质条件、天气变化情况，和增氧机的工作原理、主要作用、增氧性能、增氧机负荷等因素来确定运行时间，做到起作用而不浪费。正确掌握开机的时间，需做到“六开三不开”。“六开”：晴天时午后开机；阴天时次日清晨开机；阴雨连绵时半夜开机；下暴雨时上半夜开机；温差大时及时开机；特殊情况下随时开机。“三不开”：早上日出后不开机；晴天傍晚不开机；阴雨天白天不开机。浮头时要早开机，鱼类主要生长季节坚持每天开机。增氧机的运转时间，以半夜开机时间长、中午开机时间短，施肥、天热、面积大或负荷大时开机时间长（相反则开机时间短）等为原则灵活掌握。

d. 定期检修。为了安全作业，必须定期对增氧机进行检修。电动机、减速箱、叶轮、浮子都要检修，对已受到水淋侵蚀的接线盒，应及时更换，同时检修后的各部件应放在通风、干燥的地方，需要时再装成整机使用。

③ 做好养鱼日志。一般情况下，每隔半月至 1 个月要检查 1 次鱼体成长度（抽样尾数，每尾鱼的长度、重量，平均长度、重量），以此判断前阶段养鱼效果的好坏，采取改进的措施，发现鱼病也能及时治疗。

池塘养鱼日志是有关养鱼措施和池鱼情况的简明记录，是据以分析情况、总结经验、检查工作的原始数据，作为改进技术、制订计划的参考，必须按池塘为单位做好日志。

每口鱼塘都有养鱼日志（俗称塘卡），内容如下。

a. 放养和捕捞。池塘面积、放养或捕捞日期、种类、尾数、规格、重量、转池或出售。

b. 水质管理。天气、气温和水温、水深、水质、水色变化、注排水、开增氧机时间等。

c. 投饵施肥。每天的投饵、施肥的种类和数量，吃食情况、生长测定等。

d. 鱼病防治。鱼病情况、防治措施、用药种类、用药时间、用药效果等。

e. 其他。鱼的活动、浮头、设施完好情况等。

2. 池塘混养技术

（1）混养原则　淡水鱼混养应坚持互生共利原则，根据各种养殖鱼类的食性、生长情况、饲料来源、气候和池塘条件来决定混养类型，确定主养鱼和配养鱼的放养密度、规格及放养时间等，才能达到相互促进、提高产量、增加效益的目的。如当地有较充裕的肥料，可考虑以鲢、鳙、鲮等为主养鱼。草资源丰富的地区，可考虑以草鱼、团头鲂和鳊鱼为主养鱼。螺、蚬资源较多的地区，可考虑以青鱼、鲤鱼为主养鱼。

（2）主要养殖鱼类混养的种间关系

① 鲢、鳙鱼。鲢、鳙鱼虽然都是滤食浮游生物，但鲢鱼以滤食浮游植物为主，鳙鱼以浮游动物为主，在饵料上，鲢、鳙鱼是矛盾的。因为浮游植物是自养生物，通过光合作用进行生产。浮游动物是异养生物，主要依靠浮游植物为食。而鲢鱼抢食能力远比鳙鱼强，且池塘浮游动物的数量比浮游植物少。渔谚有“一鲢夺三鳙”之说。因此，鳙鱼放养太多将影响其生长，在生产上鲢、鳙鱼比例一般为（3～5）∶1。如果投喂足量的商品饲料，尤其是粉状饲料，则鳙鱼的放养量可酌量增加。

处理好鲢、鳙鱼之间的关系可用以下措施。

a. 混养。以较小规格的鲢（体重约50克）和较大规格的鳙鱼（体重250克以上）混养。

b. 控制鳙鱼的放养比例。放养密度较大时，鳙鱼比例要适当减少些，这样鲢、鳙鱼生长都好。

c. 错开主养时间。在秋凉至春寒这半年水温较低的时间，鳙鱼生长较慢，主养鲢鱼，而夏季水温较高时，主养鳙鱼。

② 草鱼、青鱼。青鱼上半年个体较小，食谱范围狭窄。在饲养中后期，水质较肥，而青鱼较耐肥水。草鱼食量大，较喜欢清新水体。下半年草类的质量差，已不利于草鱼生长。因此，在生产上采取不同季节重点抓不同养殖对象。一般在8月以前主抓草鱼生产，使大规格草鱼在8月左右达到上市规格，通过轮捕，降低草鱼存塘密度，改善水质，促进留池草鱼的生长。而青鱼上半年主抓饲料的适口性，8月以后抓青鱼的投喂工作，促进青鱼生长，从而缓和青鱼和草鱼在投喂和水质上的矛盾。

③ 鲤、鲫、鳊鱼（或团头鲂）与青鱼、草鱼。草鱼吃草，青鱼吃螺、蚬，且食量大。鲤、鲫、鳊、团头鲂的食性较杂，个体较小，与青鱼、草鱼混养，能清除残饵剩屑，有“打扫卫生”、改善水质的作用。一般每放养1千克的草鱼种，可搭配个体规格13厘米左右的鳊鱼或团头鲂5～6尾；每放养1千克青鱼种，可搭配20克左右的鲤鱼2～4尾，年底可达上市规格。在商品饲料投喂较充足的情况下，鲤鱼的放养量可增加1倍以上。同时，每666.7平方米可搭养10～15克的鲫鱼1000尾左右。

④ 鲢、鳙鱼与青鱼、草鱼、鲤、鳊鱼（或团头鲂）。在投喂水草、旱草、螺、蚬及部分精饲料而不施肥的池塘，完全靠吃食性鱼类肥水，可带养滤食性、杂食性鱼类，其比例为21%～34%。在不施肥也很少投喂精饲料的情况下，青鱼、草鱼、鲤鱼、鳊鱼（或团头鲂）与鲢、鳙鱼的产量比例大体上是1∶1，即每生产1千克吃食性鱼类，可带养出滤食性鱼类1千克。所以，渔谚有“一草养三鲢”之说。而在大量投喂精饲料和施肥的情况下，生产1千克吃食性鱼类，仅能带养滤食性鱼类300～600克。实践证明，一般高产养鱼塘，每666.7平方米净产500千克，吃食性鱼类与滤食鱼类比例大致为5.3∶4.7；净产1000千克的池塘，则两者比例为6.3∶3.7。产量越高，滤食性鱼类（鲢、鳙鱼）所占的产量比例越小。

（3）饲养管理

① 水质调控。经常及时地加水是培育和控制优良水质必不可少的措施。对精养池而言，加水有四个作用。一是提高池水深度。

加水后一方面增加活动空间，降低在塘鱼相对密度，同时可稳定池塘水质。二是增加池水透明度。加水后，池塘水色变淡，透明度增大，使光透入水的深度增加，浮游植物光合作用造氧水层增大，整个池水溶解氧增加。三是降低藻类（特别是蓝藻、绿藻类）分泌的抗生素。这种抗生素可抑制其他藻类生长，将这种抗生素的浓度加水稀释，有利于容易消化藻类的生长繁殖。在生产上，老水型的水质往往在下大雷阵雨以后，水质转为肥水，就是这个道理。四是直接增加水中溶解氧，使池水垂直、水平流转，解救或减轻浮头并增进食欲。在夏秋高温季节加水时间应选择晴天，在15:00以前进行。傍晚禁止加水，以免造成上下水层提前对流而引起鱼类浮头。

经常检测pH值，发现水质偏酸，及时使用生石灰加以调节。一般的调节方法是6～10月，结合防病工作，每月用生石灰对水全塘泼洒1次，每次每666.7平方米用量20千克，可使pH值保持稳定。鱼塘主养的四大家鱼对pH值的适宜范围在7～8.5。

注意调节池水肥瘦度，各种养殖品种对水质肥瘦程度要求不同，养殖时要根据不同品种进行调节。

② 饲料选择与投喂。饲料选择和投喂是池塘养殖关键要素。我国传统养鱼生产中提倡的“四定”（即定质、定量、定时、定位）和“三看”（看天气、看水质、看鱼情）的投饲原则，是对投饲技术的高度概括。投饲要因养殖品种和塘口条件而宜，做到“匀、足、好”，这样既可以降低生产成本，又可以减少残饲对养殖环境的污染。

以采用饲料全年分配法确定鱼类日投饲量为例。全年投饲量可以根据一般饲料系数和预计产量来计算。

全年投饲量(千克)=饲料系数×预计产量(千克)

求出全年投饲量后，再根据一般分月投饲百分比，并参照当时情况决定当天投饲量（见表4-17）。

表4-17　月份投饲比例参考

月份	6	7	8	9	10	11	12	第2年 1～3
投饲/%	2	10	22	26	20	10	6	4

③ 定时巡视池塘。观察池塘动态，严格控制水质。精养池塘，每天早、中、晚都要巡视池塘，黎明是一天溶解氧最低的时候，要检查有无浮头现象。如发现浮头，须及时采取相应措施。每天14:00～15:00是一天中水温最高的时候，应观察鱼类的活动和吃食情况。傍晚巡塘主要是检查全天吃食情况和有无残剩，以便及时采取措施防止浮头，防止泛池事故。此外，巡塘时要观察鱼类有无浮头预兆。酷暑季节，天气多变，易发生浮头，还应在半夜前后巡塘，以便及时采取措施防止浮头，防止泛塘事故。此外，巡塘时要观察有无离群独游或急剧游动、骚动不安等现象。在鱼类生活正常时，池塘水面平如镜，一般不易看见。如发现活动异常，应查明原因，及时采取措施。巡塘时还要观察水色变化，及时采取水质管理措施。

④ 做好鱼池清洁卫生工作。池内残草、污物应随时捞去，保持良好的池塘环境。如发现死亡现象，应检查死亡原因，并及时捞去，不得乱丢，以免病原扩散。

⑤ 塘口记录管理。塘口档案又称池塘养殖日志，是有关各项措施和生产养殖变动情况的简明记录，既可作为分析情况、总结经验、检查工作的原始数据，也为下一步改进技术、制订生产计划作参考。实行科学养殖，一定要做到每口池塘都有塘口记录，记录内容为苗种放养、收获情况、投饲与施肥、病害防治、水质管理、收入和支出情况等。

二、网箱养殖

1. 网箱的制作及设置

（1）网箱结构与材料　网箱一般由箱体、箱架、浮子、沉子及固定装置等组合装配而成。

① 箱体。这是网箱的主体部分，由网线编织成网片，缝制成不同形状和规格的箱体。通常由四周的墙网、底网和盖网缝合为一个封闭的箱体，也有不加盖的敞口网箱。网线材料有尼龙线、聚乙烯线、聚丙烯线等几种合成纤维。目前应用比较广泛的是低压聚乙

烯线。

② 箱架。安装在箱体的上纲处，支撑柔软的箱体，使其张开具有一定的空间形状，同时也有一定的浮力，充当浮子的作用。材料常用毛竹或木材。

③ 浮子和沉子。浮子安装在墙网的上纲，沉子安装在墙网的下纲，其作用是使网箱能在水中充分展开，保持网箱的设计空间。为了保证盖网和底网能平铺，要分别在适当位置安装少量浮子和沉子，以保持网箱的有效体积。

浮子的种类很多，应用较为普遍的是塑料浮子。塑料浮子有泡沫塑料浮子和硬质吹塑塑料浮子两种。一般选用直径为8～13厘米的泡沫塑料浮子。沉子一般选用瓷质沉子，重量为50～250克/个，要求表面光滑。如果以钢管作为沉子，还能将底网撑开，使网箱保持良好的形状和有效空间。

④ 锚及锚绳。锚有铁锚（15～20千克/个）或混凝土块(25～40千克/个)。锚绳用聚乙烯绳或钢索均可，长度应超过水深的3倍。

(2) 网箱制作

① 网箱的形状和大小。网箱的平面形状有长方形、正方形、圆形等多种，以长方形和正方形最为多见。网箱的大小可分为四类：特大型网箱，面积100～1000平方米；大型网箱，面积60～100平方米；中型网箱，面积30平方米左右；小型网箱，面积在15平方米以下。

② 网箱高度。饲养滤食性鱼类的网箱，墙网的高度应根据水域的深度、富有生物的垂直分布确定，一般在水库中墙网的高度在2～4米，湖泊中墙网高度1.5～2米。敞口式网箱的墙网应高出养鱼时水面70厘米。

③ 网目大小。以不逃鱼、节省材料、箱内外水体交换率高为原则，生产过程中要随着鱼种规格的增长，适时改用较大的网目，做到分级配套，以充分发挥网箱的效能和有利于鱼的生长。

④ 网箱装配。一般用穿、绕、并三种方法缝制。如一个有盖

的长方形网箱，缝制方法可有三种：用6块网片并缝成型；四面的墙网每两边合为一片网，加下底和上盖共4片网并缝成型；四周的墙网为一片网，加底网和盖网，由3片网并缝成型。

（3）网箱的设置　网箱在水体中的设置方式，应根据水域条件、培育对象、操作管理及经济效益等方面加以考虑。设置方式适当与否，影响网箱养鱼的产量。设置方式既要考虑管理的方便，把网箱相对集中于一区域，又要保持一定间距，不影响水流交换和鱼类生长。网箱排列应尽可能使每只网箱迎着水流方向，一般呈“品字形”或“梅花形”，使之互相错开位置，以利于网箱内外水体交换。

2. 网箱养鱼技术

（1）网箱饲养滤食性鱼类　利用天然饵料进行网箱养殖鲢、鳙鱼是我国网箱养鱼的一大特色，与网箱饲养吃食性鱼相比投资小，对资金较缺乏的地区开发大水面渔业，是一条良好的途径。

① 网箱设置地点及条件。养殖水域中各种饵料生物必须较为丰富，水质符合国家渔业水质标准。网箱设置地点应水流较缓、水面开阔、背风向阳、水质较肥、无污染、水深不低于5米。要在不妨碍航运交通的地方；要注意库区水位变化，避免雨水、枯水季节水位升降影响网箱养殖的安全。宜选择较大规格网箱养殖滤食性鱼类，也可选择1000平方米以上的特大网箱。

② 鱼种投放。鱼种放养前1周，把网箱挂上框架，目的是使网箱上着生藻类，避免鱼种进箱时擦伤感染。仔细检查箱体，避免有漏洞。鱼种规格在250～500克/尾，放养密度为3～6尾/米^2，鱼种要求体质健壮、游动活泼、体表匀称、鳞片完整、无损伤、无疾病，体色呈鱼类固有体色与光泽，每批鱼种规格要整齐，并经过水产苗种检疫部门检疫合格。鱼种进箱时必须严格进行消毒杀菌。

③ 饲养管理。早晚巡查网箱，观察网箱是否牢固，有无破损，注意仔细观察鱼类活动情况，发现问题及早采取措施进行处理。及时打捞网箱内外的漂浮物，清洁鱼类生长生活环境。做好防盗工作。

为防止网衣附着藻类堵塞网眼，要求每10～15天在网眼堵塞的地方刷洗网衣，以免影响箱内外水体交换，造成箱内水体溶解氧和饵料生物缺失，进而影响鱼类生长。

每10～15天可用机动船轻轻左右移动网箱位置，通过移动能增加网箱内浮游生物的含量，能促进鲢、鳙鱼的生长速度；在洪水和枯水季节，通过移动、升降网箱能避免大风吹翻、洪水冲垮、挂空网箱。

大水面水体中凶猛野生鱼类很多，应在养殖网箱外围设置捕捞装置，预防其对网箱的破坏。

（2）网箱饲养草食性鱼类　网箱饲养草食性鱼类主要是养草鱼和团头鲂。

① 网箱的选择与布局。网箱大小为5米×5米×3米，网目的大小因养殖的不同时期而有不同的要求，网箱以毛竹框架固定后，用聚乙烯粗绳以5.0米的间隔串联成排，排与排之间间隔25米左右。

② 苗种放养。草鱼鱼种规格为6～20尾/千克，按50～60尾/米^{2}的密度放养；团头鲂放养规格为50克/尾，放养密度为100尾/米^2。

③ 投饲管理。投饵采用颗粒饲料和草饲料结合的方法。草鱼养殖选用草鱼专用颗粒配合饲料，饲料的蛋白质含量为28%，饲料颗粒直径视草鱼规格大小而定，0.5千克/尾以下时选用1.6～2.0毫米，0.5～0.75千克/尾时选用2.5～3.5毫米，0.75千克/尾以上时选用4.5毫米。投饲量：水温在15～25℃时，日投饲量为鱼总重量的3%～4%，每天投喂2次，分别是9:00～10:00、14:30～15:30；水温26～36℃时，日投饲量为鱼总重量的4%～6%，每天投喂3次，分别是8:00～8:30、10:30～11:00、16:00～17:00；水温10～15℃时，日投饲量为鱼总重量的2%～3%，每天投喂2次，分别是11:00～12:00、14:30～15:30；水温10℃以下的晴朗天气，也坚持投饲，投饲量为鱼总重量的0.5%左右，投喂时间在11:00～12:00。

团头鲂养殖水温在19℃以下，每天按2次进行投喂，时间安

排在上午9:00、下午3:00；水温在20℃以上，每日投喂4次，时间安排在7:00、10:30、13:30、17:30。鱼种刚入箱时，尚未适应新环境，需驯化1周左右的时间，期间投饲量按正常投饲量的1/3进行投喂。

在青饲料方面，以菜叶、浮萍为主，以弥补颗粒饲料中维生素含量的不足。

④ 日常管理。日常管理工作主要有以下三方面的内容。一是网箱及工具的清洗消毒。在鱼种进箱以前，网箱及使用工具清洗后，放入5%的漂白粉溶液浸泡3小时左右，船只用同样浓度的漂白粉溶液擦洗。养殖期间，用同样的方法对工具及船只进行每15天1次的消毒。每10天对网箱进行1次刷洗，同时对食台消毒1次。二是日常巡查。每天巡查网箱2～3次，检查鱼类的吃食、生长、健康情况及网箱有无漏洞等，做好养殖日记。发现问题及时处理。三是防汛工作。遇到台风时，密切注意洪水情况，尤其水库泄洪时要固定好网箱，及时清理漂浮物，同时确保人身安全。

（3）网箱饲养杂食性鱼类　主要包括网箱饲养鲤、鲫鱼。

① 网箱设置。网箱采用5米×5米×3米聚乙烯结节网箱，网目3厘米。网箱设置地区水深8米以上，阳光充足、无污染、无干扰的库湾处。鱼种放养前2周将网箱下水，使其软化并产生一些附着物，以减轻鱼种入箱时的擦伤。

② 鱼种放养。鲤鱼放养规格为50～80克/尾，放养密度为150～200尾/米^2。鲫鱼种放养规格为100克/尾左右，放养密度为120～150尾/米^2。

③ 投饲。采用人工配合颗粒鲤、鲫鱼专用饲料，饲料要求新鲜不霉变，颗粒饲料储藏期不超过1个月。鱼种入箱第3天开始用适口的鱼种料进行投喂，经过3天的驯化，鱼种开始集中摄食，因此时水温较低，每天投喂2次，上午10:00～11:00，下午14:00～15:00，每天投喂量为鱼体重的1%～1.5%。以后随着水温升高和鱼体的长大，投喂次数和投喂量也逐渐增加。7～9月为鱼类的摄食旺季，每天投喂4次，即7:00～7:30、9:30～10:10、13:00～

13:40、16:00～16:40。每天的投喂量为鱼体重的4%～7%。其他时间可调整为3次，每次投喂约40分钟，投喂量2%～5%。投喂方法是先慢投，待鱼形成抢食时再快投，至鱼抢食减弱时又慢投，最后当发现有部分鱼离开抢食时即停止投喂。快与慢的适度把握是鱼群较容易摄食到饲料而又不造成饲料沉底，以防止投喂的饲料因随水流流出网箱而造成浪费。专人负责投喂，坚持“四定”投喂，并根据天气、水温和鱼的摄食情况灵活掌握投喂量。

④ 日常管理。坚持定时巡视，发现问题，及时处理。做到早晨、傍晚各巡视1次网箱，观察鱼群活动情况。鱼群活动是否集群，吃食是否正常；检查网箱有无破损，发现问题及时处理。由于风力和水流的影响，库内的垃圾等漂浮物经常会黏附在网箱壁上，从而影响箱内的水体交换和鱼类的正常活动，应及时将垃圾用捞海捞起放至岸上。每逢大风大雨或水库水位大涨大落时都会造成网箱扭曲变形，故应及时地调整缆绳的松紧度，使网箱充分展开。因附生过多的藻类而堵塞网眼，影响箱内水体交换，养殖期间应定期换箱进行轮流清洗，一般每40～50天清洗1次。

三、池塘工业化流水养殖

1. 池塘工业化养殖系统的试验原理

池塘工业化养殖系统是一种新型生态养殖模式，利用在池塘内建设水槽将池塘水面划分为流水槽养殖区和水质净化区，在养殖水槽一端设置的气提推流增氧设备，使池塘内养殖水体在流水槽区和水质净化区形成水流循环。气提水流的形成，以及水槽底端增氧使养殖水槽始终处于高溶解氧状态，养殖水槽可养殖高密度的吃食鱼类，同时可将水槽内高密度养殖所产生的残饵粪便等推流到水质净化区，在净化区内通过种植水草使水槽养殖区内高密度所产生的亚硝酸盐、氨氮等有毒有害物质在水流循环的过程中得到净化，同时在净化区适当投放一些经济效益较高的养殖品种进行粗放性养殖，从而提高经济效益。整个养殖过程中无需向外界排放废水，降低污染。

2. 池塘工业化流水槽设施建设

可选择面积在100亩以上的大池塘实施。在池塘南侧依池塘边建设循环流水养殖槽，养殖槽是由若干个长30米、宽6米、槽间距为50厘米的单体水槽组成的连体立方体结构，槽体间安装镀锌网隔开并铺设钢网走道。养殖槽进水口深2.4米，出水口深2.7米。出水口一端安装气提推流增氧设备，出水口端向下挖深1米，建设通用集污水槽，集污槽上方配吸污泵，并沿单体水槽建设排污管道，通往集污池。在池塘中央建设导流埂，导流一端与养殖槽连接，通过气提推流作用和导流埂行程，形成整个池塘循环流水。另外，建设配套用房作为配电室、仓库、值班室等。

3. 放养及养殖

4月，可向养殖水槽分别放养各种规格的草鱼、翘嘴红鲌、鲫鱼、赤眼鳟。净化区投放河蟹、小龙虾以及鲢鱼等品种。

在养殖过程中，采用投饵机定时每天分4次投喂饲料，每天投喂量为鱼体总重量的4%左右；养殖前期，养殖密度不高，开启进水口增氧推动池塘水流即可，夜间2:00之后需要开启底部增氧，养殖后期增氧机不停歇。值得注意的是，7月、8月、9月三个月气温高、水分蒸发较快，在这期间根据情况10～15天加20厘米的水量。整个养殖期间不需要向外排水，其他管理与一般池塘养殖管理一样。

在养殖水槽外的净化区种植水草，种植伊乐藻和轮叶黑藻，种植面积占池塘总面积的30%左右。养殖前期（8月之前）投放的河蟹、小龙虾以及鲢鱼不单独投喂饲料。养殖后期河蟹和小龙虾投喂自配饲料（蛋白质含量在32%左右）。

CHAPTER 5

第五章

淡水鱼病害防治与质量安全

- 第一节　鱼病发生的原因
- 第二节　鱼病诊断方法
- 第三节　淡水鱼类主要病害防控技术
- 第四节　安全用药与质量安全控制原则

目前，多方面因素影响水产养殖业的可持续发展，但主要限制因素可归纳为以下几个方面：缺乏经过遗传改良的生长快、品质优、抗逆能力强的新品种及疾病与药残问题、生态环境问题等，特别是病害问题更是成为制约水产养殖发展的重要因素。

水产养殖面积的不断扩大，养殖强度的不断增加，养殖水环境的不断恶化，养殖品种退化、缺乏必要的疫病检疫等问题，造成我国养殖鱼虾疾病日趋严重。据统计，近年人工养殖生物病害在200种以上，每年有1/10的养殖面积发生病害，年损失产量在15%～30%，由病害造成的直接经济损失每年达数百亿元。因此，为了控制病害的发生，人们使用包括抗菌药物在内的各种药物来预防和治疗疾病，药物使用量也逐渐增大，养殖用药成本在养殖成本中的比例逐年增加。

近年来，大量的抗生素使用，对人类健康构成威胁，同时水体中的残余抗生素成了水资源重复利用的一个巨大挑战。长期暴露于低剂量抗生素环境中的微生物、植物、动物和人，将产生大量耐药细菌，直接危害人类健康。药物残留超标已经成为我国水产品内销和出口的严重障碍。因此，减少或避免化学药物的污染，减轻淤泥累积，提高生产效率和产品品质，是当前水产养殖业急需解决的问题，同时也是实现水产集约化养殖生产的高效、稳产、健康和可持续发展的必要前提。

第一节 鱼病发生的原因

水体是鱼生活的环境，与所有的生物一样，养殖鱼必须与其生活的环境相适应，才能健康成长。当环境发生变化或鱼类机体某些变化而不能适应环境，就会引起鱼类发生病害。导致鱼发病的原因很多，也很复杂，有其内在因素，也有外部因素。

一、内在因素

鱼发病的内在因素是指鱼体自身因素即鱼的体质，鱼病的发生与鱼的年龄、体质、营养因素密切相关。

1. 年龄差异

鱼类对外界不利因子的抵抗能力随年龄的变化而不同。一般情况下，苗种期因机体免疫功能发育不够完善，比较容易发病，而随着鱼类年龄的增长，对环境的抗应激能力、免疫能力及抗病力也随之增强。例如，车轮虫病是苗种阶段常见的流行病，大量寄生易引起苗种大量死亡，而在成鱼阶段，即使有车轮虫寄生，也不会引起鱼类发生大批死亡。

2. 体质不良

不同个体鱼的体质有强弱差异，体质好的个体各种器官功能良好，对疾病的免疫力、抵抗力都很强，对环境的适应能力及对各种病原的抵抗力也强，不易患病，鱼病的发生率较低；反之鱼的体质较差，免疫力降低，对各种病原体的抵御能力下降，在环境不适或受病原体侵袭时，极易引发各种疾病。

3. 营养因素

鱼类的营养状况是引起机体发病的因素之一，营养不良的鱼类，免疫能力下降，容易患病。投喂营养成分不全面、不均衡或腐败变质的饲料，易造成鱼类营养不佳，免疫力降低，对各种病原体的抵御能力下降，极易感染而发病。同时在营养不均衡时，又可直接导致各种营养性疾病的发生，如瘦背病、软骨病、脂肪肝、鱼畸形等。

二、外在因素

1. 理化因素

水是鱼类最基本的生活环境。水中的各种理化因子（如溶解氧、温度、pH 值等）直接影响鱼类的存活、生长和疾病的发生。当这些因子变化速度过快或变化幅度过大，超过机体允许的限度，无法适应时则会引起鱼类发生应激性疾病。

（1）水温　鱼类绝大部分都是变温动物，体温随外界环境变化而变化。当水温变化迅速或变幅过大时，机体不易适应引起代谢紊乱而发生病理变化，产生疾病。1 龄鲤鱼水温若相差 12～15℃，就会出现假死状态，鲢、鳙鱼受冻时，皮肤发炎出血，形成红色斑点。水温突变对幼鱼的影响更为严重，初孵出的鱼苗只能适应±2℃以内的温差，6 厘米左右的小鱼种能适应±5℃以内的温差，超过这个范围就会引起强烈的应激反应，发生疾病甚至死亡。

各种鱼类均有其生长、繁殖的适宜水温和生存的上、下限温度。我国四大家鱼属温水性鱼类，其生长最适水温为 25～28℃，水温低于 0.5～1℃或高于 36℃即死亡，鲤鱼为广温型生物，可在 2～30℃的水体中生活。此外，水温与病害发生直接相关。如病毒性草鱼出血病，在水温 27℃以上最为流行，水温 25℃以下病情逐渐缓解。许多疾病的发生都具有明显的季节性。如水霉病、小瓜虫病主要发生在冬春季节，发病时间为 12 月到翌年 4 月；细菌性疾病、中华鳋病、锚头鳋病、氨氮、亚硝酸氮中毒以及缺氧浮头主要发生夏、秋高温季节，发病时间一般为 5～8 月。

（2）溶解氧含量　水中溶解氧含量的变化对鱼类的生长及生存有直接的影响。当水体中含氧量高时，鱼类摄食强度大，消化率高，生命力旺盛，生长速度快，对疾病的抵抗力强；当水体含氧低时，鱼类摄食强度小，消化率低，残剩饵料及未消化完全的粪便污染水质。长期生活在此环境中，体质瘦弱，生长缓慢，易产生疾病。从水产养殖角度来看，水体溶解氧含量在 5 毫克/升以上为正常范围，有利于鱼类生存、生活、生长和繁殖；若水体溶解氧含量降到 3 毫克/升时，属警戒浓度，此时水质恶化；当溶解氧含量低于 1 毫克/升时，青鱼、草鱼、鲢、鳙等鱼开始浮头；当水中含氧低于 0.4～0.6 毫克/升时，则窒息死亡。在缺氧时鱼体也极易感染烂鳃病；水中溶解氧过高、过饱和时，会引起鱼类苗、种患气泡病，严重的会导致大量死亡。

(3) pH 值　各种鱼类对 pH 值有不同的适应范围，其最适宜的 pH 值为 7.2～8.5，在 pH 值低于 4.2 或高于 10.4 的水里，会大批患病，甚至全部死亡。鱼类长期生活在偏酸或偏碱的水体中，摄食减少，生长缓慢，抗病力降低，易感染疾病。如鱼类在酸性水中，血液的 pH 值也会下降，使血液偏酸性，血液载氧能力降低，致使血液中氧分压降低，即使水体含氧量高，鱼类也会出现缺氧症状，引起浮头，并易被嗜酸卵甲藻感染而患打粉病，pH 值低于 7 时鱼类也极易感染各种细菌病。在碱性水体中，鱼类的皮肤和鳃长期受刺激，使鱼类失去呼吸能力而大批死亡。

(4) 非离子氨　一般来说，水产养殖生态系统中的氨氮来自三个方面：一是鱼类蛋白质新陈代谢的产物；二是水体中有机物经细菌分解的产物；三是水体中所施的氮肥。水体中的氨氮包括非离子氨和铵离子，两者之间的平衡关系是由 pH 值和水温直接调节。水温越高，pH 值升高时，含量高。如 pH 值从 8 升到 9 时，非离子氨将增加 7 倍。当非离子氨浓度达到 0.02 毫克/升时就会引起鱼类慢性应激，达到 0.05 毫克/升时会引起鱼类急性应激，而达到 0.4 毫克/升时鱼类已经开始死亡。这是因为非离子氨有相当高的脂溶性，对鱼类有很强的毒性，能穿透细胞膜毒害细胞，最终可损害鳃、肝等组织，降低鳃组织呼吸和运输氧的能力，同时阻止鱼体内的氨向体外排出，导致鱼类减少摄食甚至停食，且影响鱼类渗透作用，降低生长率，甚至导致死亡。养殖水体要求非离子氨浓度小于 0.05 毫克/升，总氨小于 2 毫克/升。

2. 生物因素

常见的鱼类疾病中，绝大多数是由各种生物传染或侵袭机体而致病。各种病原微生物含量较高时，鱼病的感染机会增加。同时中间寄主生物的数量高低，也直接影响动物相应疾病（如桡足类会传播绦虫病，椎实螺、钉螺是许多吸虫的中间宿主等）。因此，鱼类疾病病原体包括病毒、细菌、真菌、原生动物、单殖吸虫、复殖吸虫、绦虫、棘头虫、线虫、甲壳动物等，其中病毒、细菌、真菌等都是微生物性病原体，由它们所引起的疾病，称为传染性疾病或微生物病；而原生动物、单殖吸虫、复殖吸虫、绦虫、棘头虫、线虫、甲壳动物等是动物性病原体，在它们生活史中全部或部分营寄生生活，破坏宿主细胞、组织、器官，吸取宿主营养，因而称为寄生虫，由它们引起的疾病称之为侵袭性疾病或寄生虫病；此外，还有些动植物直接危害鱼类，如水鼠、水鸟、水蛇、凶猛鱼类、藻类等，统称为敌害。

3. 人为因素

在渔业生产中，由于管理和技术上的原因而引起的鱼病统称为人为因素。在养殖生产过程中，因人为因素的作用，均会有损于鱼类机体的健康，导致疾病的发生和流行，甚至引起死亡。

（1）放养密度不当和混养比例不合理　放养密度过大，养殖池塘生态环境压力增大，会发生缺氧、缺饵等情况，也加剧了鱼体自身的生存斗争，为疾病的流行创造了条件。混养比例不合理，鱼类之间不能互利共生，以致部分品种饵料不足、营养不良，养殖的各品种生长快慢不均，大小悬殊，瘦小的个体抗病力弱，也是引起鱼类疾病的重要原因。

（2）饲养管理不当　饵料是鱼类生活、生长所必需的营养，不论是人工饵料，还是天然饵料都应保证一定的数量和质量，否则鱼类正常的生理功能就会受到影响，生长停滞，产生萎瘪病。如果投喂不清洁或变质的饵料，容易引起肠炎、肝坏死等疾病，投喂带有寄生虫卵的饵料，使鱼类易患寄生虫病，投喂营养价值不高的饵料，使鱼类因营养不全而产生营养缺乏症，机体瘦弱，抗病力低。施肥培育天然饵料，因施肥的数量、种类、时间和处理方法不当，也会产生不同的危害，如炎热的夏季投放过多未经发酵的有机肥，又长期不换水，不加注新水，易使水质恶化，产生大量的有毒气体，病原微生物滋生，从而引发疾病。因此，所投饵料应营养充足、新鲜度高，并遵循“四定”原则投喂。

（3）机械损伤　在拉网、分塘、催产、运输过程中，常因操作不当或使用工具不适宜，会给鱼类造成不同程度的损伤，如鳍条断裂、鳞片脱落、皮肤擦伤、骨骼受损等。这些损伤或直接引起鱼体死亡，或为水体中的细菌、霉菌或寄生虫等微生物的入侵敞开门户，造成继发性感染，引起流行性鱼病的暴发。

（4）药物的滥用　有些养殖户在鱼体、水体消毒及鱼病防治用药的过程中，长期使用同一种药物，不注意轮换用药，甚至预防和治疗鱼病也使用同一种类的鱼药，造成药物产生耐药性，防病效果差，或由于不能准确诊断病因，难以对症下药，造成药物选择不当、用量过多，或药物搭配不合理，导致水质恶化，破坏水体生物种群的平衡，埋下鱼病隐患，有的甚至直接导致鱼体药物中毒死亡。

三、内在因素与外在因素的关系

鱼类发病的致病机制是，当外在的不利因素对机体的胁迫超过了机体的负荷能力时，鱼类就开始表现出各种症状。不同的致病原因会引发出不同的症状与之对应。因此，鱼类病害是机体和外界环境因素相互作用的结果。前者是致病的内在因素，后者是外在因素。

引起鱼发病的内在因素一般来说，鱼类本身体质好，自身的免疫力强，抗病力也就强，即使有病原体存在，也不易发病；相反，鱼类体质差，自身的免疫力弱，则容易生病。因此，鱼类机体自身免疫力的强弱，对鱼类是否发生疾病具有至关重要的作用。实践证明，当某些流行性鱼病发生时，在同一池塘内的同种类同龄鱼中，有的患病严重死亡，有的患病轻微，逐渐痊愈，有的根本就不被感染。在一定环境条件下，鱼类对疾病具有不同的免疫力，即使是同一种鱼，不同的个体、不同年龄阶段的鱼对疾病的感染性也不完全相同。比如在同一池塘中草鱼、青鱼患肠炎病时，鲢、鳙鱼则不发病。白头白嘴病一般在体长 5 厘米以下的草鱼身上发生，超过这长度的草鱼基本不发生这种病。鱼类的这种抗病力强弱是机体本身的内在因素，因此我们应尽量创造条件，提高鱼类的自身抗病力和免疫力。

鱼类本身的内在因素固然重要，但外在因素更不能忽视。从上述所述的各种外在因素如环境因素、生物因素、人为因素来看，鱼类在养殖过程中最终发病与否是由环境来确定。环境对鱼类的各种刺激，即为环境胁迫因子。在水产养殖生态系统中，鱼类受到的胁迫常常由非离子氨、溶解氧、酸碱度和水温等环境因子造成，它们之间又是相互联系、相互影响的，共同影响鱼类的生长、摄食及是否发病。如水中溶解氧含量高，可以抑制和减轻非离子氨等物质对鱼类的毒害作用，溶解氧含量过低则引起鱼类浮头甚至死亡，同时也增强了氨的毒性。由于养殖密度过高以及配合饲料的大量使用，低溶解氧已经成为水产养殖环境中严重的胁迫因子，它大大降低了鱼类的生产性能，即使采用各种增氧设施，这种胁迫也始终存在。由于溶解氧不足，养殖水体中过多的有机质的氧化过程受到抑制，残饵、有机肥料、鱼的粪便等会逐渐积累，结果就产生和积存了各种有机酸类，从而使 pH 值逐渐降低，造成鱼类鳃的气体交换和血氧运输障碍，体内渗透压调节机制失调、血酸离子调节机制丧失以及血液酸碱平衡紊乱。在养殖水体中这种胁迫作用对鱼类造成的影响因涉及溶解氧和氨氮等的变化而变得非常复杂。

因此，我们在提高鱼类自身的免疫力和抗病力等内在因素时，要努力为养殖鱼类创造良好的环境条件，在设计和建造养殖场地时应尽量做到符合防病的要求，养殖过程中加强饲养管理、科学的施肥管理、应激管理、危机管理，搞好水质调控，只有这样，将鱼类发病的内在因素和外在因素朝着好的方向发展，才能做到减少或避免抗生素及化学药物的污染，实现水产养殖生产的高效、稳产、健康和可持续发展。

第二节 鱼病诊断方法

一、鱼病诊断依据

由于目前尚难于做到通过检测患病鱼体的各项生理指标而对鱼

类疾病进行诊断，大多只能通过病鱼的症状和显微镜检查的结果作出确诊，为能及时地对养殖鱼类主要疾病进行科学、正确的诊断，并提供准确的疾病发生、发展情况，需要掌握常见的病原体的识别和常见疾病的典型症状，同时还要求了解本地区不同季节鱼病的流行情况。在诊断时还要进行现场调查，以帮助最后作出确切的诊断。还值得注意的是，当鱼发生大量死亡时，有的可能不是由病引起，而可能是药物中毒，或是水中缺氧造成。这就需要根据情况进行综合分析，最后确诊。因此，对鱼病的正确诊断需根据以下几条原则进行。

1. 首先判断是否由于病原体引起的疾病

在养殖过程中，有时候有些鱼类会出现不正常的其他现象，如由于水体中溶解氧含量过低导致的鱼体缺氧浮头，各种有毒物质导致的鱼体慢性中毒，气候突然变化造成水质环境因子突变引起养殖鱼类产生强烈应激、药物突然中毒导致鱼类在短时间内出现大批鱼类失常甚至死亡等。这些非病原体导致的鱼体不正常或者死亡现象，通常都具有明显不同的症状，并非是由于传染性或者寄生性病原体引起的，通过查明患病原因后，立即采取适当措施进行处理。

2. 根据疾病的发生时间判断

鱼类疾病的发生具有较强的季节性，某些疾病只在某一季节发生。这是因为各种病原体的繁殖和生长均需要适宜的温度，而饲养水温的变化与季节有关，所以在养殖鱼类疾病诊断时要考虑季节性这一特点。适宜于低温条件下繁殖与生长的病原体引起的疾病大多发生在冬季，而适宜于较高水温的病原体引起的疾病大多发生在夏季。如水霉病一般不会在夏季发生，而春季则是水霉病的多发季节。草鱼出血病就发生在夏季。

3. 根据病鱼的品种和生长阶段判断

不同种类的鱼类对疾病的抵抗能力都有所不同，不同生长阶段的各种鱼类由于其生长环境、形态特征和体内化学物质的组成有所不同，对疾病的抵抗能力也就不同，如鲫鱼或者鲤鱼的有些常见疾病，就不会在冷水鱼的饲养过程中发生，有些疾病在幼鱼中容易发生，而在成鱼阶段就不会出现了。这些特点都可以作为疾病直接判断的根据。

4. 根据患病鱼的外部症状判断

这是疾病诊断时最直接的方法。在使用药物时，首先要正确诊断病情，了解病原是什么，了解各种病原引起的症状中的相似和不同之处，并结合其他一些因素进行判断。

5. 根据疾病发生的区域特点判断

许多鱼病发生有一定的区域性，由于不同地区的水源、地理环境、气候条件以及微生态环境均有所不同，导致不同地区的病原区系也有所不同，对于某一地区特定的饲养条件而言，经常流行的疾病种类并不多，甚至只有1～2种，如果是当地从未发现过的疾病，患病鱼也不是从外地引进的话，一般都可以不加考虑。如果是从其他养殖区域购买过来的鱼，则可能带有病菌，就要了解购买地的疾病情况，做到心中有数，针对性地采取措施进行预防。

二、鱼病诊断步骤

鱼病诊断是病害防治的基础，是鱼病治疗中最重要的步骤。鱼病诊断的目的在于通过观察、检查、分析，对鱼类所患的疾病作出正确的判断，尤以鱼病的早期诊断更为重要，能否对症下药、能否使药物发挥效果、能否有效控制疾病的传播，都取决于鱼病的诊断。只有先确定鱼患的是什么病，然后进行治疗，才能对症下药，取得治疗的效果。因此，能否正确诊断鱼病，是鱼病防治的一个关键问题。因此，鱼病诊断需按以下步骤进行。

1. 采样

(1) 病鱼　选择患病濒死或刚死不久（不能超过2个小时）、症状典型的病鱼作为诊断检查的对象，死亡已久的鱼往往体内各个器官已经腐烂变质，无法诊断病情；对不能立即确诊的疾病应采取冷藏运输方法（4℃）将样本运输至专业实验室进行检查诊断，新鲜样本对鱼病的快速诊断十分重要。如果需要进一步诊断分析，可用固定剂将病鱼或病变部位及内脏器官组织进行固定和保存。

（2）水样　于发病池塘多个采样点取鱼池水样（水面下 50～80 厘米处）及进水口水样，立即送专业实验室对水质进行化验。包括水温、pH 值、氨氮含量、溶解氧含量、水中微生物（藻类）含量等，鱼病的发生与这些因素密切相关，水质肥瘦可以对我们今后的用药量起指导作用。

2. 现场调查

对鱼类疾病进行诊断时，现场发病情况调查对疾病的正确诊断具有重要的作用。现场调查主要有以下几方面的内容。

（1）环境调查　包括养殖空间环境和水体内部环境调查。前者是指了解外界温度、空气质量状况、水源有没有污染和水质情况，池塘周围有哪些工厂，工厂排放的污（废）水含有哪些对鱼类有毒的物质，这些污（废）水是否经过处理后排放，以及池塘周围的农田施药情况等。后者是指池塘水体环境，包括水的酸碱度、溶解氧、氨氮、亚硝酸盐和水的肥瘦变化等，这些都与鱼病流行的关系极为密切。有的鱼池数年不清塘，使得水底溶解氧减少，厌氧微生物发酵分解产生硫化氢，容易使鱼类中毒，造成鱼类浮头或窒息死亡。有机质多而水质发臭的水，一般都适宜鳃霉菌的大量繁殖，引起鳃霉病的流行。酸性水常引起嗜酸性卵甲藻病（打粉病）的暴发。氯化物含量过高，则会促使小三毛金藻大量繁殖，造成鱼类发病死亡。因此，调查水源、水深、淤泥、加水及换水情况，观察水色早晚间变化，池水是否有异味等，测定池水的 pH 值、溶解氧、氨氮、亚硝酸盐、硫化氢等都是必不可少的工作。

（2）调查养殖池塘周围的既往病史与用药情况　调查养殖池塘近几年来常有哪些鱼病，发病的时间、死亡的种类、症状、发病的缓急，它对鱼的危害程度和所采取的治疗用药情况及其效果，本次发病鱼类死亡的数量、死亡种类、死亡速度、病鱼的活动状况，尤其是濒死鱼的活动情况和症状等均应仔细了解清楚。调查近期鱼池所使用过的药物、药物清塘情况，包括使用药物的种类、剂量和方法，以及清塘后投放鱼种的时间、鱼种消毒的药物和方法等都要一一弄清楚。

（3）调查饲养管理情况　鱼类发病常与管理不善有关，对投饵、施肥、放养密度、放养品种和规格、各种生产操作记录以及历年发病情况等都应作详细了解。此外，对气候变化、敌害（水兽、水鸟、水生昆虫等）的发生情况也同时进行了解。如放养密度过大，鱼摄食不足，体质差，对疾病的抵抗力弱，容易引起鱼类发病。施肥量过大、商品饲料质量差、投喂过量等，都容易引起水质恶化，产生缺氧，严重影响鱼体健康，同时给病原体以及鱼类敌害的加速繁殖创造条件；反之，如果水质较瘦，饲料不足，也会引起跑马病等疾病。投喂的饲料不新鲜或不按照“四定”（定时、定质、定量、定位）投喂，鱼类很容易患细菌性肠炎。由于运输、拉网和其他操作不小心，也很容易使鱼体受伤，鳞片脱落，使细菌和寄生虫等病原侵入伤口，引发多种鱼病，如赤皮病、白头白嘴病、水霉病等。

3. 现场简易诊断

鱼发病后，鱼体的头部、体表、鳍条、鳃以及内脏器官等部位都有相应的症状表现。不仅在体内外出现各种病状，同时，在水中也会表现出各种异常现象。如观察鱼在水体内的活动状况时，若出现浮头症状，给予震动才入水，不一会又浮上来，体表无其他症状，应考虑缺氧和氨氮含量超标等水质因素。若因农药或工业污水排放造成鱼类中毒时，鱼会出现跳跃和冲撞现象，一般在较短时间内就转入麻痹甚至出现大批鱼类死亡。若离群独游，反应迟钝，或不规则狂游打转，平衡失调，体表无症状，应考虑为寄生虫感染。仔细观察病鱼的口、眼、鳃、鳞片、鳍条、肛门等体表特征，一般说来细菌性和病毒性鱼病常表现出体表充血、发炎、腐烂、鳍条基部充血和蛀鳍、竖鳞等症状，而寄生虫性疾病常表现出黏液增多、出血、有点状或块状胞囊等症状。病鱼眼部发白、有增生物，是蒙眼病的症状，多由水质不良引起。病鱼腹部膨大，肛门红肿，排泄一种白色细长状粪便，是肠炎的征兆。体表长有块状面团样絮状物是水霉病的症状等。因此，迅速到现场观察鱼的活动情况对于鱼病的及时简易诊断和处理防病、提供及时治疗方案具有至关重要的意义。

4. 实验室诊断

现场初步诊断后，对于某些需要进一步确诊的病例，在实验室条件下，可遵照一定程序步骤对病例进行处理，然后通过对病原的分离鉴定、病理组织学诊断或是免疫学和分子生物学诊断技术方法进行确诊。

5. 综合进行诊断

综合调查及诊断的各种信息，对疾病作出一个基本判断，告知养殖户是细菌性、病毒性、寄生虫等引起的疾病，还是水质、饲料等引起的环境病。给出治疗方案，帮助养殖户计算用药量，对病鱼进行对症下药。并追踪治疗效果，结合养殖户的意见，对这次治疗进行效果评价。

三、鱼病诊断方法

为治疗鱼病，减少损失，就必须对鱼病迅速作出正确的诊断。疾病诊断的方法是，先外后内，先腔后实，先肉眼后镜检。诊断鱼类疾病，一般采用目检、镜检。目检即用眼睛检查诊断，对一些疾病病原体较大、用肉眼可以看到的，如锚头鳋病、中华鱼鳋病和水霉病等，都采用此法。对于一些常见的细菌性疾病和病毒病，一般亦可根据其症状进行诊断，如细菌性烂鳃病、赤皮病、打印病、细菌性肠炎和草鱼出血病等。此外，还可根据鱼体大小、不同季节、不同地区鱼病的流行情况作出正确的诊断。鱼苗、鱼种阶段一般易感染车轮虫等原生动物引起的疾病。但白头白嘴病既可由车轮虫寄生引起，也可由细菌感染引起。它们虽有共同特征，在水中均可看到鱼嘴圈发白，但仔细观察亦有不同之处：由车轮虫感染的，鱼头部充血，出现“红头”即“红头白嘴”病；由细菌感染者无此症状，即为白头白嘴病。镜检，是在目检的基础上，采用显微镜进行检查。对肉眼看不见的小型寄生虫疾病的确诊和其他疾病的辅助诊断。

1. 现场观察

在条件许可的情况下应察看现场，了解发病池塘的养殖品种、放养密度、投饵种类、数量和质量，测量池中的水温及 pH 值、溶解氧，观察水色、水源和塘面及鱼群的活动与死鱼的情况，了解发病的经过及已采取的措施等。详细记录以备作为确诊时参考之用。

2. 肉眼检查

肉眼检查是用眼睛仔细观察病鱼各个部位，如头、嘴、眼、鳃盖、鳞片和鳍条等。是否有充血、出血、发炎、溃烂、变色、黏液增多、粗糙、肿胀、小点、畸形及肉眼可见的大型病虫害等。对鱼体肉眼检查的主要内容如下。

（1）观察鱼体的体形　注意体形是瘦弱还是肥硕。体形瘦弱往往与慢性型疾病有关，而体形肥硕的鱼体大多是患的急性型疾病。注意鱼体腹部是否鼓胀、是否有畸形等。

（2）观察鱼体的体表　将病鱼置于白搪瓷盘中，按顺序从嘴、头部、鳃部、体表、鳍条依次观察。注意体表的黏液是否过多，鳞片是否完整，机体有无充血、发炎、脓肿和溃疡的现象出现，眼球是否突出，鳍条是否出现蛀蚀，肛门是否红肿外突，体表是否有水霉，水泡或者大型寄生物等。寄生于体表的线虫、锚头鳋、鱼虱、钩介幼虫、水霉等大型病原体，肉眼就能确定。对肉眼看不出来的小型病原体，则主要根据表现出来的症状加以辨别，口丝虫、车轮虫、斜管虫、三代虫等引起的病状，一般会分泌大量黏液，有时微带污泥，或者是嘴、头以及鳍条末端腐烂，但鳍条基部一般不充血。疖疮病则表现为病变部位发炎、脓肿。白皮病病变部位发白，黏液少，用手摸有粗糙感。复口吸虫表现出眼球混浊，后期出现白内障。但有些病症，如鳍条基部充血和蛀鳍，则都是赤皮病、肠炎、烂鳃病以及其他一些细菌性鱼病的病症之一；大量的车轮虫、斜管虫、小瓜虫、指环虫等寄生虫寄生于鱼的体表或鳃上，同样都会刺激鱼体分泌较多的黏液。目检可以初步诊断体表寄生虫病，但对其他疫病，目检仅仅是诊断的第一步。

（3）观察鳃部　先看鳃盖是否张开，然后用剪刀小心把鳃盖剪掉，观察鳃片上鳃丝是否肿大或腐烂、鳃的颜色是否正常、黏液是否增多等。如果是鳃霉病，则鳃片颜色发白，略带微红色小点；若是细菌性烂鳃病，则鳃丝末端腐烂，严重的病鱼鳃盖内中间部分的内膜常腐蚀成一个不规则的圆形“小窗”；斜管虫、鳃隐鞭虫、指环虫、三代虫等寄生虫引起的鱼病，鳃片上则会有较多黏液；若是中华鳋、双身虫、狭腹鳋、黏孢子虫孢囊等寄生虫，则常表现为鳃丝肿大，鳃盖胀开等症状；小瓜虫、孢子虫大量寄生时，肉眼即可见大量白点，因此常被称为“白点病”。

（4）解剖后观察内脏　若是患病鱼比较多，仅凭对鱼体外部的检查结果尚不能确诊，就可以解剖1～2尾鱼检查内脏。解剖鱼体的方法是，剪去鱼体一侧的腹壁，先观察是否有腹水或肉眼可见的较大型的寄生虫。其次是观察内脏的外表，如肝脏的颜色、胆囊是否肿大以及肠道是否正常，然后将靠近咽喉部位的前肠和靠近肛门部位的后肠剪断，取出内脏后，把肝、肠、鳔、胆等分开，再把肠分为前肠、中肠、后肠三段，轻轻去掉肠道中的食物和粪便，然后进行观察。绦虫、吸虫、线虫等内寄生虫，很容易就能看到；如果是肠炎，则会发现肠壁发炎、充血；如果是球虫病和黏孢子虫病，则肠道中一般有较大型的瘤状物，切开瘤状物有乳白色浆液或者肠壁上有成片或稀散的小白点。

3．显微镜检查

用显微镜、解剖镜、放大镜对鱼病进行检查，简称镜检。镜检是在鱼病情况比较复杂，仅凭肉眼检查不能作出正确诊断而做的更进一步的检查工作。在一般情况下，鱼病往往错综复杂，很多病原体十分细小，有必要进行镜检。在肉眼观察的基础上，从体表和体内出现病症的部位，用解剖刀和镊子取少量组织或黏液，置于载玻片上，加1～2滴清水（从内部脏器上采取的样品应该添加生理盐水），盖上盖玻片，稍稍压平，然后放在显微镜下观察，先用低倍

镜观察再用高倍镜观察。特别应注意对肉眼观察时有明显病变症状的部位作重点检查。显微镜检查特别有助于对原生动物等微小的寄生虫引起疾病的确诊。

4. 疾病的确诊

根据对鱼体检查的结果，结合各种疾病发生的基本规律，就基本上可以明确疾病发生原因而作出准确诊断了。对于症状明显、病情单纯的疾病，凭肉眼观察即可作出准确的诊断。但是，对于症状不明显，病情复杂的疾病，就需要做更详细的检查方可作出准确的诊断。当遇到这种情况时，应该进行病原检查，包括病原分离、鉴定、致病试验等，并详细了解以往的病历和防治措施，结合当时的环境因素和管理措施等情况，准确诊断发病原因及病种，以作为诊断和治疗的参考。

第三节 淡水鱼类主要病害防控技术

一、病毒病

1. 草鱼出血病（彩图 29）

【病原】草鱼呼肠孤病毒（GCRV）。

【流行情况】本病是我国草鱼鱼种培养阶段为害最大的病害之一，主要为害 2.5～15 厘米的草鱼和 1 足龄的青鱼，有时 2 足龄以上的草鱼也患病。主要流行于长江流域和珠江流域各省市，尤以长江中、下游地区为甚，近年来在华北地区也有发生。流行严重时，发病率达 30%～40%，死亡率可达 50%左右，严重影响草鱼养殖。每年 6～9 月是此病的主要流行季节，水温 27℃以上最为流行，水温降至 25℃以下，病情逐渐消失。

【症状】主要症状是病鱼各器官组织有不同程度的充血、出血。

病鱼体色暗黑而微红，离群独游水面，反应迟钝，摄食减少或停止。口腔有出血点，下颌、头顶和眼眶四周充血，有的眼球突出、鳃盖、鳍基充血，鳃苍白或紫色，也有的鳃瓣呈鲜红斑点状充血，鳃丝肿胀，多黏液。内部肌肉点状或斑块状充血，严重时全身肌肉呈鲜红色，肠道全部或部分因肠壁充血而呈鲜红色，轻症呈现出血点和肠壁环状充血，鳔壁和胆囊表面常布满血丝，少量病鱼肝、肾、脾因失血而呈灰白色，或有局部出血点，根据病鱼所表现的症状及病理变化，大致可分为如下三种类型。

（1）“红肌肉”型　病鱼外表无明显的出血症状，或仅表现轻微出血，但肌肉明显充血，严重时全身肌肉均呈红色，鳃瓣则严重失血，出现“白鳃”。这种类型一般在较小的草鱼种（体长 7～10 厘米）较常见。

（2）“红鳍红鳃盖”型　病鱼的鳃盖、鳍基、头顶、口腔、眼眶等明显充血，有时鳞片下也有充血现象，但肌肉充血不明显，或仅局部出现点状充血。这种类型一般见于在较大的草鱼种（体长 13 厘米以上）上出现。

（3）“肠炎”型　病鱼体表及肌肉的充血现象均不明显，但肠道严重充血。肠道部分或全部呈鲜红色，肠系膜、脂肪、鳔壁等有时有点状充血。肠壁充血时，仍具韧性，肠内虽无食物，但很少充有气泡或黏液，可区别于细菌性肠炎病。这种类型在各种规格的草鱼种中都可见到。

上述三种类型的病理变化可同时出现，亦可交互出现。

【主要控制技术】疾病一旦发生，彻底治疗通常比较困难，故强调预防。

① 彻底清塘，清除池底过多淤泥，并用生石灰或漂白粉（含有效氯 30%）消毒，以改善池塘养殖环境。

② 严格执行检疫制度，加强饲养管理，保持优良水质，投喂优质饲料，提高鱼体抗病力。

③ 注射疫苗，进行人工免疫。6 厘米以下的鱼种，腹腔注射 10^{-2}浓度疫苗 0.2 毫升左右；8 厘米以上鱼种为 0.3～0.5 毫升；

20 厘米以上的，每尾注射疫苗 1 毫升左右。也可用浸浴法进行人工免疫，即用 0.5%灭活疫苗加 1.0 毫克/升莨菪碱浸泡鱼种 2～3 小时。

④ 疾病发生后，全池泼洒溴氯海因 0.5～0.6 毫克/升，隔天再泼洒 1 次，并口服大黄粉，按每 100 千克鱼体重用 0.5～1.0 千克计算，拌入饲料内或制成颗粒饲料投喂或用 50%大黄、30%黄柏、20%黄芩制成三黄粉，每 50 千克鱼用三黄粉 250 克制成药饵投喂，每天 1 次，连用 5～7 天为一个疗程，效果极好。

2. 鳜鱼暴发性传染病

【病原】暂称为传染性脾肾坏死病毒（ISKNV），属于虹彩病毒科，所以又称鳜鱼虹彩病毒病。

【流行情况】本病主要发生于鳜鱼养殖池塘中，主要危害鳜鱼种和成鱼，这种病每年 4 月中下旬水温约 20℃以上可发生，到 11 月下旬水温降低又能自愈，因此，流行季节为 4～11 月，发病高峰期多出现在 7～10 月，流行水温 25～34℃，最适水温为 28～30℃。这种病流行快，发病率高，发病严重时一般 10 天内死亡率达 90%左右。

【症状】病鱼口腔周围，鳃盖、鳍条基部、尾柄处充血，有的病鱼眼球突出或有蛀鳍现象；大部分鱼鳃黏液增多、腐烂、暗灰色，贫血状；剖腹后，可见肝有出血点，肝脏肿大，灰白色或土灰色，有时见白灰相间呈花斑状；肾脏肿大，充血；脾脏肿大，腐烂；空胃，肠内充满黄色黏稠物等典型症状；胆囊肿大。在发病期，鳜鱼活动力弱，静止塘边，对外界干扰不敏感。但 80%以上病鱼混合感染细菌、寄生虫而呈多样化症状，交杂着红肿、多黏液、溃烂等症状。

【主要控制技术】由于气候突变、水质恶化、细菌和寄生虫等病原感染，饵料鱼营养不平衡，管理不善（如用药不当、饵料鱼未经消毒、投放量过大等），均可成为鳜鱼病毒致病的诱发或协同因子。且主养鳜鱼是用活杂鱼投喂，故除了要求做好常规池塘清毒和活杂鱼消毒外，目前尚无治疗方法。根据虹彩病毒地区性流行、水体传播直接和迅速、感染率和发病率极高等特性，经过探讨研究和实践总结，对鳜鱼病毒性预防措施如下。

① 鱼塘彻底清塘，每亩用200～300千克生石灰消毒，并尽可能晒塘30天，还原塘底土质，减少细菌滋长。

② 每隔8～10天，定期施放有益微生物制剂，有效转化水体中的有机物，降低氨氮、亚硝酸盐、硫化氢等有害的化学物质，稳定水色和pH值。采用高效、低毒、无残留药物科学防治鱼病，给予鳜鱼一个健康生长无污染的环境。

③ 饲料鱼投喂要均匀平衡，切忌时饱时饥，造成鳜鱼生长失常、体质减弱、对疾病抵抗降低，从而感染病毒。

④ 发生病毒病时，采取饥饿疗法，建议停食3～4天，原因是发病塘鱼经常有抢食迅猛反常现象，而且吃得越多死得越多。通过停食避免健康鱼和病鱼接触交叉感染病毒。

⑤ 忌高密度养殖，最好不超过1000尾/亩，宜混养鲫鱼（每亩鱼塘放养体重250克以上鲫鱼100尾）作为清道夫，消除鳜鱼大量粪便，以便减少水质污染。

⑥ 延长增氧时间，建议每天从晚上9时开启增氧机至翌日早晨8时，一方面增加水中溶解氧，避免鳜鱼因浮头暗浮而造成体质衰弱而发病，另一方面通过增氧可以改良水质，给予鳜鱼一个优良的生活环境而健康生长，增加鱼体的免疫力，抵抗病毒的侵入。

3. 鲤春病毒病

【病原】鲤春病毒病（SVC）又名鲤鱼鳔炎症，是由一种弹状病毒即鲤春病毒血症病毒引起。

【流行情况】这种病是一种急性传染性病毒病，危害对象主要是鲤鱼，鲫鱼也被感染。流行地域广，我国大部分地区均有发生，时间主要在4～6月，水温15～22℃时此病容易暴发，死亡率高达100%。

【症状】病鱼体色发黑，离群独游，反应迟钝，腹部肿大，肛门红肿，皮肤和鳃渗血，无外部溃疡及其他细菌病症状。剖检以出血为主。鲤鱼急性感染时消化道出血，可见到腹水严重带血；鳔严重发炎出血，布满瘀斑，鳔内充满血样浆液，继而鳔组织坏死，肾脏也发生病变，最后导致死亡。

【主要控制技术】

① 严格执行检疫制度，加强饲养管理，保持优良水质，投喂优质饲料，提高鱼体抗病力。

② 疾病发生后，全池泼洒氨基酸碘 0.05 毫克/升，隔天再泼洒 1 次，效果较好。

③ 用 50%大黄、30%黄柏、20%黄芩制成三黄粉，每 50 千克鱼用三黄粉 250 克制成药饵投喂，每天 1 次，连用 5～7 天为 1 个疗程。

4. 痘疮病（又名鲤痘疮病）（彩图 30）

【病原】鲤疱疹病毒（*Cyprinid herpesvirus*）。

【流行情况】这种病主行流行于欧洲，现在朝鲜、日本及我国的湖北、江苏、云南、四川、河北、东北和上海等地均有发生，大多呈局部散在性流行，大批死亡现象较少见。主要发生在 1 足龄以上鲤鱼，鲫鱼可偶尔发生，同池混养的其他鱼则不感染。这种病流行于秋末至春初的低温季节及密养池。水温在 10～15℃时，水质肥沃的池塘和水库网箱养鲤中易发生。当水温升高或水质改善后，痘疮会自行脱落，条件恶化后又可复发。

【症状】发病初期，病鱼体表出现薄而透明的灰白色小斑状增生物，以后小斑逐渐扩大，互联成片并增厚，形成不规则的玻璃样或蜡样增生物，形似癣状痘疮。背部、尾柄、鳍条和头部是痘疮密集区，严重的病鱼全身布满痘疮，病灶部位常有出血现象。

【主要控制技术】

① 严格执行检疫制度，不从患有痘疮病渔场进鱼种，不用患过病的亲鲤繁殖。

② 流行情况地区应改养对本病不敏感的鱼类。

③ 做好越冬池和越冬鲤鱼的消毒工作，调节池水 pH 值，使之保持在 8 左右。

④ 秋末或初春时期，应注重改善水质或减少养殖密度。

5. 鳃部出血病（彩图 31）

【病原】初步确定引起这种病的病原为金鱼造血器官坏死病毒（GFHNV），即鲤疱疹病毒Ⅱ型。

【流行情况】这种病主要在近几年发生，危害对象主要是鲫鱼。流行地域广，我国大部分地区均有发生，时间主要在 4～9 月，水温 20～28℃时此病容易暴发，发病面积大、发病快、蔓延广，死亡率高，甚至高达 100%，给养殖户造成了严重的经济损失。

【症状】病鱼体质发黑，常在池塘四周无力游动，不集群。患病鱼身体发红，侧线鳞以下及胸部尤为明显。鳃盖肿胀，在鳃盖张合的过程中（或鱼体跳跃的过程中），血水会从鳃部流出，血的颜色呈浓褐色；病鱼死亡后，鳃盖有明显的出血症状，剪开鳃盖观察，鳃丝肿胀并附有大量黏液；镜检鳃丝发白无血色。病鱼鳍条末梢发白，尾鳍尤为明显，严重时如蛀鳍状。解剖后见肝脏充血（一些个体肝肿胀），脾脏、肾脏充血肿大；肠道发炎、食物少；部分腹部有腹水（伴随细菌性感染）。

【主要控制技术】

① 彻底清塘，清除池底过多淤泥，并用生石灰或漂白粉（含有效氯 30%）消毒，以改善池塘养殖环境。

② 在平时的养殖管理过程中减少、降低药物的使用；保持良好的水体环境；饲料中添加提高机体免疫力和增强体质的功能性添加剂（如甜菜碱），提高鱼体抗病力。

③ 疾病发生后，全池泼洒氨基酸碘 0.05 毫克/升，隔天再泼洒 1 次，效果较好。

④ 用 50%大黄、30%黄柏、20%黄芩制成三黄粉，每 50 千克鱼用三黄粉 250 克制成药饵投喂，连用 5～7 天为 1 个疗程。

二、细菌性病

1. 养殖鱼类出血性败血症（俗称淡水鱼暴发病）（彩图 32）

【病原】由嗜水气单胞菌、温和气单胞菌、鲁克氏耶尔森氏菌

等细菌感染引起多种淡水养殖鱼类的败血症。目前这病的名称较多，有叫溶血性腹水病、出血性腹水病、出血性疾病等。

【流行情况】这种病是我国养鱼史上危害鱼的种类最多、危害鱼的年龄范围最大、流行地区最广、流行季节最长、危害养鱼水域类别最多、造成的损失最大的一种急性传染病。主要危害鲫、鳊、鲢、鳙、鲤、草鱼及鲮、鳜等2龄鱼类，其发病率达到60%～100%，流行季节为4～11月，发病水温为20～37℃，尤以25～30℃发病率最高，6～9月为发病高峰期。

【症状】主要是鱼体各器官组织不同程度地出血或充血。病鱼口腔、头部、眼眶、鳃盖表皮和鳍条基部充血，鱼体两侧肌肉轻度充血，鳃淤血或苍白，随着病情的发展，病鱼体表各部位充血加剧，眼球突出，口腔颊部和下颌充血发红，肛门红肿。肠道部分或全部充血发红，腹部胀大内有淡黄色液体（少数病鱼有冻胶状物），体腔有腹水或多或少。肝组织易碎呈糊状，或呈粉红色水肿，有时脾脏瘀血呈紫黑色，胆汁清淡。

【主要控制技术】

① 鱼种入池前要用生石灰彻底清塘消毒，池底淤泥过深时应及时清除。

② 鱼种用疫苗药浴，在100千克水体加1千克疫苗和0.1～0.15克莨菪碱和1%食盐，浸泡鱼种5～10分钟。

③ 环境改良方面，经常全池泼洒光合细菌0.3～0.4毫克/升或EM菌0.3～0.4毫克/升，以改善池塘水质，消除氨氮、亚硝酸盐、硫化氢等有害气体，净化水质。

④ 发病鱼池必须进行内外相结合的综合治疗方法，首先进行水环境消毒，用溴氯海因全池泼洒，使池中药物浓度为0.4～0.5毫克/升，病重时可隔日再使用1次，同时于每千克饲料中添加氟苯尼考1～2克制成药饵，每天投喂1次，连续4～5天为1个疗程，若病重可延长服药期，直到康复。

⑤ 用大黄治疗出血病时，先将大黄煎汁后用20倍0.3%的氨水浸泡一夜，药效可增加20倍。其大黄浓度为2.5～4毫克/升。

2. 烂鳃病（彩图 33）

【病原】由柱状屈挠杆菌或鱼害黏球菌感染引起。

【流行情况】每年 4～10 月为流行季节，以 7～9 月最为严重，主要危害草鱼、青鱼种。水温 20℃以上开始流行，28～35℃是最流行的温度。水温越高越容易发生，且病情越严重。当鱼体受伤、放养密度大、水质不良时，可促进其流行。本病常与肠炎、赤皮病并发呈并发症。

【症状】病鱼体色发黑，游动缓慢，反应迟钝，或离群独游水面。食欲减退，甚至停食。鳃丝分泌黏液增多，肿胀，呈花鳃状，局部因缺血呈灰白色或淡红色，或局部瘀血成紫红色或有出血点。严重者鳃丝溃烂，鳃丝软骨外露坏死处往往有细菌和污物黏附，看上去很脏，呈土黄色。严重时中间部分的表皮常被腐蚀成一个圆形或不规则的“透明小窗”，俗称“开天窗”。

【主要控制技术】治疗这种病时首先要在晚上全池泼洒以过碳酸钠为主要成分的片状增氧剂 300～500 克/亩，可减少因鱼患病呼吸困难而导致大量死亡，然后再进行消毒治疗。

① 彻底清塘，鱼种下塘前用 2%～4%的食盐水浸浴 5～10 分钟。

② 发病时也可用五倍子 2～4 毫克/升，磨碎后浸泡过夜全池泼洒；或用大黄氨水液全池泼洒，用 0.3%的 20 倍大黄重量的氨水浸泡大黄 12～24 小时后带渣全池泼洒，其大黄浓度为 2.5～4 毫克/升。

③ 全池泼洒二氧化氯，浓度为 0.2～0.3 毫克/升。

④ 每 100 千克鱼用穿心莲 0.5 千克（水煮 2 小时）拌饲料投喂，连喂 3～5 天。

3. 烂尾病

【病原】由温和气单胞菌、嗜水气单胞菌、点状气单胞菌、柱状曲挠杆菌等感染引起。

【流行情况】这种病为多发病，只要鱼的尾部受到损伤，鱼体

抵抗力下降、水质污浊、水中细菌较多时，就易暴发流行。因此，这种病多发生于水质较差的池塘，且机体受伤是一个重要诱因，发病季节多集中在春季。

【症状】病鱼游动缓慢，食欲减退，严重时鱼体失去平衡，头部朝下，鱼体与水面垂直；病初尾柄处皮肤变白，随后鳞片脱落，发炎，有时继发水霉感染；尾鳍开始蛀蚀，并伴有充血，最后，尾鳍大部或全部断裂，尾柄处皮肤、肌肉溃烂，严重时露出骨骼。

【主要控制技术】

① 加强水质管理，保持池水清洁卫生。

② 合理投饵，及时清除残饵和排污，在饲料中适当添加维生素C、维生素E和草药，以增强鱼类抵抗疾病的能力。

③ 养殖池可每隔7～10天往池水中泼洒光合细菌或EM菌0.2毫克/升，以保持池水中的优势种群。

④ 全池泼洒溴氯海因0.3～0.4毫克/升，第2天全池泼洒一元二氧化氯0.2毫克/升，第4天起全池泼洒光合细菌0.5～1毫克/升，连续7～10天保持池塘中有益微生物的优势种群，可进行彻底治愈，避免烂尾病的复发。

⑤ 将250克大黄煎汁后稀释成5千克母液，然后添加15克0.3%氨水静置12小时，以此混合液2～2.5毫克/升全池泼洒。

4. 竖鳞病（又称鳞立病、松鳞病、松球病）（彩图34）

【病原】由水型点状极毛杆菌感染引起。

【流行情况】这种病主要危害鲤鱼、鲫鱼、金鱼、草鱼、鲢鱼等，在我国东北、华中、华东养鱼区常有发生，从较大的鱼种到亲鱼均可受害，在鲤鱼产卵期和越冬期危害严重，一般以4月下旬到7月上旬为主要流行季节，水温17～22℃；死亡率一般在50%以上，发病严重的鱼池，甚至可达到100%的死亡率。这种病原菌是条件致病菌，发病与鱼体受伤、池水污浊及鱼体抗病力降低有关。

【症状】病鱼鱼体发黑，体表粗糙，部分鳞片向外张开像松球，鳞囊内积有半透明或含有血的渗出液，致使鳞片竖立，手指轻压鳞片，渗出液从鳞片下喷射出来，鳞片随之脱落，有时伴有鳍基充血，皮肤轻微发炎，脱鳞处形成红色溃疡；病鱼眼球突出，鳃盖内表皮充血，鳃鲜红并挂泥，鳍严重时背鳍呈破扇状，腹部膨胀，腹腔常积有大量腹水；肠壁明显发红，肠内无食，严重时肠内有脓性物流出。病鱼鳃、肝、脾、肾颜色变淡、贫血，离群独游，游动缓慢，呼吸困难，继而腹部向上，2～3天后死亡。

【主要控制技术】

① 鱼在捕捞、运输放养过程中，注意勿使鱼体受伤。

② 3%食盐浸洗病鱼10～15分钟。

③ 全池泼洒溴氯海因0.3～0.4毫克/升，同时于每千克饲料中添加氟苯尼考1～2克，连投5～7天为1个疗程。

④ 每亩用5千克艾蒿根捣烂加生石灰1.5千克全池泼洒。

5. 赤皮病（彩图35）

【病原】由荧光假单胞菌感染引起。

【流行情况】发病往往与鱼体受伤有关，危害各种养殖品种，一年四季都可发生；这种病又称赤皮瘟或擦皮瘟，是草鱼、青鱼的主要疾病之一，鲤鱼、鲫鱼、团头鲂也可感染，全国各养鱼区四季都有流行，以江浙一带最为严重，常与肠炎、烂鳃病并发。

【症状】病鱼体表充血、出血发炎，鳞片脱落，特别是鱼体两侧和腹部最为明显，部分或全部鳍条基部充血，鳍的末端腐烂，常烂去一段，有的出现蛀鳍；体表病灶常继发水霉感染，鱼的上下颚和鳃盖部分充血，出现块状红斑；有的鳃盖出现“开天窗”，有的鱼肠道亦充血发炎。

【主要控制技术】

① 鱼池彻底清塘消毒，并在扦捕、搬运放养过程中，仔细操作，不要伤及鱼体。

② 发病季节前可用生石灰20～25毫克/升或溴氯海因0.3～0.4毫克/升全池泼洒。

③ 由于此病的病菌除在皮肤、肌肉引起病变外，并浸入血液，因此治疗时必须体内与体外同时用药，因此在外用同时于每千克饲料中添加三黄散2～3克，连投7～10天为1个疗程。

④ 全池泼洒聚维酮碘0.3毫克/升，同时按饲料量的0.5%～1%添加投喂氟苯尼考，7～10天为1个疗程。

⑤ 每50千克鱼用金樱子嫩根（焙干）150克、金银花100克、青木香100克、天葵子50克，碾粉或煎水去渣拌饵投喂，每3天为1个疗程，这种方法对草鱼赤皮病有良好的治疗效果。

6. 肠炎病

【病原】由肠型点状产气单胞菌感染引起。

【流行情况】主要危害草鱼、青鱼等各种养殖鱼类，从鱼种到亲鱼都可受害，一般死亡率50%左右，高的可达90%以上，水温18℃以上开始流行，流行高峰温度为25～30℃，流行季节为4～9月，全国主要养鱼区均有发生，常与细菌性烂鳃病、赤皮病并发。此病主要发生在投饵不均、饵料不卫生、清塘不彻底的池塘中，饲料因素往往是重要的诱因。

【症状】病鱼离群独游，鱼体发黑，食欲减退、停食。发病早期肠壁局部充血发炎，肠腔内无食物或仅后段有少量食物，肠内黏液较多；后期全肠呈红色，后肠充血最为明显，肠内无食物，只有淡黄色黏液，肛门红肿。2龄以上的大鱼，患病严重时腹部膨大、积水，腹壁有红斑，整个肠壁因瘀血呈紫红色，肠内黏液多，用手轻压腹部，有脓状黄色黏液从肛门流出。

【主要控制技术】

① 彻底清塘消毒，在养殖过程中实行四消（鱼体消毒、饲料消毒、工具消毒、食场消毒）、四定（定时、定量、定质、定位）等预防措施。

② 疾病发生后，全池泼洒溴氯海因0.3～0.4毫克/升，同时按饲料量的0.3%～0.5%添加大蒜素，5～7天为1个疗程。

③ 每千克饲料中添加大蒜素2～3克、千里尖20克、地榆20克、仙鹤草20克，连投3～5天为1个疗程。

④ 饲料内经常添加免疫多糖和微生物制剂，有助于改善鱼类肠道微生态环境，可大幅度减少肠炎发生率，在每千克饲料内添加黄芪多糖和加酶益生素各2～3克，通常连续投喂3～5天。

7. 打印病

【病原】病原菌为点状气单胞菌点状亚种。

【流行情况】这种病主要危害鲢鱼和鳙鱼，从鱼种到亲鱼均可受害，特别是亲鱼更易被感染，严重的发病率可达80%以上，病程较长，虽不引起大批死亡，但严重影响鱼的生长、商品价值和亲鱼的性腺发育和产卵，严重的可导致死亡。全国各地都有流行，季节长，一般皆有发生，而以夏秋两季为常见。这种病原菌为条件致病菌，当鱼体受伤时易感染发病。

【症状】病鱼病灶主要发生在背鳍和腹鳍以后的躯干部分，其次是腹部两侧，尤以在肛门两侧常见，极少数在鱼体前部，亲鱼病灶无固定部位。患病处先出现圆形、椭圆形红斑，似在鱼体表加盖红色印章，故称“打印病”。随着病情发展，病灶中间鳞片脱落，坏死的表皮腐烂，露出白色真皮，病灶直径逐渐扩大和深度加深，形成溃疡，严重的甚至露出骨骼和内脏。患此病后病鱼痛苦异常，常翘尾于水面奔游，食欲减退，鱼体逐渐瘦弱，头大尾小，体色加深，最终衰竭而死。

【主要控制技术】

① 同细菌性烂鳃病的防治。

② 亲鱼患病时可用1%高锰酸钾溶液消毒病灶，再涂抹金霉素或四环素软膏，严重的每千克鱼肌内注射或腹腔注射硫酸链霉素20毫克或金霉素5毫克。

③ 每亩水面用2～2.5千克苦参熬汁，或每立方米水体用五倍子1～4克全池泼洒。

8. 鲤科鱼类疖疮病

【病原】疖疮型点状气单胞菌，也有人认为是嗜水气单胞菌。

【流行情况】疖疮病主要危害青鱼、草鱼、鲤鱼、团头鲂，鲢、鳙鱼也偶有发生，我国主要养鱼区都有发现，但以江浙一带最为严重。这种病无明显的流行季节，一年四季都可发生，一般为散发性的。在过度密养、水中溶解氧低、水质污浊及鱼体受伤时更易

发病。

【症状】通常在鱼背部形成一处或数处向外隆起的病灶，隆起处的鳞片覆盖完好，此处的皮肤和组织充血发红，肌肉溶解，呈混浊灰黄色凝乳状，并逐渐形成脓疮，用手触摸病灶有波动感，切开病灶有血脓流出，原有肌肉坏死、溶解。病灶自行破溃，则形成火山口样的溃疡。鳍条基部常常充血或严重“蛀鳍”。

【主要控制技术】

① 全池泼洒溴氯海因 0.3～0.4 毫克/升，同时于每千克饲料中添加氟苯尼考 1～2 克，连投 3～5 天为 1 个疗程。

② 亲鱼患病时可用 1%高锰酸钾溶液消毒病灶，再涂抹金霉素或四环素软膏，有一定的疗效。

③ 每亩水面用 2～2.5 千克苦参熬汁，或每立方米水用五倍子 1～4 克全池泼洒。

9. 罗非鱼细菌综合征

【病原】由荧光假单胞菌、迟缓爱德华菌、链球菌等细菌综合感染引起。

【流行情况】发病季节多在夏、秋两季，在温室养殖中，一年四季都可发生。此病大多情况下病程较长。本病常见于我国水库网箱和工厂化罗非鱼养殖场，有时呈暴发流行，可引起大批死亡。

【症状】病鱼多数出现眼球突出，眼膜或眼珠混浊发白，全身体表充血出血，鳍条腐烂，有时在体部或尾柄处出现疖疮，有时腹部有出血点。剖腹观察，腹腔内含腹水，肠道充血、松弛，内含浅黄色黏液，肝、脾、肾脏大多肿胀、充血呈暗红色，部分鱼可见白色结晶，尤以肝脏较明显。

【主要控制技术】

① 本病的预防同各种细菌性疾病，应强调合理密养，加强饲养管理，注意池水清洁。

② 全池泼洒一元二氧化氯 0.15 毫克/升连泼 2 次。同时在饲料中添加土霉素 3 克/千克和加酶益生素 3～5 克/千克及三宝维生素 C2～3 克/千克，连泼 5～7 天为 1 个疗程。

10．“大红鳃”病（彩图36）

【病原】可能是由于用药过多或其他原因引起肝胆综合征后细菌继发性感染，主要病菌可能是由嗜水气单胞菌、温和气单胞菌、柱状曲挠杆菌等感染引起。

【流行情况】发病季节在4月中下旬至6月中上旬，主要发生在梅雨季节，水温22～26℃，有时呈暴发流行，可引起大批死亡。当水温高于26℃时，此类病害会立即好转。

【症状】鱼体发黑，体质变弱，会在池塘的四周（尤其是池塘的下风处或背风处）漫游，病鱼鳃丝发红（如西瓜的红壤），捞出后放入带水的盆中，会见到鳃丝恢复为原色，后期变为白色。病鱼腹部肿大，挤压后无液体流出；解剖后可见腹腔中有透明的腹水，腹水流出腹腔后会凝固成果冻状的胶体，肠道内无食物。

【主要控制技术】

① 彻底清塘消毒，在养殖过程中实行四消（鱼体消毒、饲料消毒、工具消毒、食场消毒）、四定（定时、定量、定质、定位）等预防措施。

② 疾病发生后，首先是稳定水质，使用过碳酸钠增加池塘的溶解氧含量；采用微生物制剂调控水体，并在饲料中添加甜菜碱、加酶益生素等增强鱼体体质，提高机体的抗应激能力。

③ 将250克大黄煎汁后稀释成5千克母液，然后添加15克0.3%氨水静置12小时，以此混合液2～2.5毫克/升全池泼洒。

④ 在发病的池塘尽量不要加排换水，不使用刺激性较强的消毒剂消毒，否则可能造成养殖池塘鱼类突然大量死亡。

三、真菌性鱼病

1．水霉病（彩图37）

【病原】在我国淡水鱼类的体表及卵上发现的水霉共有10多种，其中最常见的是属于水霉和绵霉两个属的种类，属水霉科。

【流行情况】全国各养鱼地区均有流行，分布范围极广。水霉、绵霉广泛存在于各种淡水水域，对温度的适应范围广，5～26℃均可生长繁殖，只是不同种类略有不同而已，有的种类甚至在水温30℃时还可生长繁殖，水霉、绵霉属的繁殖适温为13～18℃。一年四季都可发生，以早春和晚冬最易发生。

【症状】发病初期，肉眼看不到症状。当肉眼看见时，内菌丝已深入肌肤，外菌丝已向外伸展成灰白色棉毛状附着于鱼体。随着水霉的繁殖生长，患处腐烂加剧，病鱼食欲缺乏，极度消瘦，逐渐死亡。鱼卵孵化过程中感染时，内菌丝像树根侵入卵膜，外菌丝穿出卵膜呈辐射状，故叫“卵丝病”；浸在水中如一个白色绒球，故又有“太阳籽”之称。

【主要控制技术】

① 药物彻底清塘（150～200千克/亩），杀死水霉孢子。

② 操作时尽量避免鱼体受伤，越冬鱼种放养密度不可过高。

③ 硫醚沙星（0.5～1毫克/升）药浴3～5分钟，对鱼和卵防治水霉菌有特效。

④ 已发生水霉病的水体，每亩用旱烟草秆10千克，食盐5～7.5千克，加热水15～20千克浸泡半小时，全池泼洒，每天1次，连续2天。也可采用0.5毫克/升的福尔马林溶液全池泼洒。

⑤ 五倍子3～5毫克/升，将五倍子研成粉末，放在铁锅内加10倍水，煮沸2～3分钟，加水稀释后全池泼洒。

⑥ 每立方米水体中用5～10克菖蒲、10克蓖麻叶和20克松枝叶捣烂后挂袋让病鱼每日浸浴1～2小时。

⑦ 每立方水体用硫醚沙星0.2～0.3克全池泼洒，每天1次，连用2天。

采取上述方法后第3天，全池泼洒光合细菌0.5～0.8毫克/升和EM菌水剂0.8～1.0毫克/升，连续在池塘中保持1周可有效控制和治疗水霉。

2. 鳃霉病

【病原】由血鳃霉与穿梭鳃霉感染引起。

【流行情况】这种病在我国广东、广西、湖北、浙江、江苏和辽宁等地均有流行，危害鱼类有草鱼、青鱼、鳙鱼、鲮鱼、银鲴、金鲤、鳗鲡等，其中鲮鱼苗最为敏感。流行季节为5～10月，尤以5～7月为甚。当水中有机质含量高，水质恶化时容易发生。这种病往往急性暴发，几天内即可大批死亡。鳃霉病的发生，往往是由前期有寄生虫或细菌感染导致鳃组织损伤后被孢子感染而暴发，而无异常或损伤的正常鳃，鳃霉的孢子无法感染。为口岸鱼类第二类检疫对象。

【症状】在一定条件下，鳃霉孢子附着于鳃部后，即发育成菌丝，穿入并寄生于鳃薄板的静脉及微血管内，引起血管栓塞，致使病鱼呼吸困难，鳃上黏液分泌亢进，有出血、瘀血和缺血斑块，而成“花斑鳃”。病重时鱼高度贫血，整个鳃呈青灰色。病鱼摄食减退，鳃丝部分色发白，鳃小片肿大，粘连。严重时鳃丝缺损，大块鳃片脱落，边缘呈不规则的锯齿状，轻压鳃部即流出黏液。我国鱼类寄生的鳃霉，从菌丝的形态和寄生情况来看，属于两种不同的类型。寄生在草鱼鳃上的鳃霉，菌丝较粗直而少弯曲，分枝很少，通常是单枝衍生生长。不进入血管和软骨，仅在鳃小片的组织间生长。寄生在青鱼、鳙、鲮、黄颡鱼鳃上的鳃霉，菌丝较细、壁厚，弯曲成网状，分枝特别多，分枝沿鳃丝血管或穿入软骨生长，纵横交错，充满鳃丝和鳃小片。

【主要控制技术】注意：此病不能用氯制剂治疗。

① 清除池中过多淤泥，并用生石灰或漂白粉彻底消毒。

② 加强饲养管理，保持水质清洁，定期使用水质底质改良剂，避免水中有机质过多。

③ 每立方米水体用硫醚沙星0.2～0.3克全池泼洒，每天1次，连用2天。

四、寄生性鱼病

1. 鳃隐鞭虫病

【病原】由鳃隐鞭虫侵入鱼的皮肤和鳃组织而引起。

【流行情况】这种病在我国主要养鱼区均有发现，流行于江、浙、两广地区。寄生在青鱼、草鱼、鲢、鳙、鲤、鲫、鳗鱼等淡水

鱼鳃上，寄生广泛，没有严格选择性，但仅能使当年草鱼致死，是草鱼夏花鱼种阶段严重病害之一，发病后可在几天内大批死亡。每年5～10月，尤其7～9月较流行，往往是急性型。

【症状】鳃隐鞭虫能破坏鳃小片上皮和产生凝血酶，使鳃小片血管阻塞，鳃呈鲜红，黏液增多，严重时可出现呼吸困难，不摄食，离群独游或靠近岸边，聚集水面，体色暗黑，鱼体消瘦。

【主要控制技术】

① 全池泼洒硫酸铜和硫酸亚铁合剂，其用量分别为0.5毫克/升和0.2毫克/升，效果较好。

② 用苦楝树枝叶，每亩15～20千克沤水，每7～10天换1次，或每亩用鲜枝叶25～30千克，煎汁全池泼洒，有疗效。

2. 车轮虫病（彩图38）

【病原】由多种车轮虫和小车轮虫侵入鱼的皮肤和鳃组织而引起。

【流行情况】这种病全国各地都有发现，危害各种海水鱼、淡水鱼（如草鱼、鲢、鳙、鲤、鲫、鳗鱼等），但主要危害鱼苗、鱼种，以3厘米以下的鱼苗、鱼种死亡率最高。一年四季都有发病，以4～7月较流行，适宜繁殖的水温为20～28℃，大量寄生可使苗种大批死亡。

【症状】当车轮虫少量寄生时，外观无明显症状，病鱼患病严重时，体表或鳃上分泌大量黏液，车轮虫较密集的部位（如鳍、头部、体表）出现一层层白翳，在水中尤其明显，镜检时可见许多虫体活动时作车轮般转动，形似车轮，故名车轮虫。侵袭鳃部时，常成群地聚集在鳃的边缘或鳃丝缝隙里，破坏鳃组织。危害下塘10天左右的鱼苗时，发现鱼苗成群沿塘边狂游，口腔充塞黏液，嘴闭合困难，不摄食，呈“跑马”现象，鱼体消瘦。

【主要控制技术】

① 合理施肥、放养，用生石灰彻底清塘，杀死虫卵和幼虫。

② 全池泼洒硫酸铜和硫酸亚铁合剂，其用量分别为0.5毫克/升和0.2毫克/升，效果较好。

③ 用苦楝树枝叶，每亩 15～20 千克沤水，每 7～10 天换 1 次，或每亩用鲜枝叶 25～30 千克，煎汁全池泼洒，有疗效。

3. 斜管虫病（彩图 39）

【病原】由斜管虫寄生于鱼的体表和鳃组织而引起。

【流行情况】这种病全国各地都有发病。此病对草鱼、青鱼、鲢、鳙、鲫等鱼种危害特别严重，初冬和春季较为流行，适宜繁殖的水温为 12～18℃，大量寄生可使苗种大批死亡。20℃以上一般不发生此病。

【症状】鲤斜管虫寄生于鱼鳃、体表，刺激寄主分泌大量黏液，使鱼皮肤表面形成苍白色或淡蓝色的黏液层。鱼呼吸困难，食欲减退，色体发黑消瘦，漂游水面做侧卧状，靠近塘边，不久即死亡。

【主要控制技术】

① 全池泼洒硫酸铜和硫酸亚铁合剂，其用量分别为 0.5 毫克/升和 0.2 毫克/升，效果较好。

② 用 0.4％～0.5％的福尔马林液或 2％～3％的食盐浸洗病鱼 5 分钟。

③ 用 0.7 毫克/升络合铜全池泼洒。

4. 鱼波豆虫病

【病原】由鱼波豆虫寄生于鱼的体表而引起。

【流行情况】此病全国各养鱼地区都有流行。广泛寄生于各种淡水鱼。当过度密养、饵料不足、鱼体瘦弱时，更易引起鱼苗、鱼种大批死亡。发病的季节在冬末和春季，适宜繁殖的水温为 12～20℃，最初 1～2 天病鱼有少数死亡，3～4 天后即出现大批死亡。

【症状】鱼体产生过多的黏液，形成灰白色或淡蓝色的黏液层。严重时病鱼丧失食欲，游泳迟钝，鳍条折叠，呼吸困难，感染区充血、出血，鱼体消瘦贫血。垂死的病鱼漂浮水面，呆滞，不久即死亡。当 2 龄以上鲤鱼严重患病时，更有皮肤充血、鳞下积水，形成竖鳞等症状。

【主要控制技术】同车轮虫病。

5. 小瓜虫病（又称白点病）（彩图 40）

【病原】由多子小瓜虫侵入鱼的皮肤、鳍条和鳃组织而引起。

【流行情况】此病全国各地都有流行，是一种危害较大的原虫病。寄生在各种淡水鱼上。从鱼苗到成鱼都可发病，但以夏花阶段和鱼种受害最大，水温 15～25℃是此病的流行季节。

【症状】病鱼皮肤、鳍条或鳃瓣上，肉眼可见布满白色小点状的囊泡，体表黏液增多。病情严重时，鱼体覆盖着一层白色薄膜。病鱼游泳迟钝，漂浮水面，有时边集群绕池，鱼体不断和其他物体摩擦，或跳出水面，不久即成批死亡。

【主要控制技术】

① 合理施肥、放养，用生石灰彻底清塘，杀死虫卵和幼虫。

② 每亩水深 1 米用大黄 250 克，野菊花 250 克混合加水煮沸全池泼洒，效果较好。

③ 每亩水深 1 米用鲜辣椒粉 250 克，干姜片 100 克，混合加水煮沸，全池泼洒，有疗效。

6. 碘泡虫病（彩图 41）

【病原】碘泡虫病有许多种，主要由饼形碘泡虫病、异形碘泡虫病、银鲫碘泡虫病、鲫鱼碘泡虫病、鲮鱼碘泡虫病、野鲤碘泡虫病、鲢碘泡虫病等而引起。

【流行情况】此病全国各地都有流行，对寄主无严格的选择性，主要危害幼鱼，感染率高达 100%，死亡率达 80%。寄生部位广，能寄生鱼体各个器官。每年 4～8 月为流行期。

【症状】野鲤碘泡虫病大量寄生于鲤、鲫鱼鳃上时形成许多灰白色点状或瘤状胞囊；饼形碘泡虫病主要寄生于草鱼肠道，病鱼极度消瘦，尾上翘，肝、脾萎缩，腹部稍膨大，肠内无食物，从肠壁取出少许黏液在显微镜下压片观察，可见大量成熟孢子。

【主要控制技术】目前对孢子虫类治疗尚无有效的办法。

① 合理施肥、放养，用生石灰彻底清塘，杀死虫卵和幼虫。

② 用 90%晶体敌百虫全池遍洒，浓度为 0.3 毫克/升。

③ 每100千克鱼第1天用盐酸氯苯胍4克，第2天至第6天用量减半（2克），拌饵投喂。或每50千克饵料加30克晶体敌百虫（90%）拌匀投喂，每天1次，连喂3天。

7. 单极虫病（彩图42）

【病原】单极虫属在我国已发现40余种，有些种类可引起鱼病。常见的种类有鲤单极虫、鲮单极虫、鲫单极虫和吉陶单极虫等。

【流行情况】长江流域颇为流行。主要在2龄以上鲤、鲫鱼中出现，除鲤鱼外，散鳞镜鲤、鲤鲫的杂交种亦常出现，严重时这些鱼都丧失商品价值。流行于5～8月。

【症状】虫体寄生于鲤、鲫鱼鳞囊内以及鼻腔、肠、膀胱等处。鳞片下有单极虫胞囊，呈白色或蜡黄色，胞囊将鱼体两侧的鳞片竖起。几乎覆盖体表，病鱼在水边缓慢游动。最大的胞囊有乒乓球大小。病鱼体弱，体色发黑，游动缓慢，不摄食，终至死亡。病鱼无商品价值。吉陶单极虫寄生在鲤、散鳞镜鲤等的肠壁，形成很多大胞囊突出于肠腔内，将肠管堵塞涨粗，肠壁变薄而透明，腹腔积水，肝苍白、病鱼逐渐饿死。鲮单极虫寄生在鲤、卿的鳞下，形成许多淡黄色大胞囊，寄生处的鳞片竖起。病鱼极其丑陋，失去商品价值。

【主要控制技术】

① 放养鱼类前，彻底清塘，减少病原感染机会。

② 用90%晶体敌百虫0.5克/米^{3}水体进行全池泼洒，1周后再用1次；同时每50千克饲料加食盐1千克，拌和均匀，做成药饵，连喂6～7天为1个疗程。

8. 指环虫病（彩图43）

【病原】由鳃片指环虫、鳞指环虫、缝指环虫、坏鳃指环虫侵入鱼的皮肤和鳃组织感染而引起。

【流行情况】这种病流行于春末夏初，适宜水温为20～25℃，大量寄生可使苗种大批死亡，危害鲢、鳙、草鱼、鲤鱼等。

【症状】指环虫大量寄生时病鱼鳃丝黏液增多，鳃片全部或部分呈苍白色，鳃部显著水肿，鳃盖张开，病鱼呼吸困难，游动缓慢。

【主要控制技术】

① 生石灰彻底清塘，杀死虫卵和幼虫。

② 水温 20～30℃时，用 90%晶体敌百虫 0.2～0.3 毫克/升的浓度全池泼洒。

③ 全池泼洒 5%～10%的甲苯咪唑溶液（0.2～0.3）$\times 10^{-6}$的浓度，效果很好。

9. 三代虫病

【病原】由三代虫侵入鱼的体表和鳃组织而引起。

【流行情况】这种病流行于春末夏初，适宜水温为 20～25℃，大量寄生可使苗种大批死亡，危害鲢、鳙、草鱼、鲤鱼等。

【症状】病鱼皮肤上有一层灰白色黏液，鱼体失去光泽，游动极不正常。食欲减退，鱼体消瘦，呼吸困难，游动缓慢。

【主要控制技术】同指环虫病。

10. 复口吸虫病

【病原】复口吸虫病又称白内障病、瞎眼病、掉眼病。其病原为双穴吸虫的尾蚴和囊蚴。我国发现的有三种，即湖北双穴吸虫、倪氏双穴吸虫、匙形双穴吸虫。由一些双穴属吸虫的尾蚴和囊蚴寄生于青鱼、草鱼、鲢、鳙、鲤、鲫等许多种鱼的眼球引起。其终末宿主为鸥鸟，第一中间宿主为椎实螺，第二中间宿主为淡水鱼类。

【流行情况】此病已造成鱼苗、鱼种大批死亡。尤以鲢、鳙为甚。2 龄以上的家鱼和 1 龄以上的金鱼则引起瞎眼、掉眼，影响健康。全国各地均有发生。主要流行季节为春、夏两季。流行地区与鸥鸟的存在密切相关，如湖泊、水库。

【症状】大量尾蚴钻入鱼体时，鱼苗脑部充血。病鱼在水中上下往返不安地游泳，或者头部向下、尾部向上挣扎着。在初感染时，鱼极度不安，继而行动迟缓，身体失去平衡。急性感染可引起大量死亡。慢性感染可导致白内障、瞎眼、鱼体变形等。

【主要控制技术】目前尚无有效治疗方法，主要是实行预防，切断其生活史。

① 消灭中间寄主。用茶粕清塘，每亩每米水深50千克杀灭椎实螺。

② 已养鱼池的池中发现有螺时，可在傍晚将草扎成小捆放入池中诱捕，于第2天清晨将草捆捞出，将附着的螺置于阳光下暴晒致死，连续数天。

③ 如池中已有双穴吸虫的幼虫时，应同时全池遍洒晶体敌百虫数次，杀死水中的幼虫。

④ 枪击鸥鸟。

11. 头槽绦虫病（彩图44）

【病原】由九江头槽绦虫和马口头槽绦虫寄生于鱼体内而引起。

【流行情况】危害草鱼、鲤、青鱼、鲢、鳙、鲮、剑尾鱼等多种淡水鱼，尤以草鱼、鲤、鲫鱼的鱼种受害最严重，死亡率可高达90%，这与鱼的食性有关。通常鱼体长超过10厘米时，病情即可缓解，此虫在大鱼中很少寄生。

【症状】当鱼轻度感染时，一般无明显病症，但当严重感染时病鱼体色发黑，瘦弱，口常开而不摄食，前腹部膨大成胃囊状，较正常的粗3倍左右，虫体阻塞肠道，引发肠炎。剖腹可见肠内显现白色带状绦虫，严重时肠壁穿孔，虫溢出。

【主要控制技术】

① 生石灰彻底清塘，杀死虫卵和幼虫。

② 用90%晶体敌百虫0.2～0.3毫克/升全池泼洒。

③ 用50克90%晶体敌百虫与500克面粉混合制成药饵进行投喂，按鱼定量投喂，每天1次，连续投喂5～6天。

④ 发现后，每亩水面可采用秋水仙碱100克、毛蓉碱30克、氨茶碱10克、黎芦碱100克、生石灰300克、苯甲酸100克，用适量温水浸泡7天后过滤浸出液，并于药液中拌入2克漂白粉，即刻进行泼洒，连泼3次，效果极佳。对毛细线虫也有效。

12. 鲤蠹绦虫病

【病原】病原体主要有短颈鲤蠹绦虫、微小鲤蠹绦虫、中华许氏绦虫和日本许氏绦虫四种。

【流行情况】主要危害鲫鱼及 2 龄以上鲤鱼，流行于 4～8 月。大量寄生时，可引起病鱼死亡。目前，我国寄生于池养鲤、鲫鱼的情况较少，但在湖泊、水库中比较常见，某些水体中（如网箱养鲤鱼）有较高的感染率和感染强度。

【症状】患病严重的病鱼，肠道被堵，被堵的肠膨大成硬的球状，并引起肠壁发炎和充血，剖开腹腔，取出肠道，小心剪开肠道，即可看到充塞在病鱼肠道中的绦虫。

【主要控制技术】

① 发病鱼池用生石灰彻底清塘消毒，杀灭虫卵和中间宿主。

② 用 90%晶体敌百虫 0.3～0.4 克/米^3 水体的浓度全池泼洒。

③ 每 100 千克鱼用槟榔和南瓜子各 250 克煎汁后拌饵投喂，连投 7 天有一定的疗效。

13. 舌形绦虫病（彩图 45）

【病原】由舌状绦虫属和双线绦虫属绦虫的裂头蚴寄生于鱼类的体腔内引起。

【流行情况】危害鲫、鲢、鳙、花骨、草鱼、翘嘴红鱼白、大银鱼、鲤等多种淡水鱼。引起病鱼慢性死亡，持续时间很长，发病塘的鱼产量很低。

【症状】病鱼腹部膨大，严重时失去平衡，侧游上浮或腹部朝上。剖开鱼腹，可见腹腔内充满大量白色长带状虫，内脏受压、受损，严重萎缩，失去生殖能力，病鱼极度消瘦，严重贫血而死。

【主要控制技术】

① 在较小水体，可用清塘方法杀灭虫卵、幼虫及第一中间宿主，同时驱赶、枪杀终末宿主，可逐渐减轻病情。对病鱼及绦虫应及时捞除，绦虫应进行深埋或煮熟后作为饲料，以防传播。

② 用 90%晶体敌百虫 0.2～0.3 毫克/升全池泼洒。

14. 嗜子宫线虫病

【病原】由嗜子宫属的线虫寄生于鱼的鳞片下、鳍等处引起。我国发现的嗜子宫线虫种类较多，主要的有鲤嗜子宫线虫雌虫寄生于鲤鱼的鳞片下，雄虫寄生于鳔；鲫嗜子宫线虫寄生于鲫鱼的鳍及其他器官；藤本嗜子宫线虫雌虫寄生于乌鱼鳍上，雄虫寄生于鳔、肾；黄颡鱼嗜子宫线虫寄生于黄颡鱼眼眶内和鳍条上。

【流行情况】主要危害1龄以上的鲤鱼，全国各地都有发生，主要在长江流域一带。亲鲤因患此病影响性腺发育，严重时往往不能成熟产卵。

【症状】鲤嗜子宫线虫的雌虫虫体寄生于鱼类皮肤下，使鳞片竖起，引起皮肤、肌肉发炎和充血，进而引起水霉菌的继发感染。鲫嗜子宫线虫的雌虫寄生在鲫的尾鳍上，有时可寄生在背鳍和臀鳍。病鱼除生长发育受到一定影响外，一般不致引起死亡。雄虫都寄生在鳔内和腹腔内，细小如发丝，透明无色。患病的鱼食欲减退、消瘦，有虫体寄生的鳞片呈现出红紫色的不规则花纹，揭起鳞片可见到红色虫体。

【主要控制技术】

① 生石灰清塘，杀灭幼虫及中间宿主（萨氏中镖水蚤）。

② 投喂晶体敌百虫药饵。把90%的晶体敌百虫按250千克鱼种用药5～7克，拌入饵中，连续投喂6天。

③ 全池泼洒晶体敌百虫0.5毫克/升。

④ 每千克饲料中添加晶体敌百虫0.5～1克，并另加南瓜子30～50克/千克料（煎汁）和三宝维生素C3～5克/千克料，连用5～7天。

⑤ 采用草药治疗。按50千克鱼用药总量290克（贯众16份、土荆介5份、苏梗3份、苦楝树根5份混合煎汁），连喂6天。

15. 毛细线虫病

【病原】病原为毛细线虫。

【流行情况】寄生于青鱼、草鱼、鲢鱼、鳙鱼、鲮鱼及黄鳝肠内，主要危害当年鱼种。广东的夏花草鱼、鲮鱼常患此病，在草鱼中又常与九江头槽绦虫病并发。

【症状】毛细线虫以其头部钻入寄主肠壁黏膜层，破坏组织，引起肠壁发炎。患病鱼离群分散于池边，极度消瘦，继而死亡。

【主要控制技术】

① 用生石灰彻底清塘消毒。

② 采用草药治疗。按 50 千克鱼用药总量 290 克（贯众 16 份、土荆介 5 份、苏梗 3 份、苦楝树根 5 份混合煎汁），连喂 6 天，可杀死肠内毛细线虫。

16. 中华鳋病（又称翘尾巴病）（彩图 46）

【病原】病原为大中华鳋、鲢中华鳋、鲤中华鳋。幼虫及雄性成虫营自由生活，雌性成虫营寄生生活。

【流行情况】中华鳋有严格的宿主特异性。呈全国性分布，大中华鳋主要危害 2 龄以上的草鱼，流行于 5～9 月；鲢中华鳋主要危害鲢、鳙鱼，流行于 6～7 月。主要危害是影响鱼的呼吸和引起细菌的继发性感染，严重时均会引起死亡。

【症状】当鱼轻度感染时，一般无明显病症，但当严重感染时可引起鳃丝末端发炎、肿胀、发白，肉眼可见鳃丝末端挂着白色鱼鳋，俗称“鳃蛆病”。病鱼在水中跳跃，打转或狂游，食欲减退，呼吸困难，离群独游，鱼的尾缩上叶往往露出水面。

【主要控制技术】

① 生石灰彻底清塘，杀死虫卵和幼虫。

② 用 90%晶体敌百虫 0.2～0.3 毫克/升全池泼洒。

③ 生态防病。可根据寄生虫对寄主的选择性，常发病的鱼池，第 2 年可不养这个品种，改养其他鱼。

17. 锚头鳋病（又称针虫病、蓑衣病）（彩图 47）

【病原】由锚头鳋属的甲壳动物寄生于鱼的皮肤、鳃、鳍、眼、口腔等处引起。在我国发现的有十多种，其中危害较大的有多态锚头鳋，寄生于鳙、鲢、团头鲂等鱼的体表和口腔；鲤锚头鳋寄生于鲤、鲫、鲢、鳙、乌鳢、青鱼等多种鱼类的体表、鳍和眼；草鱼锚头鳋寄生于草鱼的体表、鳍基和口腔。

【流行情况】锚头鳋对淡水鱼的各龄鱼均有危害。这种病呈全国性分布，全年都可流行。最适繁殖水温为20～27℃，危害各种年龄的鱼类。对鱼种的危害更大。有时即使不造成鱼类死亡，但严重影响鱼的生长，或使其失去商品价值。

【症状】锚头蚤以其头角和胸部深深钻入寄主的肌肉组织或鳞片下，但其胸部的大部分和腹部露在外面，造成组织损伤、发炎、溃疡，导致水霉、细菌的继发感染。主体上常附生累枝虫、钟形虫。虫体以血液和体液为食，夺取宿主营养，病鱼表现为焦躁不安、食欲减退、游动迟缓、消瘦，甚至大批死亡。大量感染锚头鳋的鱼体看上去像披着蓑衣一样，又称蓑衣病。

【主要控制技术】同中华鳋病

18. 鱼怪病（彩图48）

【病原】由日本鱼怪的成虫寄生于鱼的体腔和幼虫寄生于鱼的皮肤、鳃上引起。

【流行情况】这种病原发生于日本，在我国流行很广，危害很大。云南、山东较为严重，常年可见。长江流域，是以4～10月为流行季节。该病一般栖息于湖泊、水库等大水体中，主要危害鲫鱼、雅罗鱼、麦穗鱼的鱼种。

【症状】凡患此病的鱼，在其胸鳍基部附近有一个形似黄豆大小的椭圆形孔，“鱼怪病”苗的卵就寄生在鱼的孔内。当健康鱼被寄生后，鱼体失去平衡，数分钟内即死亡。成虫寄生在围心腔后的体腔内，引起病鱼身体消瘦，生长缓慢，性腺发育不良。幼虫寄生于鱼苗、鱼种的鳃和体表，引起皮肤和鳃组织破坏，可引起鱼急躁不安，鳃及皮肤分泌出大量黏液，表皮破裂，充血，严重时，鳃小片坏死脱落，鳃丝软骨外露，同时，鳍条破损，形成“蛀鳍”导致鱼苗、鱼种死亡。

【主要控制技术】

① 鱼怪发生于湖泊、水库等大水体，杀灭第二期幼虫可有效

防治鱼怪病。

② 网箱养殖发现鱼怪病，可于6～10月每立方米水体用晶体敌百虫1.5克挂袋，或每立方米水体用晶体敌百虫0.5克化水在网箱内泼洒，泼洒时在网箱周围用塑料薄膜圈围。

③ 鱼怪幼虫有强烈趋光性，且大部分在靠岸边水面活动，在鱼怪幼虫发生高峰期，可在沿岸边30厘米以内的狭水带内，每立方米水体用晶体敌百虫0.5克化水泼洒，每隔3～4天泼洒1次，连续几次，可杀灭鱼怪幼虫。

五、鱼类的非生物性疾病及其控制技术

1. 藻类中毒

【病因】由池中的微囊藻大量繁殖引起，主要是铜绿微囊藻及水花微囊藻。在水面形成一层翠绿色的水花，江浙一带群众称之为"湖靛"，两广称之为"草耗"，福建称之为"铜绿水"。

【流行情况】主要发生在温度较高、碱性较高和富营养化的养殖水体中。当微囊藻大量繁殖，死后，蛋白质分解产生羟胺、硫化氢等有毒物质，毒死水产动物。

【症状】在白天蓝藻进行光合作用时，pH值可上升到10左右，此时可使鱼体硫胺素酶活性增加，在硫胺素酶作用下，维生素B_1迅速发酵分解，使鱼缺乏维生素B_1，导致中枢神经和末梢神经系统失灵，兴奋性增加，急剧活动，痉挛，身体失去平衡。

【主要控制技术】

① 池塘进行清淤消毒。

② 掌握投饲量，经常加注清水，不使水中有机质含量过高，调节好水的pH值，可控制微囊藻的繁殖。

③ 当微囊藻已大量繁殖时，可全池遍洒浓度为0.7毫克/升的硫酸铜或硫酸铜、硫酸亚铁合剂（5∶2），洒药后应开动增氧机，或在第2天清晨酌情加注清水，以防鱼浮头。

④ 养殖过程中经常泼洒EM菌等有益微生物制剂，可有效预防水体富营养化。

2. 肝胆综合征

【病因】是由饲料的主料成分与养殖对象的营养标准匹配不合适。饲料投喂过多，或饲料营养不适合鱼类营养需要、维生素缺乏、养殖密度过大、水体环境恶化、乱用滥用药物等容易引起鱼类的肝胆疾病的发生。

【症状】仅见食欲缺乏，生长缓慢，饲料报酬低等不易察觉的现象，死亡很少，病理解剖见肝脏表面的脂肪组织积累，或肠管表面脂肪覆盖明显。肝脏色浅或有乌色血点，肝肿大、肝质脆易破、胆囊肿大，有溢胆汁现象，随着肝脏明显肿大，肝色逐渐变黄发白，或呈斑块状黄红白相间，形成明显的“花肝”症状，有的使肝脏局部或大部分变成“绿肝”，常有体表松鳞、腐皮现象，肠道充血发红。

【主要控制技术】

① 采取少量多次的方式投喂。

② 不乱用滥用药，不提倡将药物添加到饲料中长期使用，提倡科学用药。

③ 平时饲料中应添加一些有利于脂肪代谢的物质，如复合维生素 B、维生素 C、维生素 E、氯化胆碱、高力素（黄芪多糖）、活性菌（如乳酸杆菌、芽孢杆菌、光合细菌）等。

④ 可在饲料中添加适量的钙、磷、铁、钾、铜等无机盐和微量元素，添加量一般为 2%～3%。微生物制剂（如复合芽孢）0.5 千克/吨饲料，可有效预防肝胆综合征的发生。

⑤ 及时更换池水，保持水体理化因子指标正常。尽量使用物理和微生物方法（如 EM 菌、芽孢杆菌、光合细菌及生物底改等）改良水质，可较好地控制毒素对鱼类肝、胆的侵袭。

⑥ 每千克饲料添加乳酸菌 0.5 克、黄芪多糖 0.5～1 克、高稳维生素 C3～5 克及复合维生素 B1～2 克，连投 10～15 天，有利于肝胆综合征的恢复。

3. 营养和应激引起的出血病

【病因】水质恶化、拉网应激、维生素 C、维生素 E、维生素

K、维生素B_2的缺乏、喹乙醇、黄霉素的添加，饲料中长期投喂氧化、霉变、酸败、变质的饲料，会直接损害鱼类的肝、胆、肾，造成鱼类体质下降，抗病力和抗应激能力下降，环境的改变极易引起鱼类应激性出血病。

【症状】拉网、运输中鱼体表各种部位出血、肝肿大，有的甚至造成死亡。常被误诊为草鱼出血病、细菌性败血病等。主要发病鱼是鲤、鲫、团头鲂、草鱼等。

【主要控制技术】对于这种病，主要与饲料不佳、滥用药物、水域环境恶化等导致鱼类发生累积性慢性中毒，使机体抗应激能力和抗病力减弱，在拉网、运输等操作时就会发生应激性出血病。为了避免应激性出血病的发生，采取的主要控制技术如下。

① 长期可在饲料配伍时每吨配合饲料添加乳酸芽孢50克。

② 拉网4～5个小时前全池泼洒三宝高稳维生素C150～200克/亩，拉网后全池再泼洒1次，并在拉网当天晚上0～1点全池泼洒以过碳酸钠为主要成分的片状增氧剂，有利于减轻鱼类发生应激性出血病。

4. 萎瘪病

【病因】主要是由于鱼苗或鱼种放养过密，饲料不足，致使部分鱼得不到足够食料，萎瘪致死。

【症状】病鱼体发黑，头大身小，背如刀刃，肋骨可数，病鱼往往在池边缓慢游动，病鱼鳃丝苍白，呈严重贫血现象，不久即死亡。

【主要控制技术】掌握放养密度，加强饲养管理，投放足够的饲料，越冬前要使鱼吃饱长好，尽量缩短越冬期停止投饲的时间。当发现鱼患萎瘪病时，应立即采取措施，增加营养。

5. 气泡病

【病因】是指由于水体中某些气体达到过饱和状态而引起的疾病。池塘中水体太肥、浮游植物过多、藻类光合作用很强；水温突然升高，施放未发酵的粪肥；底质分解释放大量甲烷、硫化氢等气体，鱼苗误将小气泡当浮游生物而吞入，引起气泡病；氧气的过饱和；有些地下水含氮过饱和，或地下有沼气，也可引起气泡病。池底腐殖质太多、水温过高时，易产生很多的氨、硫化氢等气体，这些都会使鱼苗患气泡病。

【流行情况】气泡病是目前放养鱼苗大批死亡的元凶之一，在全国大多数地方均已广泛发生，越幼小的个体越敏感，主要危害幼苗，如不及时抢救，可引起幼苗大批死亡，甚至全部死光；较大的个体亦有患气泡病的，但较少见。此病多发生在春末和夏初，鳊鱼对氧饱和度最敏感，草鱼次之，鲢、鳙、鲤、鲫鱼敏感性较差。

【症状】患气泡病鱼的外观症状是在体表隆起大小不一的气泡，常见于头部皮肤（尤其是鳃盖）、眼球四周及角膜，对光检查上述部位不难发现气泡的存在。患病的鱼最初感到不舒服，在水面作混乱无力地游动，不久在体表及体内出现气泡，当气泡不大时，鱼、虾身体失去平衡，尾向下，头向上，时游时停，不久因体力消耗，衰竭而死。若气泡蓄积在眼球内或眼球后方，会引起眼球肿胀，严重时可将眼球向外推挤而突出。

【主要控制技术】主要针对发病原因，防止水中气体过饱和。

① 池中腐殖质不应过多，不用未经发酵的肥料。

② 平时掌握投饲量及施肥量，注意水质，不使浮游植物繁殖过多。

③ 当发现患气泡病时，应立即加注溶解气体在饱和度以下的清水，同时排除部分池水。

④ 若养殖池中浮游生物过多，且正值夏季高水温期，则有必要使用药物去除部分植物性浮游生物，以防止溶解氧含量过高。

⑤ 泼洒微生物水质改良剂，以调节藻相平衡、水质肥瘦、底质状况，从而降低发病率。

6. 跑马病

【病因】主要是由于鱼苗缺乏适口饵料及培育池漏水所引起。鱼苗下池后，池水清瘦，池水肥不起来，加之投饵不及时，造成鱼苗（种）成群结队，围绕池边狂游，形似“跑马”现象。雨量过多，洪水流入鱼池，冲淡池水，鱼群集聚在流水处顶水，也会引起“跑马”现象。

【流行情况】跑马病为鱼苗培育至夏花阶段常见疾病之一。主要发生在5～6月，常见于草鱼、青鱼，鲢、鳙鱼较少见。

【症状】鱼苗成群围绕池塘狂游，像“跑马”一样，长时间不停止，鱼苗由于大量消耗体力，使鱼体消瘦，体力枯竭，最后大量死亡。

【主要控制技术】

① 主要是解决池中的饲料问题，池中鱼的放养量也不应过密，特别是草鱼、青鱼苗更要注意。鱼苗在饲养10天后应投喂一些豆饼浆或豆渣等适口的饲料。

② 发现鱼苗跑马时，可用芦苇从池边向池中隔断鱼苗狂游的路线，并在池边投喂一些豆浆、豆渣、酒糟、蚕蛹之类的饲料，可终止“跑马”。

③ 将夏花鱼种移放到已培育有丰富浮游生物的鱼池中。

7. 泛池

【病因】泛池又叫翻塘，是由于水中缺氧而引起的。主要发生在静止的水体中，尤其在水中腐殖质过多和藻类繁殖过多的情况下，池底腐殖质分解，晚上藻类行呼吸作用消耗氧气；放养密度过大；投饲或施肥过量；天气突然变化，池水温差较大引起鱼浮头。光照不足，浮游植物光合作用弱，水中溶解氧减少，得不到补充，导致池鱼缺氧浮头。水质过肥或败坏，有机物耗氧多，若长期没有新水注入，则引起池鱼缺氧浮头，直到泛池。

【症状】出现浮头，长期缺氧可致贫血，生长缓慢，下颌突出。若发现鱼在池中狂游乱窜、横卧水中现象，说明池水严重缺氧。

【主要控制技术】

① 降低投饵量，减少残饵和污物。

② 开增氧机。

③ 增加池底溶解氧（半夜使用以过碳酸钠为主要成分的片状增氧剂）300～500克/亩。

④ 经常使用明矾、水质改良剂等进行水质改良，每亩用明矾3～5千克溶水后全池泼洒，促使腐殖质沉淀，避免“水华”和水质败坏。

⑤ 每亩用黄泥10千克，加水调成糊状，再加8～10千克的食盐水溶液，拌匀后泼洒全池，使水体中悬浮的酸性物澄清。

⑥ 鱼浮头时，在鱼类浮头的地方泼洒以过碳酸钠为主要成分的快速增氧剂（300克/亩）。

第四节 安全用药与质量安全控制原则

渔药使用安全及质量安全控制是水产养殖的重要问题，已引起社会高度关注。为了控制渔药在水产品中的残留，保障水产品的安全，我国发布了一系列标准、法规和条例，并从2000年起开始对我国水产品中的渔药残留进行抽检，同时从源头抓起，加强对渔药的生产、销售和使用的管理。我国渔药使用管理体系逐步完善，渔民规范用药的习惯正在形成。

一、渔药选择的基本原则

水和水产品均是人类生活中重要的组成部分，药物和毒物之间并无绝对的界限，渔药使用不当，可直接或间接地影响人体和动物机体健康或环境与生态。同时渔药选择正确与否直接关系到鱼病的防治效果和养殖效益。因此，作为渔药也必须考虑其基本原则。

1. 有效性

有效性就是要求渔药治疗的效果要好，疗效要高。因此，为使病鱼尽快好转和恢复健康，减少生产上和经济上的损失，在用药时应选择疗效最好的药物。例如对鱼的细菌性皮肤病，用抗生素、磺胺类药、含氯消毒剂、含溴制剂、含碘消毒剂等都有疗效，但应首

选含溴制剂（如溴氯海因）、含碘消毒剂（如氨基酸碘、聚维酮碘），可同时直接杀灭鱼体表和养殖水体中的细菌，且杀菌快、效果好，同时对水体中浮游生物影响比较少。如果是细菌性肠炎，则应选择喹诺酮类药、磺胺脒、有益微生物制剂、大蒜素等制成药物饵料进行投喂，但应首选微生物制剂（如乳酸芽孢杆菌、枯草芽孢杆菌），可改善肠道微生物，抑制致病微生物的繁殖。也可根据病情在投喂药饵时选择适宜的含溴消毒剂进行泼洒。如果同时防治细菌性、病毒性疾病，可内服“三黄散”等一些草药制剂。

2. 安全性

安全性就是要求用的渔药其毒性低，包括对养殖生物毒性、对环境毒性和对人体毒性都安全。“是药三分毒”，有的药物疗效虽然很好，但因毒性太大在选药时不得不放弃，而改用疗效居次、毒性作用较小的药物，如治疗草鱼细菌性肠炎病，选用抗菌内服药，而不选用消毒内服药就是这个道理。鱼药的安全性应着重注意三点：因药物对水产动物本身的毒性损害；对水域环境的污染，尤其是那些能在水生动物体内引起“富集作用”的药物，如含汞的消毒剂和杀虫剂坚决不用；对人体健康有影响的药物，在鱼类等水产动物被食用前应有一个停药期，并要尽量控制使用药物，特别是对确认有致癌作用的药物（如孔雀石绿等），应坚决禁止使用。

3. 方便性

方便性就是要求来源方便、使用方便。由于给鱼用药极不方便，可根据养殖品种以及水域情况，确定到底是使用泼洒法、涂抹法、口服法、注射法，还是浸泡法给药，应选择疗效好、安全、使用方便的渔药，同时考虑鱼发病时当地要及时买得到的药物，否则影响鱼病的及时治疗。

4. 廉价性

廉价性就是要求价格低廉。选用鱼药时，应多做比较，在疗效相对差不多的情况下尽量选用成本低的鱼药。现在市场上许多鱼药，其有效成分大同小异，或者药效相当，但相互间价格相差很远。

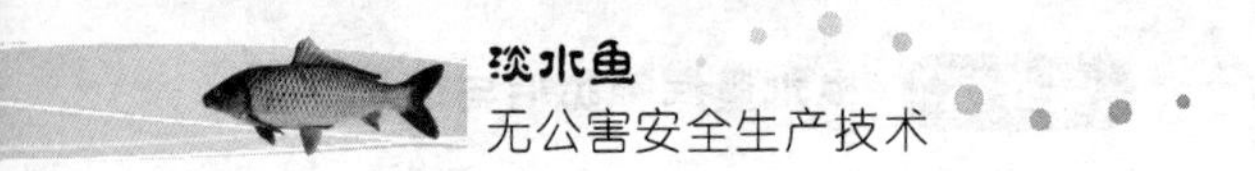

二、安全用药原则

鱼类病害防治是水产中的一项重要工作。为提高产量和效益，提高水产品的质量，对所有的水产品应提倡预防为主的方针，一旦发病需作出正确诊断，合理选择药物进行治疗，尽量使所用的药物发挥最大作用，而不产生药残。从养殖健康的角度出发应遵循以下原则。

1. 规范用药，健全档案

渔用药物的使用必须按照《渔用药物使用准则》NY5071—2001的规定执行，少用或不用抗生素类药，严格执行《无公害食品　渔用药物使用准则》，切忌随意加大药物用量，以免造成品种出现药物中毒甚至集中死亡。生产者应养成购买鱼药时索要处方的习惯，建立健全池塘档案，尤其是对药物使用情况及其效果应作详细的记录。建立起水产用药的可追溯制度。严格执行农业部制定的《禁用清单》，杜绝使用禁用药物。近几年来，我国农业部主管部门已经先后将甲基吡啶磷、地虫硫磷、林丹、毒杀酚、滴滴涕、硝酸亚汞、五氯酚钠、杀虫脒、孔雀石绿、磺胺脒、呋喃唑酮、氯霉素、环丙沙星、甲基睾丸酮和锥虫胂胺等药物列入了水产禁用药物目录，在水产养殖过程中是绝对不能使用。

2. 正确诊断病因，合理选用药物，严格掌握药物的适应性和理化特性

正确的诊断是成功治疗的首要条件，根据症状和病原来准确确定病因，正确诊断后根据药物的适应性来选择药物，并采用合理的投药方法。同时应注意药物发挥疗效需要一定的时间，不能指望用药的当天就能迅速见效。有时在用药后的一两天常有死亡增加的现象，如果药物的剂量是在安全的范围之内，可能是由于药物把动物体内的病原菌杀死后促使细菌细胞同时释放出内毒素，造成动物的急性中毒死亡。这种情况下一般在3～4天后死亡率即会下降；否则应考虑药物剂量过大。

3. 使用药物宜早不宜迟

发病鱼类一般最早出现的症状是食欲丧失，口服药物对发病的鱼类不起作用，已发病的不易治好。而投用的药物对当时尚未发病的鱼类起了预防性的保护作用，所以对水产品来说真正的治疗是很少的，故水产上更显出预防重于治疗的重要性。鱼类发病后如果治疗太迟，发病率就会迅速增加，给治疗带来困难。

4. 必须强调生态综合防治措施和使用免疫增强剂、微生态制剂、营养素药物、草药

在应用抗菌药物治疗细菌性疾病的过程中，必须充分认识到鱼类自身免疫力的重要性。过分依赖抗菌药物的功效，而忽视饲养管理及水质环境的改善常是失败的主要因素。

免疫增强剂通过作用于非特异性免疫因子来提高水产动物的抗病能力，并减少使用抗生素等化学药物带来的负面影响，因此比化学药物安全性高、应用范围广。如低聚糖、壳聚糖磺酸酯、几丁质等富含多糖、生物碱、有机酸等，能显著提高水生动物的免疫功能。微生态制剂（如光合细菌、EM 菌、乳酸菌、硝化细菌、芽孢杆菌等）安全、低毒、有效，已经引起水产者的重视。

营养素药物是水产养殖动物病害治疗和提高养殖动物体质的一类新型药物，它是一类营养学与医学相互联系的学科，通过应用营养素、营养素药物整合养殖动物的健康状态，达到预防和治疗水产动物疾病、维护生命体健康的学问。

草药具有来源广泛、使用方便、价廉效优、不良反应小、无抗性、不易形成渔药残留等特点，在疾病预防中具有广阔的应用前景。

因此，在鱼类疾病治疗过程中提倡生态综合防治和使用免疫增强剂、微生态制剂、营养素药物、草药等进行防病。

三、给药方法与施药技术

1. 渔药给药方法选择的原则

（1）根据疾病的病原体特性进行选择　鱼类发生疾病有传染性

疾病（如病毒、细菌病原体）及侵蚀性疾病（如寄生虫等），寄生虫寄生的部位有体表寄生虫和体内寄生虫，我们应根据病原体的这些特性而选择不同的给药方法，否则将造成药害事故。

（2）根据鱼类的大小、年龄、体质等状况进行选择　在鱼苗鱼种阶段一般不采取注射的方法，大多采用全池泼洒给药。疾病病情较重，鱼体质太弱时，摄食能力减弱或不摄食，口服给药就往往达不到治疗的目的，需采取增强鱼类体质和全池泼洒的措施进行治疗。

（3）根据疾病的严重程度进行选择　对于病情较轻的疾病，全池泼洒或口服方法即可达到药物的治疗效果；而病情较重的疾病，则要采用高浓度短时间的浸浴方式单独处理，如果方便有的时候为了更快地发挥药效，则采取注射、涂抹等方法。

（4）根据药物的理化性质进行选择　渔药药理、药效与其理化性质密切相关，根据渔药理化性质选择适当的给药方式是发挥药物药效的一个重要因素。渔药的使用与水环境因子有着密切的关系。一方面，渔药的使用对水环境因子有着较大的影响，特别是渔药杀虫剂、消毒剂等；另一方面，水环境因子又反过来影响渔药的作用效果。

2. 渔药给药的主要方法

根据渔药的特点、鱼类的生理和病理状况，选择不同的给药方法，便于操作并达到最佳效果。

（1）全池遍洒法　全池遍洒药液是采用对某些病原体有杀灭效果而对鱼体本身又安全的药物浓度，将药物按水体积计算的用量，将药物充分溶解并稀释，再均匀泼洒全池，使池水达到一定的药物浓度以杀灭鱼类体外及池水中的病原体。此法杀灭病原体较彻底，但安全性差，用药量大，不良反应也较大，对水体有一定的污染，使用不慎易发生事故。主要用于各种鱼病的预防和治疗。

（2）挂袋、挂篓法　挂袋挂篓法又称悬挂法，即在食场周围悬挂盛药的袋或篓（3～6只，每只装药100～150克），形成一个消毒区，当鱼来摄食时达到杀灭鱼体外病原体的目的。一般易腐蚀的药物放在竹篓内，不易腐蚀的药物装在布袋内。此法用药量少，方法简便，适用于预防及早期治疗。但杀灭病原体不彻底，只有当鱼类到挂袋或挂篓的食场吃食和活动时，才有可能起到一定的消毒作用。

（3）浸洗法　浸洗法又称洗浴法或药浴法。将鱼集中在较小容器、较高浓度的药液中经过适当时间的洗浴，以杀灭鱼体外病原体。浸洗的时间应根据水温、药物浓度、浸洗对象的忍耐度等灵活掌握。一般来讲，时间长些，对病原体的杀灭较彻底，但时间长了，水中溶解氧不足，会引起鱼的浮头或死亡。洗浴时可在木桶、船舱、帆布桶或水缸内进行，也可在鱼池下风处用捆箱进行。用作鱼体洗浴消毒的药物有多种，一般常用的有 3%～4%的食盐水、10 毫克/升的漂白粉、8 毫克/升的硫酸铜、20 毫克/升的高锰酸钾等，一般浸洗时间为 10～30 分钟。此法用药量少，且用量准确，疗效好，不污染水体，但操作较复杂，易碰伤鱼体，也不能杀灭水体中的病原体。

（4）涂抹法　涂抹法是在鱼体表患病处涂较浓的药液以杀灭病原体。注意涂抹时将鱼类的头向上，以防止药液流入鳃等重要器官内。此法用药量少，安全，不良反应小，适用于亲鱼及个别外伤或局部炎症的治疗，但费时、费力。

（5）浸沤法　此法只适用于草药防治鱼病，将草药捆成小束，放在食场附近（上风口或池塘进水处）浸泡，利用泡出的药汁扩散到全池，起到杀灭病原体的作用。此法药物发挥作用较慢，一般只适用于预防。

（6）口服法　口服法又称投喂法，即将药物或疫苗与鱼类喜食的饵料合并，拌以黏合剂制成药饵后投喂或制成大小适口、在水中稳定性好的颗粒药饵投喂，以杀灭鱼体内病原体及增强抗病的预防和治疗。此法用药量少，不需要把动物捞起就可以给药，使用方便，不污染水体，但对食欲丧失的患病鱼无效，控制个体的服药量较难。此法适用于疾病的预防与治疗。

（7）注射法　注射法较口服法进入鱼体的药量准确且吸收快、

疗效好，但操作太麻烦。此法主要用于亲鱼催产及注免疫疫苗。

注射法是用注射器将药物注射入鱼的胸腔、腹腔或肌肉中，以杀灭鱼体内的病原体。肌内注射一般在鱼类背鳍基部，与鱼体呈30°～40°的角度，向头部方向进针，注射深度应根据鱼体的大小不到达脊椎骨为度。腹腔注射是将针头沿鱼腹鳍斜向胸鳍方向进入，深度依鱼体的大小而定。

上述几种给药方法，除了注射法和口服法属于体内用药外，其他给药方法均属体外用药。

3. 施药技术

① 正确诊断，对症下药。针对不同的疾病使用不同的药物，出现并发症时，应针对比较严重的一种病使用药物，待这种病好转后，才能收到较好的效果。未经确诊不能随意用药。

② 在全池泼洒用药时首先应正确测量水体；对不容易溶解的药物应充分溶解后，均匀全池泼洒。

③ 泼洒药物一般在晴天上午进行，因为用药后便于观察。

④ 泼洒药物时一般不喂饲料，最好先喂后泼药，泼药应从上风处逐渐向下风处泼，以保障操作人员的安全。

⑤ 池塘缺氧、鱼浮头时不应泼药，因为易引起死鱼事故；如鱼塘有增氧机，泼药后应开动增氧机。

⑥ 鱼塘泼药后一般不应再人为干扰，如拉网操作、增放苗种等，宜待其病情好转并稳定后进行。

⑦ 投喂药物饵料和悬挂法用药前应停食1～2天，使养殖动物处于饥饿状态，使其急于摄食药饵或进入药物悬挂区内摄食。

⑧ 浸洗法用药时，捕捞患病鱼时应谨慎操作，尽可能避免鱼体受伤，对浸洗时间应根据水温、药物毒性和患病鱼的忍受度为限灵活掌握。

四、水产药物使用存在的主要问题和控制对策

1. 水产药物的使用

我国目前所使用的渔药主要有消毒剂、驱杀虫剂、水质（底

质）改良剂、抗菌药、草药 5 大类。以产量估算，其中消毒剂约占 35%，抗菌药、草药以及其他类渔药只占 30%左右；以产值估算，消毒剂约占 25%，驱杀虫剂、水质（底质）改良剂分别约占 15%和 30%，其他渔药占 30%左右。消毒剂的原料大部分是一些化学物质。生石灰是一种传统的消毒剂，使用较为普遍，但它也是一种环境改良剂，除此之外，使用量较大的还有含氯消毒剂（如漂白粉、三氯异氰脲酸、二氧化氯等），含溴消毒剂（如溴氯海因等），含碘消毒剂（如聚维酮碘、双链季铵盐络合碘等）。其他类型的消毒剂，如醛类消毒剂（如甲醛、戊二醛等）、酚类消毒剂也有一定的应用。消毒剂可无选择地杀灭水体中的各种微生物，包括细菌繁殖体、病毒、真菌以及某些细菌的芽孢，但均会对水产动物产生一定的刺激，对环境造成一些不利影响。驱杀虫渔药一般具有较广的杀虫谱，对寄生于水产动物体表或体内的中华鳋、锚头鳋、鱼虱、车轮虫、三代虫、指环虫、绦虫以及水中的松藻虫、水蜈蚣等均有较好的杀灭效果。由于人们认识到水质和底质的优良对水产动物疾病的发生与否有着非常密切的关系，因此水质（底质）改良渔药的使用量逐年增加。这类渔药除了一些化学物质外（如沸石、过氧化钙、过碳酸钠等），较大部分是一些微生态制剂。目前使用的微生态制剂主要是光合细菌类、芽孢杆菌类、乳酸菌类和酵母类的一些微生物制备的活性制剂。抗菌类渔药是用来治疗细菌性传染病的一类药物，它对病原菌具有抑制或杀灭作用。从这类渔药的来源上可以分为天然抗生素（如土霉素、庆大霉素等），半合成抗生素（如氨苄西林、利福平等），以及人工合成的抗菌药（如喹诺酮类、磺胺类药物等）。目前抗菌类渔药面临着产生负面效应、可能导致在水产品中的残留以及耐药性等问题。

草药因不良反应小，不易产生耐药性，已作为渔药成分广泛使用。渔药中常用的草药有大黄、黄柏、黄芩、黄连、乌桕、板蓝根、穿心莲、大蒜、楝树、铁苋菜、水辣蓼、五倍子、菖蒲等。从草药提取有效杀虫、杀菌活性物质已取得了一定的进展。

2. 水产用药存在的主要问题

① 药物使用方面存在着较大的模仿性、盲目性、随意性和片面性。一是由于对水产养殖动物疾病防治的药物研究较少，所用药物大多是借用人、畜用药物，有效对症药物不多，有些不适于水产养殖病害的防治。二是由于养殖户分散，养殖业者的素质较低，对药物使用的剂量、用法、休药期等不明确，不是超剂量滥用，就是无目的地乱用，结果不仅未治好疾病，反而引起动物产生应激反应或导致二次感染、恶化了养殖环境，造成了更大的损失。三是滥用药物造成耐药菌株的产生，致使用药无效。四是水产养殖品种繁杂、养殖模式多样，在给药方法上有其特殊性，对有些养殖模式（如筏式养殖、网箱养殖）缺乏有效的给药途径。

② 没有统一的渔药药效和安全性评价的方法标准，在渔药使用过程中，导致了各种渔药之间药效可比性差，安全性存在潜在的隐患。

③ 不了解病原菌的耐药情况，不做用药记录。

④ 水产病害防治员开药方与理论存在矛盾。

⑤ 实际用药与试验中的用药不同，存在经济利益的原因，渔药的生产、销售缺乏严格的管理和控制，市场竞争无序、混乱现象较为严重。

⑥ 不重视提高养殖生物自身免疫功能。

⑦ 不注意继发性感染问题。

⑧ 用药剂量不合理，忽视药物不良反应。

3. 水产药物残留的控制对策与建议

造成养殖水产品药物残留超标的根本原因在于养殖过程中滥用药物和不合理用药，如何从源头做起，从鱼种的繁殖到鱼苗的培育，到成鱼养殖，到流通环节和市场，对于用药物的使用进行全程控制，是解决这一问题的根本。

(1) 加强渔药安全使用的宣传、教育和培训工作　《兽药管理条例》是渔药安全使用的基本法规，各级政府要统一组织，统一领导，互相配合，围绕《兽药管理条例》及其配套的条例与规定进行广泛宣传，搞好执法人员、技术人员、养殖者的培训，使各项法规条例得以落实；兽医与渔业行政主管部门要对渔药的生产、销售和安全使用进行全过程监督，加大执法力度，依法查处违规用药，严格执行停药期规定，逐步完善水产养殖安全用药体系；研究、开发和推广高效、速效、长效和对环境低污染、在鱼体内低残留的药物，将药物防治与水产动物的健康养殖、生态养殖和无公害养殖有机结合。

（2）加强水产药理学的基础研究　近年来，我国加快了水产药理学尤其是水产动物药物代谢动力学和残留的研究步伐，积累了大量的基础数据，为水产药理学的发展起到良好的推动作用，但研究所涉及的药物和养殖动物种类还比较有限，许多重要的经济养殖品种和常用药物的研究还未涉及。

（3）加强渔药的评价　加强药物对水生动物的安全性评价。包括毒理学评价、靶动物毒性评价和免疫影响评价，使药物在发挥治疗作用的同时，充分发挥免疫增强作用，尽最大可能降低免疫抑制作用的影响。加强药物对环境的安全性评价。研究药物的使用对生态环境效应的影响，逐步建立渔药对环境影响的评价体系。进行养殖产品药物残留安全性评价。进行建立渔药对水产品质量安全影响的评价研究。

（4）加强对微生态制剂、免疫增强剂、营养素药物及草药等渔药的研究和开发　微生态制剂以其安全、低毒、有效正受到水产养殖者的重视。微生态制剂将会克服有益菌群“定植”、生产工艺提高等难题，利用生物工程技术，朝着高效、专一，益生菌和益生元相结合的方向发展。

免疫刺激剂是通过作用于非特异性免疫因子来提高水产动物的抗病能力的一种比化学药物安全性高、比疫苗应用范围广的特殊渔药。研究证实，一些富含多糖、生物碱、有机酸等多种成分的天然免疫物质，如蛋白质、氨基酸、高度不饱和脂肪酸、维生素和矿物质等都会对水生动物的免疫功能产生显著的影响，随着对它们的使用方法、剂量、评价体系以及对水产动物免疫机制的研究进一步深入，免疫刺激剂将会在控制水产动物疾病上发挥出重要的作用。

营养素药物是营养学与医学相互联系的学科，通过应用营养素、营养素药物整合养殖动物的健康状态，达到预防和治疗水产动物疾病。它将会推动我国渔药研制新思路的发展。

草药具有来源广泛、使用方便、价廉效优、不良反应小、无抗性、不易形成渔药残留等特点，具有广阔应用前景。草药的发展方向，一是利用现代技术分离提取其有效成分及先导物，降低提取成本；二是根据有效成分合成系列衍生物或类似物，开发出人工合成的“草药”；三是草药作用靶点的研究，弄清草药的作用机制；四是草药的细胞破壁技术；五是草药合理配伍的研究等。

(5) 进行大宗水产品养殖安全生产示范研究　为保证养殖水产品的质量安全，有效控制药物残留的危害，进行大宗水产养殖动物安全生产示范研究。建立良好水产养殖操作规范，严格按无公害水产品生产环节要求，严格规范用药，从药物、病原、环境、养殖动物本身和人类健康等方面的因素考虑，有目的、有计划和有效果地使用渔药，包括正确选药、适宜用药、合理给药和药效评价等，把危害因素消除在生产过程中。

(6) 加大行业管理的力度

① 加强养殖规范和标准的制定及执行力度。在调查研究我国和国外现有渔药使用状况和药物安全评估研究的基础上，根据国际渔药使用准则，制订适合我国实际情况的渔药使用目录，明确每种养殖对象发生疾病的种类，允许使用的药物，各种药物的使用方法，使用后应遵守的休药期等。为从根本上杜绝药残事件的发生，执法部门对养殖过程的监管力度亟须加强，对养殖企业进行登记、监管，对养殖用药进行审查、指导，对出池产品质量进行鉴定、跟踪，对用非法用药行为进行处罚等。

② 实行病害防治员和处方制度。养殖病害的诊断与防治由具有职业资格的病害防治员为主负责实施，养殖者根据处方使用药

物，规范用药记录。提高从业人员的整体防病技术水平以及药物使用的自律性，禁止滥用药物现象。

③ 加强产业链的监管。养殖业是由包括产前（如饲料、种苗、药物）、产中（养殖生产）和产后（如运输和销售）等多个环节组成的一个产业链。药残可能来源于包括养殖过程、运输环节、销售暂养过程等多种途径。行业各部门需要通力合作，整顿好药品的销售渠道、严把饲料关、采用先进的运输和暂养手段，从产业链的各个角度出发杜绝各环节禁用药品输入的可能性。

④ 建立水产品市场追踪制度。这个措施的关键是通过对生产、流通、加工和销售等环节采用现代化物流管理，使消费者能透明地获知水产品的产地、生产者、经营者等信息，从而使消费者的市场消费趋向直接反馈影响到生产者的生产行为，使生产者能从品质和安全方面更为负责地规范其生产行为。

⑤ 把好上市前残留的检测的质量关。制定《渔药官方检测管理规定》，包括药残检测官方组织程序、检测批次要求、检测单位的资质要求、抽样要求、检测中发现样品超标的应对措施、被检单位对检测结果有异议的处理程序等。

（7）加强新型渔药及其剂型、制剂的研究　研制窄谱性渔药、水产专用渔药、新型消毒剂、“三效三小”渔药（即“高效、速效、长效”与“毒性小、残留小、用量小”）等是新型渔药的研制重点，新型渔药的研究应该多来源、多途径、多方向、多思路。由于渔药药效受外界因素影响显著，应根据水产动物的种类和规格、发病类型及程度、渔药的性质研制出不同的渔药剂型。如运用新技术、新材料减少渔药在到达靶器官前的损耗，降低不良反应；应用高分子材料制成的微胶囊剂将渔药包裹其中，避免渔药在环境中降解破坏，提高渔药的有效吸收等方面的研究。

（8）建立渔药研究、检测的基地　从当前我国渔药安全使用的严峻形势和现状来看，建立高水平的渔药研究基地已经刻不容缓。目前，我国渔药研究、检测基地在数量和质量上尚不能满足我国水产养殖发展的需要，建议相关职能部门在原有的基础上，建立相应

的渔药检测研究基地，根据水产养殖生产实践中反映出的问题，有针对性地开展工作，确保渔药的质量和使用安全。

（9）加快各类渔药与水环境关系的研究　渔药的使用与水环境因子有着密切的关系。一方面，渔药的使用对水环境因子有着较大的影响，特别是渔药杀虫剂、消毒剂等；另一方面，水环境因子又反过来影响渔药的作用效果，影响因子除了水体自身的温度、盐度、酸碱度、氨氮和有机质（包括溶解和非溶解态）等非生物因子外，还有微生物、浮游生物、病原生物、养殖生物等生物因子。

① 渔药使用对水环境因子的影响。

a. 抗菌药对水环境的影响。一方面可杀灭水体中的有益微生物或抑制其正常生长繁殖，破坏水体生态平衡，另一方面又溶解在水体中或蓄积在底泥中形成污染，致使水产养殖动物产生药物残留或病原菌产生耐药性等危害。水产养殖中使用的抗菌药主要有磺胺类、氟喹诺酮类、四环素类、氯霉素类等。

b. 杀虫剂对水环境的影响。进入水体的药物在杀灭或驱除有害寄生虫的同时也杀灭了水体中的浮游动物及其他养殖生物等，直接或间接危害水产养殖动物，如硫酸铜；另外，药物溶解在水体中或蓄积在底泥中致使药物残留在水产品中或使鱼类寄生虫产生抗药性。

c. 消毒剂对水环境的影响。消毒剂在杀灭病原微生物的同时也大量杀灭了水体中的有益微生物、浮游动植物、其他养殖生物等，这些生物种群的急剧变化和消毒剂自身的化学特性又会引起水体中溶解氧、酸碱度、氨氮、亚硝酸盐等非生物因子的变化，有些消毒剂还可以在水体中分解成有毒有害的物质。如三氯异氰尿酸在水体中可生成三卤甲烷等有害副产物。

② 水环境因子对渔药的影响。

a. 水温。大部分药物的药效与水温一般呈正相关，水温升高时，药物作用的强度、速度也相应增强，如含氯消毒剂；有少数药物，如用丙酮溶解的4.5%高效氯氰菊酯，其药效、毒性与水温呈负相关；还有药物在水温过低时其药效难以发挥出来。

b. 酸碱度。不同酸碱度的水体会使药物产生不同的作用效果。酸性药物如盐酸土霉素、菊酯类杀虫剂、硫酸铜等在偏碱性的水体中其作用减弱，而碱性药物（如苯扎溴铵等）阳离子表面活性剂则会随水体 pH 值的升高作用增强。

c. 有机物。影响渔药作用的原因是有机物在微生物或寄生虫的表面形成一层保护层，妨碍了药物与病原体的直接接触，从而延误了药物对病原体的杀灭作用。有机物与药物（如消毒剂、杀虫剂等）发生结合，降低了药物的溶解度，从而阻碍了药物与病原体的结合，影响了药物的作用，如使用高锰酸钾消毒时，它要先将有机物氧化后，才可对病原体产生相应的作用；有机物与药物发生作用，形成了一种新的化合物。此外，光照和季节、水体中的病原微生物、浮游生物、盐度、溶解氧含量、透明度、硬度、重金属盐、氨氮、池塘底质等因素都会不同程度地影响药物的效应，如含碘消毒剂见光易分解，溴氰菊酯的杀虫效果春季使用要比夏季明显好，敌百虫对甲壳类寄生虫的幼虫效果好，而对成虫效果较差，溶解氧较高时水产动物对药物的耐受性增强，溶解氧较低时，则易发生中毒现象。

CHAPTER6

第六章

淡水鱼加工技术

第一节　淡水鱼加工原料和特性

第二节　淡水鱼加工技术

2015年我国水产品加工总量20923127吨，同比增长1.91%，其中淡水水产品3739044吨，占水产品加工总量的17.87%。水产品加工企业9892个，同比上升2.37%，年加工能力28103260吨。用于加工的水产品量（折合原料）22743305吨，同比上升3.74%，其中淡水产品5618696吨，同比上升2.42%。

随着水产品加工产业的发展，逐步形成了以沿海水产品加工为主的出口优势区域布局特征，山东、福建、浙江、广东、辽宁、江苏6省的加工产量占全国水产品加工总量的84.24%，内陆省份中湖北一枝独秀，加工量占内陆省份的50.48%；江西为第二；安徽、湖南、吉林属于第三梯队，这5个省的加工总量占内陆省份加工总量的95.13%。

水产品含水量高、易腐败等特性决定了其加工比例依然较低。2015年我国水产品原料加工率为31.23%，其中淡水产品加工率为11.36%。冷冻、冰鲜等初级加工产品仍是我国主要的水产品加工主要品种，甚至还有增加的趋势，2015年水产品冷冻加工的比例达到65.79%，我国水产品消费习惯决定了加工品仍将以冷冻品为主。除了冷冻加工品外，鱼糜制品、干腌制品和罐制品、藻类加工品是水产食品的主要加工类型。其中鱼糜自2006年起一直保持快速增长，2015年产量为1454220吨，占水产品加工总量的6.95%，比2006年增长157.45%。

第一节 淡水鱼加工原料和特性

一、种类多样

我国水产种类很多，仅已知鱼类近3000种，其中淡水鱼类共有1050种。水产品加工原料主要包括鱼类、软体动物、甲壳动物、爬行动物和藻类等。它们在外部形态和体积上千差万别，其化学组成和理化特征也大不相同，受栖息环境、种别、大小、季节、产量、饵料等影响。

二、原料供应的不稳定性

淡水鱼加工的原料主要来自养殖生产，我国淡水养殖产量占淡水总产量的90%以上，因此各种水产品加工原料供应量具有明显的周期性，受养殖周期、养殖模式、市场和气候的影响显著。在我国北部（如东北三省），鱼类主要生长时间在5～10月，收获时间在10月中下旬，中部（如华东地区）鱼类主要生长时间在4～11月，收获时间在11月中下旬，而南部两广和海南地区则可以全年养殖，水产品上市季节性不强。水产品加工原料的质量不稳定，受到养殖环境、饲料、苗种、用药及运输等影响。

三、产区的地域性

不同水产品根据其生活习性在全国有着不同的分布，广温性鱼类在全国大部分地区都有分布，如鲤、鲢、鲫等；冷水性鱼类分布在我国北部以及高寒地区，如鲟、虹鳟等；热带鱼主要分布在北回归线以南的区域，如罗非鱼等。因此，水产原料的供应具有一定的区域性，我国是水产养殖大国，1999年我国养殖产量就超过了捕捞产量，成为世界上唯一养殖产量超过捕捞产量的国家，养殖生产受市场影响很大，在一些自然状态下没有分布种类也有一定面积的养殖，如北方地区利用电厂废热水开展罗非鱼养殖，南方地区利用山区冰雪融水进行鲟鱼养殖等。

四、组织特性

鱼体通常由头、躯干、尾、鳍等四部分组成。精细分割则可以将鱼体分为鳞、皮、肉、骨、内脏等。淡水鱼的组织中，鱼肉一般占鱼体质量的40%～50%，鱼头、鱼骨、鱼皮和鱼鳞占鱼体质量的30%～40%，鱼内脏和鱼鳃占鱼体质量的18%～20%。根据可食程度，鱼骨、鱼鳞、内脏和鳃等部分，一般被划分为不可食部分，但可以被利用，鱼骨和鱼鳞也可被加工成食品。作为主要的可食部分，鱼肌肉主要由水分（75%～80%）、蛋白质（13%～22%）、脂肪（变动范围较大）、糖类（1%以下）、灰分（1%～2%）组成。

五、加工特性

1. 保水性

是指肌肉保持其原有水分和添加水的能力，主要用系水力、肉质损失、蒸煮损失等指标来阐释鱼肉的保水性能。关于肌肉保水原理，有不同的观点，与肌肉蛋白质的所带电荷和所处的溶液有着密切的关系。水与蛋白质的互作，不仅影响肉的保水性也影响肌肉蛋白质的溶解度。蛋白质的溶解度决定于蛋白质的性质、鱼肉的破碎方法和破碎程度、鱼肉与水或盐溶液的比例、鱼肉的僵直状态、溶剂的 pH 值和离子强度、离子类型、提取次数和时间、提取温度、上清液的分离方法等。因此，提取蛋白质时应根据原料肉的特点和蛋白质的性质制订适合的方案。

2. 凝胶特性

鱼肉蛋白质在热诱导或者压力诱导下能够形成凝胶。凝胶特性与鱼糜制品的质构特性、凝胶强度、感官特性乃至产品率都有着密切的关系。影响淡水鱼糜凝胶特性的因素主要有原料鱼种类、新鲜程度、鱼龄、季节以及加工过程中的漂洗方法、擂溃条件、加热方式、pH 值和离子强度等。鱼肉蛋白质形成凝胶的能力具有种的特异性，是判断原料鱼是否适合进行鱼糜加工的依据。

3. 乳化特性与发泡特性

鱼肉的乳化特性对稳定鱼糜制品中的脂肪有着重要作用，肌肉中的球蛋白是一种亲水性胶体，具有表面活性和成膜的作用，对脂肪乳化起重要作用，在快速搅拌（斩拌）过程中，蛋白质在液态的脂肪滴或固态的脂肪粒与水之间形成亲水性的膜，将脂肪包裹在蛋白质网络中并保持稳定，鱼肉的乳化工程受到蛋白质溶解程度、分子大小、温度条件、蛋白质表面氨基酸性质、介质的 pH 值、离子强度、温度以及加工工艺等影响。

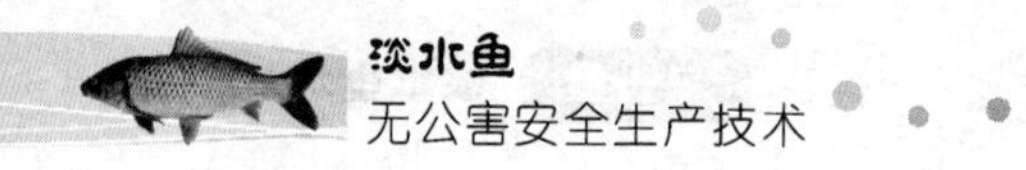

4. 发泡特性

肌肉蛋白质悬浮液容易起泡，在泡沫形成过程中，蛋白质在气液界面被吸附、富集并重新排列。发泡所包裹的空气在后续的加工（加热）过程中会膨胀而使鱼糜制品的体积增大，口感更具弹性和松软。蛋白质溶解度、变性程度、脂肪含量、肉糜黏度等因素都会影响肌肉蛋白质的发泡性能。引起蛋白质变性的因素（如冷冻、加热）等都会降低发泡性。黏度大或者斩拌过度都会使得气体难以进入而影响发泡性能。

5. 加热变性

加热时，由于蛋白质的热变性，会引起鱼肉质地的变化，随着温度上升，鱼肉肌肉纤维组织结构发生显著变化，从半透明状变为乳白色，肉质由软变硬，鱼肉收缩变型，肌肉沿着纤维轴方向收缩，含水量下降、质量减少、肉质硬度增加。影响鱼肉蛋白质热变性的因素有原料鱼的新鲜程度、表皮的有无、加热温度、加热时间、鱼的种类、鱼体大小、鱼肉中蛋白质组成等。

6. 冷冻变性

鱼肉冷冻储藏时，储藏的时间长则鱼肉蛋白质变性，蛋白质溶解性下降，甚至完全不溶。肌球蛋白是鱼类肌肉中最主要的蛋白质，而且容易变性，其他蛋白质的冻藏稳定性较高，即使冻藏时间较长仍然有较高的溶解性。影响鱼肉冷冻变性的因素有冻结速度及冷冻储藏温度、pH 值以及原料鱼种类、新鲜程度等。评价鱼肉蛋白质冷冻变性程度的指标有溶解度、ATPase 活性、巯基数和疏水性等。

第二节 淡水鱼加工技术

一、冷冻保鲜

冷冻保鲜就是利用低温将鱼类中心温度降至－15℃以下，使体

内组织水分大部分冻结，再于－18℃以下储存或流通的一种低温保鲜方式。一般来说，冻结的水产品，冻藏的温度越低，品质保持得也越好，储藏期也越长。在冻藏温度－18℃、－25℃、－30℃情况下，少脂鱼相应的储藏期分别为8个月、18个月、24个月，多脂鱼分别为4个月、8个月、12个月。淡水鱼冷冻整鱼前需要进行处理，特别是去除内脏，因为淡水鱼的胆容易破裂，会造成鱼体发绿，影响品质。对于多脂鱼类需要采用适当的包装或者添加适量的食品抗氧化剂，以减缓脂肪酸的氧化腐败，延长保质期。常见的冷冻加工品分为两大类：普通冷冻水产品和调理冷冻水产品。

普通冷冻整鱼加工工艺流程：

原料鱼→冲洗→挑选→沥水→称重→装盘→冻结→脱盘→镀冰→包装→冷藏

调理冷冻水产品是一种水产品深加工品，与普通冷冻水产品相比，主要差别是在冻结前对原料鱼进行一系列的前处理和调理加工，各个产品的加工工艺不尽相同。一般前处理包括清洗、去头、去鳞、去壳、去内脏、分割采肉、漂洗、脱水、绞碎、擂溃等。调理加工一般包括成型、调味、加热、冷却、包装等工序。

二、鱼糜加工技术

鱼糜是我国的传统产品，在我国烹饪史上相传已久，后来传到日本并得到了迅速发展。鱼糜是将鱼肉经采肉、漂洗、脱水、精滤、混合、成品、冷藏等工序而制成的肌原纤维蛋白，是用于各种鱼糜制品生产的半成品，鱼糜只能作为冷冻原料保存几天，并且因为冷冻的原因通常由于肌肉蛋白质的降解而诱导蛋白质变性，导致鱼糜变质。1960年抗冻剂的发现，解决了原料鱼肉蛋白质的变性问题，同时为冷冻鱼糜的生产提供了可能。2005年我国鱼糜加工总量为446340吨，占水产品加工总量的3.73%，2015年我国鱼糜加工总量为1454220吨，占水产品加工总量的6.95%，比2005年增长了2.3倍。

鱼糜的加工工艺流程：

原料鱼处理→清洗→采肉→漂洗→脱水→精滤→混合→成品→冷藏

冷冻鱼糜加工工艺流程：

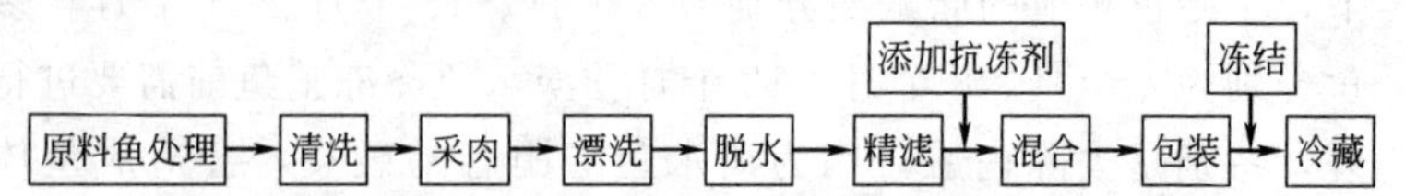

近年来淡水鱼糜加工研究取得了一些新的进展，建立了淡水鱼糜生物发酵工艺与技术，开发了一种具有良好风味和感官品质的淡水发酵鱼糜。建立了利用生物酶法交联、专用多糖凝胶增强作用及猪血浆蛋白凝胶增强技术。建立了鱼肉猪肉复合凝胶制品生产技术。以淡水鱼糜为原料，利用重组配方、杀菌等技术开发了多种口味、多种风味、多种形式的具有较长保质期的即食风味鱼豆腐食品。建立了鱼面品质改良技术，开发了幼儿营养鱼面等产品。利用重组、速冻、品质改良等技术开发了速冻生鲜鱼肉包子等。

三、干制品加工

水产品的干制加工是指采用干燥的方法除去鱼类等水产品中的水分，以防止腐败变质的加工方法。干制过程中主要的物理变化为体积缩小、表面硬化、多空性等。化学变化主要表现在单位质量营养成分含量相对增加，部分营养成分损失，风味有一定比例地下降，色泽发生改变。干制的方法主要有晒干与风干，热风干制、冷风干制、冷冻干制、辐射干制（红外线和微波）。典型干制品主要有鱼类盐干制品、鱼类淡干制品、鱼肉松等。

盐干制品加工工艺流程：

去内脏、鳃

原料鱼→剖割→洗涤→盐腌→洗涤脱盐→干燥→成品→包装→储藏

淡干制品加工工艺流程：

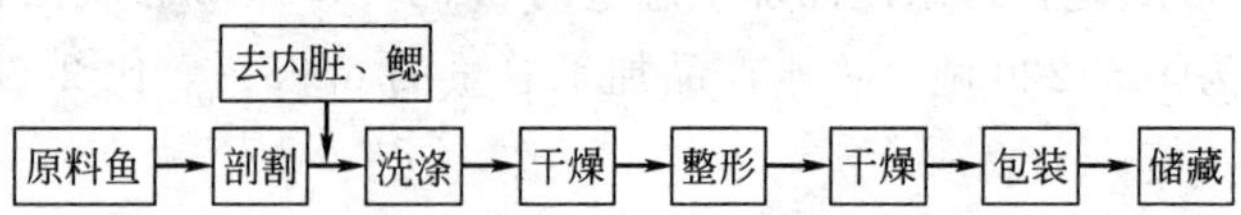

鱼肉松加工工艺流程：

原料鱼处理→蒸煮→捣碎→调味→炒制→冷却→装袋→灌气封口→成品检验

四、罐藏制品加工

罐藏水产品加工就是将处理过的水产品，经密封杀菌，使罐内食品与外界隔绝，同时杀死罐内大部分微生物并使酶失活，消除引起食品变质的主要原因，使之能在常温下储存。一般罐藏容器分为三种，即金属罐、玻璃罐和塑料包装。根据不同的罐藏容器，水产罐头加工工艺也有所差异。

水产罐头加工工艺流程：

原料鱼预处理→装罐→排气→密封→杀菌→冷却→保温→检验→包装→储藏

五、腌熏加工

1. 腌制加工

腌制通常是指用盐或者盐溶液、糖或者糖溶液对水产品进行处理以增加风味，稳定颜色，达到保存的目的。食盐腌制是最为常用的方法。腌制一般包含盐渍和成熟两个过程。盐渍的过程就是食盐不断向鱼体进入的过程，随着鱼体内食盐含量逐渐增加，水分含量减少，在一定程度上抑制了细菌的活动和酶的作用。成熟是一种生物化学过程，蛋白质在酶的作用下分解为短肽、游离氨基酸和胺等。部分脂肪分解为小分子挥发性醛类物质，具有一定的芳香性，因此多脂鱼经过腌制后风味通常优于少脂鱼。对腌制品质量的影响因素主要有微生物引起的腐败、脂肪的氧化、肌肉组织变化、蛋白质和氨基酸等肌肉成分的溶出。

腌制通常采用晒制盐、蒸发盐、岩盐、人造盐等，盐渍的方法有干盐渍法、盐水渍法和混合盐渍法。一般盐的浓度保持饱和溶液状态（26%），盐渍过程中随着水分的渗出，会稀释盐溶液。因此盐渍过程中要补充盐分以维持盐的浓度。盐渍的温度升高可缩短盐渍时间，同时会加快微生物和酶的作用，容易导致鱼品变质，因此除了小型鱼类等食盐容易渗透，并在短时间内可以完成盐渍过程的原料外，一般不倾向在高温下进行盐渍。多脂鱼和肉层厚的鱼类通常在5～7℃下进行盐渍。新鲜水产品用盐量最高不宜超过原料重的32%～35%，成品的含盐量以10%～14%为宜。

咸鱼加工工艺流程：

原料鱼筛选→剖割→去内脏→清洗→盐渍→出卤→干燥→成品

2. 熏制加工

熏制是一种传统的食品加工和保藏方法，通常与腌制结合在一起进行，在一定温度下加工原料与熏烟接触，同时进行干燥，将制品的水分降至所需要的含量，并使其具有独特的烟熏风味和色泽，提高制品的保藏性能。烟熏赋予制品烟熏味及独特风味，吸附抗菌物质防止腐败变质，加热和干燥作用抑制细菌活动和酶活性，形成特有的色泽，在制品表面形成保护膜，延长保质期。

熏烟是由植物性材料缓慢燃烧或者不完全氧化时产生的水蒸气、气体、树脂和微粒固体的混合物。熏烟的成分因熏材种类、燃烧温度、发烟条件等多种因素的变化而有所不同，熏烟成分的附着与熏制品原料性质、干湿程度、温度高低等因素都有关系。已有200多种化合物被分离出来，在风味方面起作用的主要有醛、酯、酚类等，特别是愈创木酚和4-甲基愈创木酚；在色泽方面起作用的有羰基化合物与蛋白质或者其他含氮物中的游离氨基发生的美拉德反应，一氧化氮血色原形成稳定的颜色以及脂肪外渗形成的色泽等。

熏制方法主要有五种：冷熏法，温度15～30℃，时间1～3周；温熏法，30～80℃，时间3～8小时；热熏法，温度120～140℃，时间2～4小时；电熏法，1万～2万伏高压直流或者交流电，进行电晕放电，带电的熏烟有效渗入，到达烟熏效果；液熏法，将熏烟加以浓缩，形成熏液，直接加热熏液代替木材，或者将熏液涂抹到鱼体上进行熏制。另外也有速熏法，就是将熏烟的有效成分溶解于水中，进行浸渍或者喷洒在原料鱼上，再短时间熏干即可。

烟熏淡水鱼加工工艺流程：

原料鱼筛选→漂洗→盐渍→沥水→风干→熏制→冷却→包装→成品

六、淡水鱼加工副产物综合利用

淡水鱼的头部一般较大，内脏及其他废弃物所占的比例也较大。主要淡水鱼类（如草鱼、鲢、鳙、鲤等）副产物的比例达到50%左右。在消费和加工过程中，产生大量的鱼鳞、鱼骨、鱼皮、鱼内脏等副产物，这些部位含有丰富的蛋白质、酶、脂肪、胶原蛋白、矿物质、维生素、生物活性物质等。目前，发达国家水产品加工率在80%以上，我国的水产品加工率为33%左右，淡水鱼仅为17%左右，对淡水鱼副产物的加工利用率更是少之又少，因此充分利用淡水鱼下脚料，以提高综合经济效益，成为淡水鱼加工日益关注的问题。

1. 鱼鳞的加工利用

鱼鳞是大多数鱼类体表的皮肤衍生物，质地坚硬，占鱼体重量的2%～3%，为鱼体提供了一道保护屏障，既可以减少水的阻力，也可以增加对病原微生物的入侵抵抗力。淡水鱼鳞中蛋白质含量为20%～35%，以胶原蛋白为主，还含有脂肪、色素和黏液质及灰分。对于鱼鳞的加工利用主要有以下几个方面。

（1）鱼鳞胶原蛋白的提取　常用的方法可分为酸提取法、酶提取法、热水提取法和碱提取法，在实际操作中几种方法往往联合使用。

（2）鱼鳞酶解液的制备　鱼鳞中蛋白质经过蛋白酶水解，可以制成用于生产调味品和功能性食品的添加剂。

（3）羟基磷灰石制备　可通过烧成法、碱溶法或酸碱复合法从鱼鳞中提取羟基磷灰石，它是鱼鳞灰分的主要组成部分，对重金属有吸附作用，可用于污水处理，也作为植入性材料用于牙齿修复、美容、骨科和化工等多个行业。

（4）鱼鳞补钙制剂的开发　鱼鳞含钙量高，且其钙磷比例与人体接近，适合开发补钙产品，已有将鱼鳞原料与碳酸和其他有机酸处理后生产补钙剂的研究报道。

（5）鱼银的提取　鱼银是鱼鳞表面有金属光泽的物质，是一种昂贵的生化试剂，可以用于珍珠装饰业和油漆制造业。

2. 鱼骨的加工利用

鱼骨中含有大量的Ca、Fe、Zn、Mg、P及胶原成分，是开发鱼骨钙产品及鱼类胶原蛋白的良好资源。通过不同的加工工艺，可从淡水鱼骨中提取鱼骨胶原蛋白、鱼骨蛋白多肽、鱼骨多肽活性钙粉、软骨素等。中国农业大学食品科学与应用工程学院水产品加工研究室，利用鲢鱼骨开发了一种蛋白质补钙制剂鱼骨多肽钙粉。中国水产科学研究院南海水产研究所研究人员优化了加工工艺条件，从鱼类加工废弃鱼骨中制备鱼骨粉。将鱼骨去腥、软化后进行油炸、挂糖等处理制成酥脆休闲食品，或将鱼骨粉碎后添加到其他配料中制成饼干、鱼骨片、鱼骨肠等休闲食品，也是鱼头、鱼骨利用的方式之一。

3. 鱼皮的加工利用

鱼皮胶原蛋白含量高，杂蛋白质含量低，一般经过一次纯化即可获得纯度较高的制品。在食品应用方面，由于胶原蛋白能使人体内的血管和神经保持韧性和弹性、增加头发的亮泽、对人体抗衰老及美容具有特殊的功效。此外，与钙有协同作用，具有间接补钙的作用等，因此可利用鱼皮胶原蛋白生产新型的胶原多肽、氨基酸口服液、胶原蛋白饮料等保健食品。胶原蛋白具有较高的黏度、乳化性等物理性质，可用鱼皮胶原蛋白生产一些功能性食品添加剂，如黏合剂、增稠剂、絮凝剂、乳化剂等。在化妆品方面，可利用鱼皮胶原的高度可溶性、亲水性、乳化性等特性，用于生产美容护肤品，如保湿乳液、保湿霜、洗面奶等。在工业方面，鱼皮拥有特别的立体花纹，质地柔软、富弹性、透气性强、耐磨、耐折、耐刮、抗撕裂性强度高，可以用于生产高档皮革，利用草鱼皮为原料通过鞣制、染色、加脂等工艺可以生产出不同风格的鱼皮革。在生物制品方面，胶原蛋白由于其抗原性较其他蛋白质弱、生物相容性好而被用于生产生物制品，包括可溶性胶原以及由胶原和非胶原基质组成的复合物，广泛用于创伤和烧伤的修复、整形美容、神经再生及血瓣膜手术等。

4. 鱼内脏的加工利用

鱼内脏主要包括肝、肠、胆、鳔和性腺等器官及脂肪组织，草鱼、鲤、鲢、鳙等淡水鱼占体重的6%～18%。国内外主要利用鱼内脏进行鱼粉加工、制作液态鱼蛋白质饲料、提取鱼精蛋白和发酵为鱼露等。鱼肝脏含有较多脂肪，多利用肝脏提取鱼油。研究人员通过蒸煮法、淡碱水解法、酶提取法或超临界流体萃取等方法，从淡水鱼肝脏中提取鱼油，制成胶丸、口服液等保健食品，有提供免疫力的功效。繁殖季节的卵巢可以直接加工为鱼籽食品。鱼鳔又名鱼肚，蛋白质含量高达80%左右，脂肪含量低，可加工成干品，具有补精益血、强肾固本之功效。

5. 鱼头的加工利用

淡水鱼头占总重量的24%～34%，含有丰富的卵磷脂、DHA、EPA。研究数据表明，鳙鱼头粗脂肪中DHA和EPA的含量分别达6.37%和7.29%。鱼头中可通过加工工艺进行硫酸软骨素、蛋白肽、鱼油等提取。淡水鱼中的鳙，俗称大头鱼，其鱼头是人们非常喜爱的食品。千岛湖鱼头非常出名，研究人员研制了一种可以常温保存的砂锅鱼头的加工方法，使得这个产品方便携带，扩大了销售范围，同时推动了鳙的养殖产业发展。

[1] 白遗胜，廖朝兴，徐忠法等. 淡水养殖500问[M]. 北京:金盾出版社，2007.

[2] 戈贤平，蔡仁逵，张洁月等．名特优水产品养殖实用技术[M]. 上海:上海科学技术出版社，1997.

[3] 戈贤平，刘兴国，何义进等．大宗淡水鱼高效养殖百问百答[M]. 北京:中国农业出版社，2011.

[4] 韩友文. 饲料与饲养学[M]. 北京：中国农业出版社，1998：71-73.

[5] 胡国宏，刘英．利用必需氨基酸指数评价鱼用饲料蛋白源[J]. 中国饲料，1995(15)：29-31.

[6] 胡坚. 动物饲养学[M]. 长春：吉林科学技术出版社，1996：95-100.

[7] 李爱杰. 水产动物营养与饲料学[M]. 北京：中国农业出版社，2000：124-126.

[8] 林建斌．水产饲料安全的特点与影响因素[J]. 科学养鱼，2008. 65-66.

[9] 凌熙和．淡水养殖技术手册[M]. 北京:中国农业出版社，2003.

[10] 刘建康，何碧梧．中国淡水鱼类养殖学[M]. 北京：中国科学技术出版社，2006.

[11] 农业部渔业局．中国渔业统计年鉴[M]. 北京:中国农业出版社，2015.

[12] 彭增起，刘承初，邓尚贵．水产品加工学[M]. 北京:中国轻工业出版社，2010.

[13] 容健材，廖锡麟，闭玉秀等．新编实用药物手册[M]. 南京:东南大学出版社，2005.

[14] 沈慧．渔用配合饲料的优点及种类[J]. 农村新技术，2011(6):42-42.

[15] 汪建国，陈昌福，王玉堂等．渔药制剂学[M]. 北京:中国农业出版社，2008.

[16] 汪开毓，耿毅，黄锦炉等．鱼病诊治彩色图谱[M]. 北京:中国农业出版社，2011.

[17] 王泰健，赵明军，黄志斌等．鱼虾疾病诊断和安全用药实用技术[M]. 北京:中国科学技术出版社，2009.

[18] 吴晋强. 动物营养学[M]. 合肥：安徽科学技术出版社，1999：187-189.

[19] 夏松养．水产食品加工学[M]. 北京：化学工业出版社，2008.

[20] 夏文水，罗永康，熊善柏等．大宗淡水鱼贮运保鲜与加工技术[M]. 北京:中国农业出版社，2014.

[21] 谢仲权，赵建民．中草药防治鱼病[M]. 北京:中国农业出版社，1999.

[22] 杨坚，王伟俊，杨先乐等．渔药手册[M]. 京:中国科学技术出版社，1998.

[23] 叶雪平，杨先乐，王玉堂等．渔药制剂工艺学[M]. 北京:中国农业出版社，2008.

[24] 尤洋，过世东，邴旭文等．网箱养鱼配套技术手册[M]. 北京:中国农业出版社，2013.

[25] 余胜伟．湖北农业[M]. 北京:中国农业出版社，2013.

[26] 战文斌．水产动物病害学[M]. 北京:中国农业出版社，2006.

[27] 张友军，吴青君，芮昌辉等．农药无公害使用指南[M]. 北京:中国农业出版社，2003.

[28] 张子仪．中国饲料学[M]. 北京：中国农业出版社，2000：333-339.

[29] 张子仪. 中国现行饲料分类编码系统说明[J]. 中国饲料，1994：19-21.

[30] 中国兽药典委员会. 兽药手册[M]. 北京:中国农业出版社，1992.

[31] 朱健，王建新，何义进等．池塘养鱼配套技术手册[M]. 北京:中国农业出版社，2013.

[32] 朱选才，许兵. 鱼病问答 300 题[M]. 上海:上海科学普及出版社，1990.

[33] 朱选才．水产动物用药 300 题[M]. 上海:上海科学普及出版社，1998.